洞庭湖区软土空间区划及典型工程特征

胡惠华 张 鹏 肖 燕 张云毅 彭 立等 著

科 学 出 版 社

北 京

内 容 简 介

本书基于洞庭湖区第四纪地质演化背景和软土沉积环境的系统研究，对洞庭湖区进行了软土空间区划，将其划分为北部、南部和西部三大软土分布区，并将新发现的分布于洞庭湖南部的一种特殊软土命名为“砂纹淤泥质土”；阐述了各区软土的沉积历史和分布规律，以及三种典型软土的表观、微观特征、组成特征、工程特性和强度增长规律，分类提出了公路软基处治原则。本书总结了洞庭湖区域性软土空间分布规律和工程特性，丰富了河成湖湖积平原基础地质研究成果，有助于洞庭湖区品质工程建设，并能为其他湖积平原、河口冲积平原的工程建设提供借鉴。

本书对从事软土工程领域的科研、技术人员具有一定的参考价值，也可作为高等院校地质工程、岩土工程、公路工程等专业高年级本科生、研究生参考书。

图书在版编目（CIP）数据

洞庭湖区软土空间区划及典型工程特征 / 胡惠华等著. -- 北京 ：科学出版社，2024. 11. -- ISBN 978-7-03-079204-4

Ⅰ. P931；TU475

中国国家版本馆 CIP 数据核字第 2024XS4978 号

责任编辑：韦　沁　徐诗颖 / 责任校对：韩　杨

责任印制：肖　兴 / 封面设计：无极书装

科学出版社出版

北京东黄城根北街 16 号

邮政编码：100717

http://www.sciencep.com

北京天宇星印刷厂印刷

科学出版社发行　各地新华书店经销

*

2024 年 11 月第　一　版　开本：787×1092　1/16

2025 年　3　月第二次印刷　印张：11 1/2

字数：277 000

定价：128.00 元

（如有印装质量问题，我社负责调换）

前言

洞庭湖生态经济区于2014年4月14日通过国务院批准（国函〔2014〕46号），涉及2省（湖南省、湖北省），包括湖南省岳阳市、常德市、益阳市，长沙市望城区和湖北省荆州市，共33个县（市、区），6.05km^2，2200万人口。随着“长江经济带”“长江中游城市群”等国家级规划相继推进，洞庭湖生态经济区成为当前及今后经济建设的重点区域之一。然而，洞庭湖生态经济区内脆弱的生态和广布的软土，是该区域经济发展的掣肘。随着区域内公路、铁路、市政等基础设施建设的推进，软土地基问题是无法回避的工程难题。

洞庭湖区软土由“四口”“四水”①携带泥沙堆积而成，在沉积环境、分布区域、力学性质等有明显区别。准确把握洞庭湖区软土分布和工程特性，是降低洞庭湖生态经济区工程建设成本与生态破坏程度的前提和基础。此前，工程技术人员与学者对洞庭湖软土进行了较为广泛的研究，并取得了较为丰富的成果，但研究范围多是某个工程甚至某个工点，研究成果具有局域性和碎片化的特点，没有确定洞庭湖生态经济区全域的软土性质及变化规律。基于基础设施建设高质量发展的要求，开展对洞庭湖生态经济区的软土空间区划和软土性质深化研究是必要的。为此，湖南省交通规划勘察设计院有限公司与中南公路建设及养护技术湖南省重点实验室等单位，在开展交通运输部企业技术创新项目“洞庭湖生态经济区腹地公路修筑关键技术研究”中，完成了“洞庭湖生态经济区区域性软土特征组成和工程特性”专题研究，发现了埋藏于洞庭湖腹地一种特殊软土“砂纹淤泥质土”，查明了洞庭湖区域君山软土、安乡软土和砂纹淤泥质土的成因、历史和分布规律，确定了上述三类软土的表观特征、组成特征、工程特性和强度增长规律，取得了较丰硕的研究成果。

本书系统总结了上述专题研究成果，共分为七章。第1章为绪论，介绍了软土的定义、国内外研究现状、洞庭湖演变过程、洞庭湖区高速公路建设概况及洞庭湖区软土基本特征；第2章对洞庭湖区软土进行了空间区划，并分析了洞庭湖区的沉积相变，以及洞庭湖区西部、南部和北部软土工程地质背景；第3章基于洞庭湖区西部安乡软土的特征组成和力学性质提炼了地区工程建设经验，并研究了超载预压施工过程中安乡软土的固结变形特征；第4章在分析洞庭湖区南部腹地砂纹淤泥质土微观结构的基础上，总结了砂纹淤泥质土的一维固结蠕变模型，并进行了与其他类型软土的工程特性对比研究；第5章研究了洞庭湖区北部君山软土的特征组成和工程特性；第6章提出了基于地质历史分析的针对软土抗剪强度增长系数的原位测试方法，分析不同固结条件下洞庭湖区软土强度增长规律，并对不同类型软土的抗剪强度增长进行了对比研究；第7章对上述洞庭湖软土的研究成果进行概括性总结和评价。

本书由湖南省交通规划勘察设计院有限公司胡惠华、张鹏、肖燕、彭立，联合长沙理工大学张军辉，湖南科技大学贺建清，中南大学在读博士张云毅、李懿撰写。各章分工如下：第1章由胡惠华、彭立、肖燕撰写，第2章由张鹏、张云毅撰写，第3章由胡惠华、

① “四口”指荆江四口，即松滋口、太平口、藕池口和调弦口。“四水”指湘江、资水、沅江和澧水四条河流。

张鹏、贺建清撰写，第 4 章由胡惠华、张云毅、肖燕、李懿撰写，第 5 章由张鹏、彭立撰写，第 6 章、第 7 章由胡惠华、肖燕、张军辉撰写。全书由胡惠华审定。

本书的编写得到了龚道平、聂士诚、张可能等课题组研究人员的支持与帮助，在此表示衷心感谢！

限于作者水平，时间仓促，本书中的不足和错误在所难免，敬请读者批评指正！

著　者

2024 年 4 月 27 日

目　　录

第1章　绪　　论

软土泛指形成于第四纪，且具有孔隙比大、含水量高、压缩性高、渗透系数小、强度低、灵敏性高等特性的淤泥和淤泥质土。其广泛分布在我国沿海、湖泊、河流中下游等地区，如青岛、大连、厦门、天津等地的滨海相软土，洞庭湖、鄱阳湖、太湖等地的湖相软土，广州、东莞、杭州、南京等地的三角洲相软土。由于沉积环境的不同，各地区软土工程特性具有明显的地域特点，只有了解和掌握该地区软土结构组成和工程性状，才能为地基处理方案选取提供依据。

近年来，国家大力发展洞庭湖生态经济区，遇到诸如高速公路、铁路、深基坑、市政工程等大量软土地基问题。从20世纪90年代起，已有学者对洞庭湖地区软土进行了物理力学性质分析。徐国文和刘多文（2003）根据洞庭湖区部分工程的勘察资料，对洞庭湖软土性质进行了初步探讨；吴建宁（2004）对洞庭湖区多项工程的勘察资料进行比较分析，建立了洞庭湖区软土物理力学参数的回归方程式，并建议对于洞庭湖区宜采用反压辅道和水泥搅拌桩的软基处治方法。并且随着对湿地生态环境保护意识的提高，依托澧县至常德高速公路和常德至岳阳高速公路建设项目，一些参建单位和专家学者针对洞庭湖软土进行了不同的专题研究。湖南大学的赵明华等（2004）进行了“湖相大面积不均匀公路软土地基处治技术研究”，以试验为基础，研究了洞庭湖软土路基的流变特性、变形预测以及路桥过渡段的动力特性，并提出了采用不同间距刚性桩+垫层过渡（砂垫层、土工格栅垫层、土工格室垫层过渡）处治高速公路桥头过渡段软土地基的方法；杨彬（2010）依托S204南县至茅草街段工程，将软土地基视为线弹性各向同性体，硬壳层为置于其上的有限宽无限长的板，并求得考虑地基侧向位移的改进弗拉索夫（Vlasov）地基上梁分析的解。此外，学者还对洞庭湖软土的处治技术进行了研究，如碎石桩、组合桩、长短桩等。

1.1　软土的定义

对软土的定义、特征与成因类型，不同的专业技术部门的解释大同小异。《公路工程地质勘察规范》（JTG C20—2011）软土定义为在静水或缓慢流水环境中沉积，具有以下工程地质特性的土，应判定为软土，主要特征描述为天然含水率（ω）大于液限（ω_L），天然孔隙比（e）大于等于1.0，压缩系数$a_{0.1-0.2}$大于0.5MPa^{-1}，标准贯入试验击数小于3击，静力触探方法的贯入阻力小于等于750kPa，十字板抗剪强度小于35kPa。

《铁路工程设计技术手册》中对软土的解释为软土是指在静水或缓慢环境中沉积的沉积物，经生物化学作用形成的饱和软弱黏性土。对软土的主要特征描述为天然含水率大（接近或大于液限），孔隙比大（一般大于1.0），压缩性高（压缩系数a_{1-2}＞5kPa^{-1}，或a_{1-3}＞10kPa^{-1}），强度低［快剪的内摩擦角（φ）＜5°］，黏聚力低（c＜20kPa），渗透性小［渗透系数（K）＝10^{-8}～10^{-7}cm/s］。对软土的成因类型描述为在沿海地区为滨海相、三角洲相；

在内陆平原或山区为湖塘相等。

《工程地质手册》对软土的解释为软土是指天然含水率大、压缩性高、承载能力低的一种软塑到流塑状态的黏性土，如淤泥、淤泥质土，以及其他高压缩性饱和黏性土、粉土等。

《岩土工程勘察规范（2009 年版）》（GB 50021—2001）中规定：天然孔隙比大于或等于 1.0，且天然含水率大于液限的细粒土应判为软土，包括淤泥、淤泥质土、泥炭、泥炭土等，其压缩系数大于 $0.5MPa^{-1}$，不排水抗剪强度小于 30kPa。

由上可见，国内各部门对软土的定义虽不尽相同，但可归纳为软土包括淤泥、淤泥质黏土、淤泥质粉土、泥炭、泥炭质土等，是一种天然含水率大（接近或大于液限）、压缩性高、天然孔隙比大于或等于 1.0、抗剪强度低的细粒土。

对软土按沉积环境及成因分为①滨海沉积：滨海相、潟湖相、溺谷相及三角洲相；②湖泊沉积：湖相、三角洲相；③河滩沉积：河漫滩相、牛轭湖相；④沼泽沉积：沼泽相。

1.2 国内外研究现状

1.2.1 土体物理力学特性研究现状

土体物理力学指标包括孔隙比、含水率、密度、土粒比重、液限、塑限、塑性指数、液性指数、渗透系数、固结系数、黏聚力和内摩擦角等，并且各物理力学指标间存在一定的相关性，而土体力学特性又取决于土体基本物理特性。因此，国内外学者针对土体物理力学特性开展了深入的研究，取得了有意义的成果。

1. 国外研究现状

国外学者从 18 世纪就对土体物理力学特性进行了研究，Coulomb（1776）提出了抗剪强度的概念，之后 Mohr 结合库仑公式和莫尔包线提出了著名的莫尔-库仑（Mohr-Coulomb）强度理论；1925 年 Terzaghi 提出了有效应力原理的基本概念，从而使土力学成为了一门独立的学科；1937 年，Hvorslev 认为黏聚力和孔隙比有关，是颗粒间各种化学键相互作用的结果；1953 年，Gibson 对 12 种黏土进行强度试验，认为影响内摩擦角的主要因素为土体的矿物成分，同时密度、含水率、应力历史和土体结构也将影响其大小；Henkel（1960）通过对软土的抗剪强度参数进行大量的试验分析，得到了在不等向固结应力和等向固结应力作用下，抗剪强度与有效固结应力之间必然存在单一关系的结论；Osipov（1984）对软土的触变性进行了研究；Nakase（1988）以固结试验和三轴试验为基础，讨论了土体物理力学参数与塑性指数的关系；Shogaki（2005）研究了韩国釜山新港全新统黏土的地质成因、物理力学指标和固结特性。

2. 国内研究现状

卢肇钧和杨伟（1964）研究了 37 种不同种类黏土的内摩擦角与塑性指数的关系，与 Gibson 试验得到的结果类似；史国安（1994）探讨了土体抗剪强度与物理指标间的关系，并认为可用土体物理指标推导饱和土抗剪强度；胡世华（1997）以上海塑性指数为 12～21 的软土作为研究对象，研究了塑性指数与抗剪强度的关系。

21 世纪以来，白冰等（2001）分析了软土塑性指数与变形参数的关系；胡展飞和傅艳蓉（2001）研究了软土含水率对抗剪强度的影响，建立了基于含水率的强度公式；包伟力和周小文（2001）通过模拟天然软土在自重应力条件下的不同时间的固结状态及其强度，进行了不同固结度下的离心模型试验，发现无侧限抗压强度与固结度存在线性相关，不同固结度下无侧限抗压强度与含水率线性相关；李镜培等（2003）通过收集物理力学指标的数据，研究了软土土性指标的相关距离性状以及其分布特点；陈晓平等（2003）收集了珠江三角洲地区近千个试样的结果，分析了软土参数的非线性特征；张荣堂和 Tom（2003）基于近海软土的工程特性，建立了统一测定土性指标的方法；何群等（2005）通过大量室内固结、直剪试验，对常（常德）—张（张家界）高速公路软土在不同固结压力作用下的抗剪强度指标随固结度的变化规律进行了研究；黄斌（2006）以初始孔隙比为变量，研究了其对软土强度和变形的影响。

尹利华等（2010）通过不同试验方法得到了天津软土的物理力学指标，并建立了各指标间的相互关系以及概率分布模型；张先伟等（2010，2011）研究了三个地区不同成因软土的物理力学指标，并通过试验分析了结构性软土物理力学指标间的相关性和其随深度的变化规律，得出了各指标间的相关性公式；孙德安和陈波（2011）分析了不同扰动程度对结构性软土力学特性的影响；李雪刚等（2013）通过室内试验研究了杭州海相、湖相软土的物理力学性质，并根据不同扰动程度软土的孔隙比-压力（e-p）曲线提出了预测原状土压缩曲线的方法，同时推导出了软土结构强度损失计算公式；邵艳等（2013）通过 Matlab 软件对合肥滨湖新区软土的各物理力学指标之间的相关性进行了分析；刘红军和靳晨杰（2015）通过直剪试验和单向压缩固结试验，研究了固结压力为 100kPa 时，软土抗剪强度及抗剪强度指标与固结度之间的关系；徐肖峰和许明显（2015）选取杭嘉湖平原地区三种不同沉积成因的软土作为研究对象，分析了沉积环境对三种软土物理力学性质的影响。

1.2.2　土体微观特征研究现状

土体微观特征研究是目前土力学研究的前沿课题之一，土体在宏观上所表现出来的各向异性和不确定性从根本上取决于土体微观结构的非连续性和不均匀性，科学地建立基于土体微观结构的力学机制和本构关系是土力学发展的新方向，对此国内外学者的研究成果为土体的微观特征研究积累了丰富的基础。

1. 国外研究现状

从 20 世纪 20 年代开始，关于土体的研究开始进入微观阶段，土力学的奠基人 Terzaghi 提出了黏土蜂窝状结构；Lambe（1958）利用光学显微镜提出了黏土的分散排列结构、接触式盐絮结构及开放式非盐絮结构；Seed 和 Chan（1959）从化学原理出发，根据土颗粒的定向排列来判断土的结构性；Morgenstern 和 Tchalenko（1967）利用偏光显微镜和黏土矿物的双折射原理，确定了黏土矿物的扁平程度。

到了 20 世纪 60 年代末，学者借助电子显微镜技术和分形理论使软土的微观结构研究进入了新的领域。Gillott（1969）将细粒土的结构通过扫描电子显微镜进行研究。随着计算机的发展，相关的图像处理技术也得到了较大提高，更有利于对软土微观结构进行定量分析。Anandarajah、Kuganenthira（1995）和 Anandarajah（2000）通过量测土体内部不同方向的导电性能，同时结合离散元的基本理论，得到了土颗粒之间定向排列的变化规律，指出土体微观结构决定了其宏观表征；Moore 和 Donaldson（1995）基于微观试验和分形理论，得到了砂土颗粒形态分布的分形特征；Kuo 等（1998）分析了黏土结构空间分布特征。

进入 21 世纪之后，关于微观结构的研究内容更加丰富。Latham 等（2001）基于蒙特卡罗模拟方法，得到了颗粒接触与空间分布的随机关系，研究了微观结构参数中的形状系数；Vipulanandan 等（2014）通过 X 射线衍射和扫描电镜对休斯敦和加尔维斯顿的黏土矿物组成和微观结构进行了研究。

2. 国内研究现状

国内关于土体微观结构的研究起步相对较晚，主要集中在微观结构特征和分形几何理论这两个方面。

（1）微观结构特征研究：陈宗基基于颗粒的片状接触，提出了“陈氏黏土卡片结构”（Chen，1957）；高国瑞（1979）认为土体的结构特征会对力学特性产生影响，并以黄土和海相软土为例进行了说明；胡瑞林（1995）总结了结构性软土的单元体形状、颗粒排列及接触方式、孔隙大小等微观特征；温耀霖等（1995）选取了珠江三角洲内几个地区的软土进行物理力学试验和微观试验，分析了物理力学指标与矿物成分和微观结构的关系。

孔令伟等（2002a，2002b）通过对两个地区的软土进行微观研究，初步揭示了海相软土的微观机制；王常明（2004）提出了软土粒度、孔隙分布和定向性等微观参数分析指标体系；王宝军等（2004，2008）以地理信息系统（geographic information system，GIS）技术为基础，通过对软土进行电镜扫描，实现了微观表面结构的三维可视化；张敏江等（2005）揭示了营口软土流变过程中的微观单元体定向参数与宏观力学特性之间的关系；陈晓平等（2008）对广州南沙软土进行了直剪、无侧限抗压和固结试验，从变形和强度角度对原状土和重塑土的结构性进行了分析；彭立才等（2009）研究了强结构性软土的孔隙分布与应力水平之间的关系，同时与加拿大里贾纳（Regina）黏土进行比较，不同的颗粒组成和黏土矿物是造成两类软土孔隙入口孔径差异的主要原因。

李军霞等（2010）分析了固结排水和固结不排水条件下东莞软土的蠕变特性与微观孔隙变化；周晖和李勇（2011）通过固结、X 射线衍射、环境扫描电子显微镜（environmental scanning electron microscope，ESEM）和压汞试验对珠三角软土进行研究，得到孔隙形态、尺度、定向性等参数随荷载的变化规律；张先伟等（2012）实现和计算了微观结构表面起伏的三维可视化和分形维数，同时以广州、中山和青岛的软土为例验证了该方法；卓丽春等（2013，2014）通过 ESEM 和全自动比表面积分析仪分别对网纹红土的微观结构和孔隙特性进行了研究；周建等（2014）讨论了不同固结压力下杭州饱和软土孔隙尺度分布特征、孔隙排列与形态变化特征；徐日庆等（2015a，2015b）建立了杭州紫金港软土三维孔隙率计算方法，分析了不同步距、不同放大倍数、阈值大小、选区像素大小对三维孔隙率计算的影响，同时研究了孔隙数量、孔隙像素、平面孔隙率及三维孔隙率与阈值的关系；张婷婷等（2016）将东南沿海软土的微观结构参数与宏观特征相联系。

（2）微观结构分形几何理论研究：刘松玉等人（刘松玉和方磊，1992；刘松玉等，1993；刘松玉和张继文，1997）对黏性土和特殊土的颗粒和孔隙分别采用粒度分形维度（简称分维）和孔隙分布分维进行研究；李向全等（2000）结合固结试验和扫描电镜，以分形几何理论作为手段，描述软土固结过程中微观结构变化；王清和王剑平（2000）通过分形几何法对黏土孔隙大小进行划分，并研究了孔隙分布对抗剪强度的影响；周晖等（2009）分析了三相图计算广州软土孔隙率不同于 PCAS 软件数据之处，同时研究了孔隙与颗粒的分形维以及概率熵与压缩性的关系；张宏等（2010）对天津大港、塘沽和汉沽软土的微观结构进行分形维数的研究；母焕胜（2012）分析了唐（唐山）—曹（曹妃甸）高速公路软土分形维数（D_p）、多重分形谱及孔隙结构因子（pore structure factor，PSF）与压力的关系，有利于研究微观结构与宏观力学行为之间的相互关系。

1.2.3 国内外典型软土工程特征

1. 地质成因

地质成因是决定土体原始成分、原生结构以及空间分布规律的基本条件。根据成因类型划分，可分为滨海相、潟湖相、溺谷相、三角洲相、河漫滩相、高原湖泊相以及平原湖泊相软土。不同地区软土地质成因见表 1.1。

表 1.1 国内外各软土地质成因

地区		地质成因	土层分布特征
国外	英国波斯肯纳	自冰川后期历经 1.3 万年，在福斯海湾潮汐和大陆板块叠加作用下形成的海相沉积软土	层理特征并不明显
	墨西哥城	自更新世后期，由火山灰细粒和火成细屑物经风和水运输汇聚于湖泊并在硅藻等微生物作用下形成	砂和粉土的薄层或透镜体交互层非常浅薄，因此软土滞后压缩性非常高
	日本佐贺	1 万年海水作用下沉积形成的海相软土	—
	新加坡	全新世沉积，主要是海相软土，也包括冲击、潮滩以及河口三角洲作用形成	—
	泰国曼谷	自全新世中后期在海湾潮汐作用下形成	非常均匀，而且有很多的裂纹
国内	天津新港	第四纪全新世在海河、黄河水系泥沙沉积作用下形成的滨海冲积平原	带状结构，软土中夹粉土（或粉砂）薄层，呈千层饼状，粉土薄层不连续
	连云港	第四纪新构造运动、河流作用和海洋地质作用下形成的以海积作用为主，冲海积、残坡积为辅的软土层	软土层中夹薄层粉土、黏性土或粉细砂透镜体，水平和垂向不均匀，各向异性明显，流变特性较显著
	上海	第四纪在江、河、湖、海动力作用下形成的三角洲相沉积物	条带状结构，中间夹薄层粉砂，间断而不连续，多呈透镜体，厚薄不均
	杭州	第四纪古气候的剧烈变化、海水面的多次升降和新构造运动影响综合作用形成的滨海相和溺谷相软土层	沉积成因类型多、相变复杂，竖向土层硬软交替、多层组合、厚度变化大
	温州	第四纪在河流冲积与海洋堆积作用下形成的潟湖相软土	土层比较单一，粒径细、均匀，厚度大，沉积物源分布范围广
	福州	第四纪早更新世至全新世时期的河相、海相沉积物	淤泥土，填充如石英、生物碎屑、长石及黄铁矿球体等，生物碎屑呈轮胎型及蜂窝型
	广州	第四纪在江水与海潮复杂交替作用下形成的三角洲相软土	沿层理面夹有薄层粉细砂，土质均匀性较差，干后呈薄饼状散开
	湛江	第四纪早更新世以陆相沉积为主的河控三角洲相（海陆交互相）沉积地层，但由于受该区构造运动的强烈影响，软土集多种地质营力的复杂耦合作用而呈现特殊的沉积特征	一般层理清楚，呈水平或近于水平层状分布，层面见微细层-薄层粉、细砂

续表

地区		地质成因	土层分布特征
国内	南京	第四纪中全新世—晚全新世以来长江河漫滩冲淤积形成	土层厚度分布不均，大都含贝壳碎屑和炭化植物残体，部分地段与粉砂互层呈微层理，状如“雪花糕”
	武汉	由第四系全新统河流相和部分河湖相冲积物构成	具有明显的二元结构，上部为黏性土，下部为砂性土
	昆明	昆明盆地浅层软土为晚更新世以来由湖相沉积、沼泽沉积、河滩相沉积三大类成因类型形成的松软土体	土层分布很不稳定，多呈夹层或透镜体分布
	宁波	第四纪早中期以陆相与海相交互形成的滨海相沉积物为主	淤泥层含粉细砂土层，平面上有所差异，垂向上具有明显的分选性

各地区软土形成过程中都受多种成因作用，因此软土地貌类型也是多种成因交错，导致各软土的土性特征有所差异，在宏观土层分布表现上也各具特色：滨海相沉积层较厚，夹粉砂薄层或透镜体，与软土交错沉积；三角洲相是海陆相的交替沉积，分选性差，结构不稳定；潟湖相土层较单一、均匀且土层厚度大；溺谷相土层分布范围比较窄，土层相对较薄，且横向变化大；河漫滩相以透镜体-层状粉质黏土、黏质粉土呈薄层规律交替为特征；墨西哥软土则主要是火山爆发生成物经多种渠道汇聚至湖中并在微生物作用下形成，其物质成分和组构与其他软土差异较大，因此在宏观工程特性上的差异也较明显。

由于各地软土普遍是多种成因作用而形成，因此在土层分布特征上，大都呈平面分布不规则、垂向上厚度变化不均、存在夹层或透镜体的特点。致使其力学特性存在各向异性，工程地质性质分布不稳定，易造成建筑的不均匀沉降从而引起开裂，因此在勘察和设计中应注意这类危害。

2. 矿物成分

矿物成分是决定土体物理性质和工程性质的重要因素，也是鉴别区域土质特征的重要标志。各地区软土的矿物成分情况见表 1.2。

由表 1.2 可知，日本佐贺软土、泰国曼谷软土富含蒙脱石，该类矿物亲水性强，吸水后体积膨胀数倍，且性质很不稳定。我国软土中的黏土矿物主要是伊利石、蒙脱石和高岭石这三种矿物，其中大多数地区的软土以伊利石为主要矿物成分，该矿物能在碱性、中性或弱酸性环境中存在。昆明地区软土主要是晚更新世以来由湖相沉积、沼泽沉积以及河滩沉积等成因形成的土体，富含有机物，结构类型多样，与沿海一带含少量有机物的软土相比，它的工程性质更差。湛江软土则较有特色，其大部分为欠固结土，一旦受到扰动，土的强度显著降低，甚至呈流动状态，流变效应很明显，但从灵敏度分析角度，湛江软土比其他国内软土的结构性要强。

3. 微观结构

土体微观结构是决定土体工程地质性质的基本条件，它常能够反映搬运介质的类型和沉积环境的特点，是研究土体成因的重要依据。各地区软土微观结构情况见表 1.3。

表 1.2　各地区软土的矿物成分

地区		矿物成分
国外	英国波斯肯纳	主要含伊利石和绿泥石，含少量蒙脱石，也可能含黑云母
	墨西哥城	粉粒大小的硅质硅藻含量占比为 55%～65%，黏粒大小的微粒占比为 20%～30%(其中 10%夹杂蒙脱石，余下为生物成因和火山生成石英），砂砾大小的碳酸钙鲕石凝结体占比为5%～10%，有机物占比为 5%～10%
	日本佐贺	主要含蒙脱石，含少量高岭石、伊利石、绿泥石和蛭石
	新加坡	主要含高岭石，含少量伊利石、蒙脱石和交互层矿物
	泰国曼谷	含量占比从高到低依次为蒙脱石、伊利石、高岭石、绿泥石以及少量的交互层矿物
国内	天津新港	以伊利石为主，含少量高岭石、蒙脱石及绿泥石
	连云港	以伊利石为主
	上海	主要为水云母和蒙脱石，含少量石英、方解石和绿泥石
	杭州	以伊利石为主，含少量高岭石、绿泥石和伊（伊利石）蒙（蒙脱石）混层
	温州	伊利石为主要成分
	福州	黏土矿物以伊利石为主，含量占比大于 50%，其次为高岭石及绿泥石，占比为 10%～20%，还含有少量硅藻、尝试、黄铁矿及蒙脱石
	广州	含大量石英、斜长石，少量钠长石、伊利石和高岭石，以及微量蒙脱石
	湛江	主要以绿泥石、伊利石等次生黏土矿物为主，含一定量的高岭石，含量占比达 60%，原生矿物中石英含量占比为 35%，长石占比为 5%，有机质含量占比为 1.06%，一般呈凝胶状
	南京	主要为伊利石和绿泥石，另含少量的石英和长石
	武汉	以伊利石为主，含少量绿泥石
	昆明	以伊利石为主，另含绿泥石、高岭石等矿物组合，富含有机物
	宁波	伊利石为主要成分，含少量蒙脱石、高岭石

表 1.3　各地区软土微观结构

地区		微观结构
国外	英国波斯肯纳	蜂窝状，主要呈边-边、边-面联结
	墨西哥城	开放式网状结构，由微生物化石和黏粒大小的矿物棉絮体、片状体组成
	日本佐贺	絮凝结构，富含大量的硅藻残积物，由蒙脱石细粒，以及石英、硅藻残骸粗粒组成，其中残骸结构大量破碎
	新加坡	絮凝结构，主要由高岭石和伊利石细颗粒组成的团粒形成，土表层含少量的有机物质，另含少许的有孔虫化石残骸
	泰国曼谷	絮凝结构，富含大量的黄铁矿团粒，孔隙基本组成为薄片状团聚体，含少量硅藻和有孔虫等微生物化石
国内	天津新港	絮凝、架空结构，粒间孔隙中充满水，孔隙比大
	连云港	以絮状胶结为主，结构疏松
	上海	埋深 6～7m 的具絮状片架结构和棒团状片堆结构，16～17m 的具棒团状蜂窝结构
	杭州	蜂窝絮凝结构，聚集体成分较多，有少量粉粒形成的大颗粒镶嵌黏土颗粒中
	温州	絮凝状结构

续表

地区		微观结构
国内	福州	微结构的主要结构格架是絮凝结构，又可分为片堆结构和片架结构
	湛江	多为大量黏土矿物形成的絮凝体和叠聚体在铁质胶结下构成片状体系的基质结构
	南京	以片状体为主，粒状结构为次
	武汉	蜂窝絮凝结构，粉粒成分较多，黏土片之间有较多面-面接触
	昆明	结构类型多样，除一般的蜂窝状结构外，还存在纤维状、球状和架空状等空隙结构
	宁波	海绵结构、层理结构

根据表 1.3 中情况，沿海城市地区软土微观结构绝大多数呈絮凝状特征，这类结构是由黏土颗粒或聚粒以边-边、边-面方式相互联结在一起，骨架间的大小孔隙总体积很大，即颗粒的比表面积很大，大小孔隙中除极少数外都被水充满，这正是软土具有孔隙比大、含水量高、压缩性高、渗透性低等特征的根本原因。因此，软土的流变特性都比较显著，在沿海深厚软土地基上建设工程都需考虑工后沉降问题。此外，个别地区软土工程性质更差，如墨西哥、曼谷和日本佐贺，由于土颗粒中富含硅藻等微生物化石，上述地区软土的结构更疏松、孔隙比更大，矿物成分以吸水性最强的蒙脱石为主，因此这些地区的软土地基问题更为严重。我国软土地区中，内陆的昆明软土由于其软土成因类型不同于沿海软土，主要是湖相和河漫滩相沉积，软土中因富含较多湖生动植物遗体经分解、合成而生成的有机物，其工程特性远差于其他内陆软土。

4. 颗粒级配

各粒组中颗粒大小所占比例是决定软土性质的因素之一，与土的工程特性具有密切的关系，如透水性、压缩性与强度等。表 1.4 为各地区软土的颗粒级配统计。

根据颗粒级配统计表，各地区软土中主要含黏粒和粉粒，砂粒所占比例较小。由地域特点来看，南方沿海城市软土所含黏粒含量普遍比北方要高，这也从另一方面说明了南方软土渗透性、强度等物理力学特性相对较差的原因；上海软土中粉粒所占含量比宁波、温州两地要高，其吸水能力相对要弱，土的渗透性较好，同样可判断宁波软土工程特性比温州软土好；昆明地区黏粒含量一般占 16.5%～68.1%，粉粒含量占 30.2%～75.3%，但其富含有机物，所占比例可高达 20%。

5. 物理力学指标

在实际工程中，软土的存在往往会引起一系列工程地质问题，这都是由其本身的物理力学性质所决定。不同物质、不同成因组成的软土，其表现出来的工程特性千差万别，物理性质决定了土体的基本状态，力学性质决定了地基处理方案的选取。国内外各软土物理力学指标如表 1.5 所示。

由表 1.5 可看出国内外软土具有异同性。相同点是软土普遍具有天然含水率高、压缩性高、强度低、渗透性差等特点，差异主要表现在含水率、塑性指数和灵敏度等指标上，且国内软土工程特性普遍优于国外软土。墨西哥、日本佐贺软土因富含硅藻等微生物化石而使其天然含水率、塑性指数、渗透系数及灵敏度等土性指标大大高于其他软土，这些地区产生的地基沉降问题更为严重。

表 1.4 国内外各软土软粒级配

地区		颗粒组成占比/%			
		<0.005mm	0.005～0.075mm	0.075～0.25mm	0.25～0.5mm
国外	美国波斯肯纳	—	—	—	—
	墨西哥城	—	—	—	—
	日本佐贺	45	20	20	5
	新加坡	—	—	—	—
	泰国曼谷	—	—	—	—
国内	天津新港	20	27	42	11
	连云港	16	24.7	40.7	18.6
	上海	21	24	50	5
	杭州	20.8	18.7	60.2	0.3
	温州	19	21	45	15
	福州	25.8	19.7	50.6	3.9
	广州	24	25	40	11
	湛江	26	23	36	15
	南京	18	23	58	1
	武汉	17.3	22	55.8	4.8
	昆明	22	32	36	10
	宁波	22	23.7	46.5	7.8

表 1.5 国内外各软土物理力学特性

地区		埋深/m	含水率（ω）/%	密度（ρ）/(g/cm^3)	土粒比重（G_s）	孔隙比（e）	塑性指数（I_p）	液性指数（I_L）	内摩擦角（φ）/(°)	黏聚力（c）/kPa	压缩系数（a_{1-2}）/MPa^{-1}	渗透系数（k）/(10^{-7}cm/s)	灵敏度（S_t）
国外	美国波斯肯纳	2～20	40～85	1.6～1.8	2.6～2.7	1.02～2.3	25～40	0.6～1.2	34	10～25	—	0.3～7	5～13
	墨西哥城	7～37	421～574	—	—	2～2.5	350	1.64	—	—	—	0.05～70	—
	日本佐贺	3～12	120～150	1.28～1.48	2.6～2.64	2.3～3.8	45～50	1.2～1.5	35～40	—	—	6～30	5～16
	新加坡	14～18	50～60	—	2.62～2.78	1.2～1.9	40～60	0.6～0.8	22～25	—	—	0.7～9	3～6
	泰国曼谷	5～12	55～80	—	2.72～2.75	1.4～2.5	30～70	0.6～1.1	—	20～40	—	6～10	4～7

续表

地区		埋深/m	含水率（ω）/%	密度（ρ）/(g/cm^3)	土粒比重（G_s）	孔隙比（e）	塑性指数（I_p）	液性指数（I_L）	内摩擦角（φ）/(°)	黏聚力（c）/kPa	压缩系数（a_{1-2}）/MPa^{-1}	渗透系数k/(10^{-7}cm/s)	灵敏度（S_t）
国内	天津新港	7～14	45～50	1.28～1.39	2.68～2.77	1.0～1.56	15～22	1.0～1.5	4～13	6～16	0.3～0.9	1.2～7.3	3.5～5.5
	连云港	2～20	37～87	1.5～1.8	—	1.04～2.17	9.5～33.5	1.01～2.36	1.4～8	2.7～18	0.4～2.88	0.1～5	4～6.5
	上海	6～20	37～50	1.75～1.83	2.65～2.75	1.05～1.37	13～20	1.05～1.16	6～11	14～16	0.7～1.24	6～20	2.5～4
	杭州	3～18	37～65	1.7～1.85	—	1.0～2.5	15～19	1.0～1.6	4～13	9～25	—	0.1～3	4～12
	温州	1～35	35～63	1.67～1.86	2.69～2.76	1.0～1.5	11～25	1.0～1.85	6～25	1～70	0.2～1.8	1.3～8.2	2～10
	福州	3～25	45～90	1.4～1.75	2.67～2.75	1.1～2.7	16～35	1.4～2.4	1～15	1～76	0.3～2.7	0.5～5	2.5～7
	广州	1～30	31～81	1.55～1.83	—	1.0～2.0	9～24	1.5～2.8	4～12	4～15	0.4～2.4	10～24	2～4
	湛江	3～28	50～92	1.53～1.94	2.65～2.71	1.0～2.2	38	1.0～4.49	1～12	1～11	0.6～1.38	0.16～1.7	5～15
	南京	4～25	36～54	1.74～1.88	—	1.04～1.45	10～20	0.95～1.66	4～15	4～20	0.6～1.4	0.46～12	4～10
	武汉	1～12	33～68	1.71～1.9	—	1.0～1.46	11～29	0.68～1.5	6～20	4～24	0.36～1.33	0.1～1	—
	昆明	1～16	51	1.83	—	1.4～2.5	26	1.1	10	17	2.77	5.1	—
	宁波	2～45	34～58	0.9	2.7～2.79	1.0～1.5	9～24	1.0～1.94	0.5～19.4	3.6～33	0.2～1.58	0.3～22.5	3～5

1.3 洞庭湖范围及沉积特征演变

从20世纪50年代开始，湖南省国土资源系统对洞庭湖区进行了长期的地质勘查和研究工作。60年代以洞庭湖1∶20万区域水文地质和工程地质调查为主；70年代开展了洞庭湖区城市和厂矿的水文地质和工程地质勘查；80年代至90年代结合物探、遥感、地质环境监测、地质灾害勘查评价、地下水现状调查等综合手段分析了洞庭湖各类水文地质和工程地质，获得了大量成果报告。湖南省国土资源厅以上述研究为基础，编绘了《洞庭湖历史变迁地图集》，对洞庭湖演变过程进行了详细的描述。

1. 早白垩世

在距今1.5亿年左右的燕山运动时期，湖南形成了一系列北东、北北东向的中生代盆地，如常（常德）桃（桃源）盆地、长（长沙）平（平江）盆地、醴（醴陵）攸（攸县）盆地、茶（攸陵）永（攸兴）盆地、株洲盆地、湘潭盆地等。常桃盆地和长平盆地其中一部分位于洞庭湖区，由于盆地在早白垩世（即形成之初）基底不平，地形相对高差显著，相对隆起区将低洼区隔开，故洞庭湖区分为西部和东部两个独立的盆地，西部的桃（桃源）临（临澧）盆地南北长东西窄，西部盆地沉降中心在桃源县洼蓬山和向家桥，沉积厚度为 2276m；在桃临盆地西北部临澧县的西北方向也有一个沉降中心，沉积厚度将近 900m；东部盆地沉降中心在汨罗桃林寺一带，沉积层厚度不到 100m。该时期气候炎热半干燥，平原河流欠发育，主要为面状洪流和山区河流，发育洪积锥及洪积平原。

2. 晚白垩世

由于受华容隆起以及盆地差异性升降影响，早白垩世时已形成的桃临盆地逐渐成为两个单独盆地，北部的石门一带形成石（石门）澧（澧县）盆地，向北西延伸与江汉盆地沟通；南部的常德桃源一带拗陷面积扩大，沉降中心移至常德一带，沉积岩层厚度达 2000m，但仍为一个单独的盆地，称常桃盆地；与此同时，洞庭湖盆地东部在早白垩世的汨罗小湖盆地基础上大为扩展，使洞庭盆地成为中生代（距今 250～66Ma）内陆湖的鼎盛时期。到晚白垩世，上述盆地逐渐过渡到以浅水湖泊沉积为主，并且随着洞庭湖区地形相对高差缩小和地壳运动日趋稳定，使得地层分布均一性较好。

3. 古近纪和新近纪

一般将古新世、始新世和渐新世，即距今 66～23Ma 称为古近纪；中新世和上新世，即距今 23～2.6Ma 称为新近纪。古近纪洞庭湖区地壳大面积抬升，使得晚白垩世洞庭湖盆地面积缩小，随着水流减少，大量泥沙沉积于此，但沉积拗陷仍具有继承性，澧县、常德仍以单独的拗陷盆地存在，与晚白垩世盆地一样，只是范围减小；晚白垩世形成的东部盆地一分为二，盆地主体在沅江一带，沉积岩层厚度最厚达 2000m。

4. 第四纪更新世早期

更新世早期（距今 2.58～0.77Ma），据现有资料判断洞庭盆地基本缺失新近系，表明新近纪晚期洞庭湖盆地处于相对上升状态，使湖域严重萎缩，第四纪新构造运动才使其沉降，洞庭盆地由此进入了一个新的演化时期。该时期洞庭湖由三片湖域构成，西部湖域大致保持了新近纪湖盆范围，东部则不断扩大，基本上与现今洞庭湖范围相当，且北入长江与江汉盆地相通，江湖连接意味着长江来水的泥沙开始淤积入湖。根据所产孢粉分析，距今 2.58～2.4Ma，早期为干凉-温湿-温凉气候，晚期为温湿-暖湿气候；距今 2.40～1.78Ma，早期为温凉气候，晚期为湿热-干热气候；距今 1.78～0.78Ma，早期为湿凉-温湿气候，晚期为暖湿气候。

5. 第四纪更新世中期

更新世中期（距今 0.78～0.128Ma），此时期洞庭湖由早更新世的三个湖域扩大连成一个大湖，受华容隆起的影响，城陵矶广兴洲一带与江汉湖盆不相连，但是其西部的安乡、澧县又与江汉湖盆相连接，且由于当时湘江已经形成，使得湖域面积最大，而泥沙的含量减少，有利于淤泥质土沉积。据孢粉分析，距今 0.78～0.5Ma，早期为寒冷气候，中期气温升高、湿度增大，晚期为湿偏干气候；距今 0.5～0.28Ma，早期为凉干气候，晚期为温湿-暖湿气候，末期又转为温凉气候；距今 0.28～0.128Ma，总体为冷湿-温湿-暖湿气候，到暖期为温凉气候，并逐步向较干寒冷气候转化。

6. 第四纪更新世晚期

更期世晚期（距今 128～11ka），此时期洞庭湖面积已大大缩小，呈枝杈状，西部已不再与江汉湖盆相接，且在其东部的城陵矶一带与江汉湖盆相通，基本上与现今洞庭湖的出口一致，导致沉积物厚度较薄，一般仅为几米至十几米，再次为泥沙、淤泥的沉积提供了有力条件。该时期的气候总体，早期为冷湿，但也有偏凉气候的时间段，到晚期则进入末次冷期，为冷干气候。

7. 第四纪全新世

晚更新世到全新世，洞庭湖面积不断扩大，其北部与江汉盆地相接，尤其在广兴洲君山一带受广兴洲地堑控制为沉降中心，故沉积物厚度最大。在距今 11ka 左右，由荆江“四口”（1958 年后为“三口”）及湘江、资水、沅江、澧水“四水”注入洞庭湖的泥沙近 20%由此进入长江，但由于该处的沉降幅度大，故仍保持了洞庭湖的出口，使得湖水能够畅通入江。沉积物一部分来自长江，反映了四川盆地紫红色沉积物的特点，呈紫色并为碱性，另一部分则来自“四水”，为酸性，沉积中心部位沉积韵律发育，但总体多为细薄层交替出现，使得砂纹淤泥质土发育较好。据孢粉分析，本期气候变化可分为三个时期：早期距今 11ka，为气候温湿偏凉环境；中期距今 8～7.5ka 至距今 3～2.5ka，由温湿气候转变为温干气候；晚期距今 3～2.5ka 以来，为温湿气候，但有温干、偏凉、干热气候的波动。

1.4 洞庭湖区高速公路建设概况

在洞庭湖区软土区目前规模最大的建（构）筑物就是高速公路，主要有三条国家高速和一条湖南省高速穿越洞庭湖区软土核心地带。

三条国家高速分别为中国国家高速公路网杭州—瑞丽（杭瑞）高速公路（国家高速 G56）、中国国家高速公路网二连浩特—广州高速公路（国家高速 G55）和中国国家高速公路网安乡—吉首高速公路（国家高速 G5616），一条湖南省高速是湖南省高速公路网华容—常宁高速公路（湘高速 S71）。上述道路均为双向四车道，设计速度均为 100km/h。

1.5 洞庭湖区软土基本特征

洞庭湖西部安乡地区为第四系全新统湖相冲积物形成的平原，其软土成因为河湖相沉积，具有明显的二元结构，即上部为质纯黏性土、下部为砂性土。北部君山地区为第四系全新统河相冲积物形成的平原，其软土成因为河漫滩相沉积，具有明显的二元结构，即上部为黏性土、下部为砂性土，上部黏性土夹较多薄层砂性土，呈千层糕状。为了研究称呼方便，以后按取样地命名软土，将具有千层糕状特征的软土称为君山软土，质纯不夹薄层砂性土的软土称为安乡软土。

在南县—益阳（南益）高速初步设计阶段，发现了洞庭湖南部腹地软土在地层结构上呈现一种特殊二元结构，即上层软土为“淤泥质黏性土”，下层软土为特殊类型的软土。上层淤泥质黏性土质地较纯，力学性能和固结性能较差；下层软土为淤泥质黏性土夹微薄层粉砂，粒组成分以粉粒为主（粉粒组成分超过 50%），具有明显的微层理结构特征，夹粉砂质砂纹层，微层理厚度一般为 1～2mm，砂纹厚度不超过 1mm。淤泥质黏性土夹微薄层粉砂不同于各向同性的纯质淤泥质黏土和夹薄层砂层的淤泥质黏土混砂，其具有较好的水平向排水性能，水平向渗透系数是垂直向的数倍；又不同于淤泥质黏土与粉砂互层的软土，后者的水平向渗透性能受互层中的粉砂层控制。

通过室内试验初步分析，洞庭湖区南部腹地深部淤泥质黏性土夹微薄层粉砂，根据《岩土工程勘察规范（2009 年版）》（GB 50021—2001）（中华人民共和国建设部和中华人民共和国国家质量监督检验检疫总局，2009）中的土体分类标准，该软土天然含水率大于液限，而天然孔隙比小于 1.5 但大于 1.0，且同一土层中薄层和厚层的厚度比小于 1/10，并多次出现，同时结合《现代沉积》对层理与纹理的描述，该软土中的淤泥质土与粉砂呈纹理沉积，而不是层理沉积。因此，本书将洞庭湖地区“淤泥质黏性土夹微薄层粉砂”命名为“砂纹淤泥质土”。

第2章　洞庭湖区软土空间区划及工程地质背景

洞庭湖区位于东经 111°19′～113°34′，北纬 27°39′～29°51′，地处长江中游荆江南岸，跨湘、鄂两省，位于澧县以东，岳阳、汨罗以西，华容、安乡以南，湘阴、益阳以北，包括“四水”控制下的广大平原和湖泊水网区，且东、南、西三面环山，北部敞口的马蹄形盆地，西北高、东南低，湖体近似呈“U”形。当城陵矶水位为 31.50m 时，湖面长约 143km、宽约 30km，平均湖宽为 17.01km，湖泊面积为 $2625km^2$；湖面海拔平均为 33.5m，其中西洞庭湖为 35～36m、南洞庭湖为 34～35m、东洞庭湖为 33～34m，最大水深为 18.67m，平均水深为 6.39m。

胡惠华等（2022，2024）、肖燕（2020）以洞庭湖生态经济区腹地公路修筑关键技术研究为依托研究了洞庭湖生态经济区区域性软土特征组成和工程特性，发现了埋藏于洞庭湖腹地一种特殊性软土，首次将其命名为“砂纹淤泥质土”。张可能等（2018）利用 X 射线微区衍射试验和扫描电子显微镜试验（scanning electron microscope，SEM），研究洞庭湖砂纹淤泥质土的矿物成分和微观结构，同时结合固结试验探讨砂纹淤泥质土微观孔隙与结构单元体参数变化特征。胡惠华等（2022）利用一维固结蠕变试验研究洞庭湖砂纹淤泥质土的蠕变特征，建立了适用于描述洞庭湖砂纹淤泥质土应力-应变-时间关系的经验蠕变模型。贺建清等（2024）利用 GDS 三轴试验系统，对洞庭湖结构性软土进行 K_0 固结下的三轴排水蠕变试验，分析洞庭湖软土的蠕变特征。赵明华等（2004）基于所获得的现场实测数据探讨了软土地区大直径超长灌注桩的荷载传递机理和竖向承载特性。另外，有不少学者在洞庭湖软土力学性质、原位测试及地基处理等方面取得大量的研究成果。

软土的形成研究离不开对洞庭盆地第四纪构造演化、第四纪地质环境演化、全新世以来洞庭湖演变及人类活动影响等方面的具体分析。本书在洞庭湖晚更新世以来的演变特征及地层年代划分等研究的基础上，结合若干高速公路建设过程中对洞庭湖生态经济区区域性软土空间区划及典型特征进行的分析，为本区域的发展提供有力的地质基础支撑。

2.1　洞庭湖区域沉积环境分析

学术研究上，洞庭湖类型有构造湖、河川型伴生湖、云梦泽残留湖及混成湖等多种观点。尽管在洞庭湖的演化成因上的认识有所不同，但洞庭湖盆地断陷沉降基本格局是地学界在多年的勘察过程中得出的，并已达成共识。洞庭湖软土总体上来讲，处于澧县凹陷、临澧凹陷、安乡凹陷及沅江凹陷四大凹陷范围内。

目前，洞庭湖区沉积物的物质来源为荆江“四口”与湖区“四水”，调弦口于 1570～1684 年形成，太平口于 1675～1679 年形成，藕池口于 1852 年溃口、1860 年成河，松滋口于 1870 年溃口、1873 年成河。洞庭湖区表层软土主要为人类历史活动以来形成的，根据胡惠华等（2022，2024）的研究，在研究区有两层软土，第二层软土位于可塑灰绿色黏土下，据张晓阳等（1994）的研究，此灰绿色黏土层顶部的 ^{14}C 年代为 4700±130a B.P.，而底部的 ^{14}C 年代为 7588±150a B.P.，李俊等（2011）的研究也证实了这一点。从软土形成的地质年代来看，洞庭湖区软土的研究应追溯到晚更新世末至全新世初，应在洞庭湖的演变特征、沉积环境特征及沉积物来源的基础上进行。

在距今 18ka 左右的末次冰盛期，世界海平面大幅度下降，造成长江中下游河床的深切，从而形成谷坡较陡、河床较窄的河槽。据杨达源（1986b）研究，洞庭湖区末次冰盛期时，深切湖区的主河槽槽底标高在-12m 以下，河底标高与古荆江中下段相当，主河槽起端在现沅江河口，它向东经洲口，在赤山东北侧绕过赤山，再经南县乌嘴乡向东经明山头镇南，过华阁镇附近进入今东洞庭湖，主河槽有三个分支：洞庭湖东侧的古湘江尾段、古资水尾段和古澧水尾段（可能）。由于此时区域内水量相对较少、搬运能力较弱，再加上区域已为河流末端，所以沉积颗粒较小，仅河道主流区沉积物中才含有砂砾。

据皮建高等（2001）的研究，第四纪更新世末期至全新世早期，洞庭湖区是由河网切割而成的、有一定起伏的平原，为典型的过水型、河川型湖泊。在冰后期，随着气候回暖及地壳升降运动的继续，海平面上升、长江水倒灌、河口淤积，洞庭湖由过水型、河川型湖泊逐渐发展成河谷沉溺湖。

在洞庭湖由过水型、河川型湖泊发展成河谷沉溺湖初期，在古河道河漫滩沉积一层厚度不一的河漫滩相沉积物，此后，洞庭湖区的堆积呈面状分布。中全新世早中期，河谷沉溺湖形成，在搬运能量低、水动力较弱的环境形成，此时沉积一层浅湖相沉积物，沉积物以细粒土为主，伴生有浅水湖多见的贝壳残骸沉积，灰绿色含贝壳残骸黏土为洞庭湖区沉积地层的一标志层。中全新世晚期，河谷沉溺湖稳定，湖面继续扩大，由浅湖形成深湖，深湖相沉积物仍以细粒土为主。在人类历史的改造下，形成现有的洞庭湖区水系，在长江、湘江两大水系河侧沉积一层新近沉积的河漫滩相沉积物。

近几百年来，由于荆江向南决口分流，形成了松滋河、虎渡河、藕池河及华容河等，大量泥沙涌入洞庭湖淤积，再加上大规模的围湖造田，造就了现有的洞庭湖区地形地貌及地质特征。

至此，在垂直方向形成了两层不同地质时代的软土，下层为第四纪早全新世的古河槽河漫相软土，上层为中全新世中期末以来的深湖相软土及晚全新世的河漫滩相软土。两层软土共存区域由中全新世早期形成的浅湖相厚度不一的、含数量不等贝壳的硬可塑状灰绿色黏土将两层软土隔开。

2.2　洞庭湖区软土空间区划

经过对洞庭湖区软土沉积环境的分析，可以认为洞庭湖区形成了三种软土：第一种是第四纪早全新世的古河槽河漫滩相软土，该软土呈灰褐、灰色，一般呈流塑-软塑状，以软塑为主，粒组成分以粉粒为主（粉粒组成分超过 50%），具有明显的微层理结构特征，表观不显示非常明显的层状结构，根据《现代沉积》对“纹理”的定义及《岩土工程勘察规范（2009 年版）》（GB 50021—2001）对“淤泥质土”的定义，将此类软土定名为砂纹淤泥质土；第二种是中全新世晚期以来的深湖相软土，灰褐色，流塑-软塑状，以流塑为主，黏粒含量高，土质较纯，微层理不明显，根据取样地命名，将此类软土命名为安乡软土；第三种是晚全新世河漫滩相软土，灰褐色，软塑状，夹极薄层状细砂层，呈“千层饼”状，根据取样地命名，将此类软土命名为君山软土。

根据杨达源（1986a，1986b）研究成果，结合岳阳—常德（岳常）高速公路、安乡—慈利（安慈）高速公路及南县—益阳（南益）高速公路等项目的勘察成果，对洞庭湖区软土进行空间区划，形成了平面分布和垂直分布两种类型的空间区划，如图 2.1～图 2.3 所示。

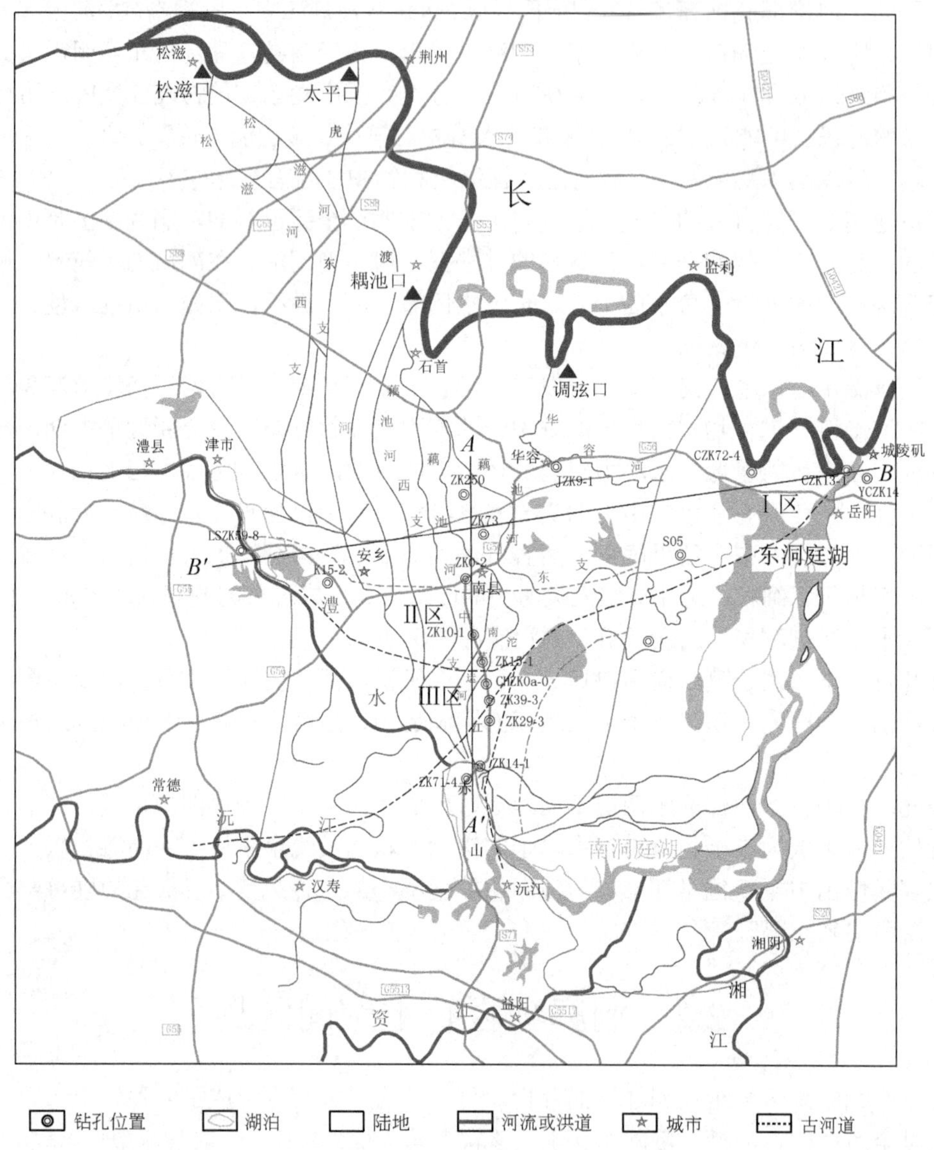

图 2.1 洞庭湖区软土空间区划示意图（修改自杨达源，1986a，1986b；李俊等，2011）

在平面上，君山软土以长江南岸和东洞庭湖为主要分布区，主要为全新世晚期河漫滩相沉积的软土；安乡软土以西洞庭湖为主要分布区，主要为中全新世晚期深湖相沉积的软土；砂纹淤泥质土以沅江、资水、澧水古河道的早全新世河漫滩相沉积的软土为主，平面区划如图 2.1 所示。在垂直方向上，软土分布如图 2.2、图 2.3 所示。

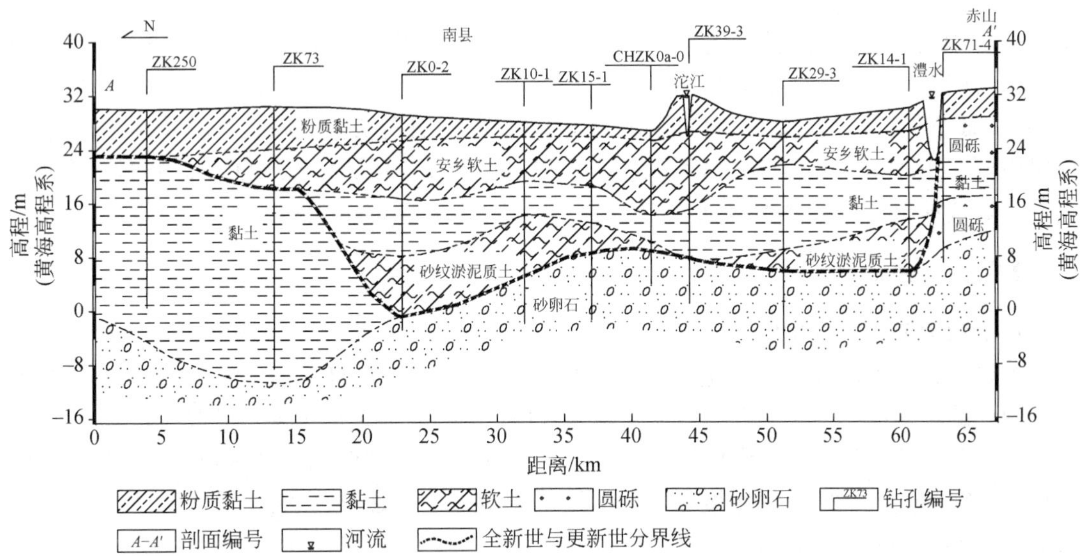

图 2.2　洞庭湖生态经济区区域性软土南北向断面示意图

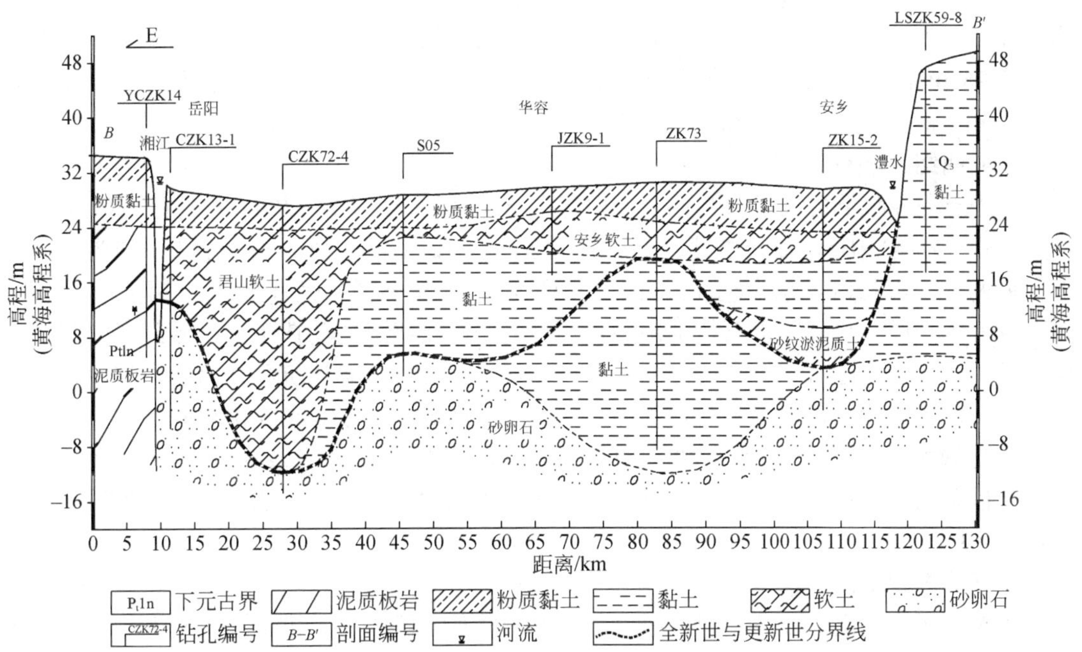

图 2.3　洞庭湖生态经济区区域性软土东西向断面示意图

2.3　洞庭湖第四纪沉积地层特征

张建新（2007）在《洞庭湖区第四纪环境地球化学》中详细地总结了洞庭湖第四纪地层主要特征为沉积厚度大且一般呈连续沉积。而南益高速公路穿越了洞庭湖腹地，其第四纪主要沉积地层为更新统华田组上段（Q_1ht^2），全新统下段沅水组（Q_4^1y）和中段团洲组（Q_4^2t），区别于洞庭湖西部和南部的更新统华田组下段（Q_1ht^1）、湘阴组（Q_1xy）、安乡组（Q_3a），而“四水”入湖处和洞庭湖湖心区的地层则为更新统洞庭湖组下段（Q_2dt^1）、洞庭湖组中段（Q_2dt^2）、洞庭湖组上段（Q_2dt^3），以及全新统上段赤沙组（Q_4^3c）。洞庭湖第四纪沉积地层特征由老至新分述如下。

2.3.1　更新统

1. 华田组下段（Q_1ht^1）

一般在钻孔中底部出现，主要分布于澧县、临澧、汉寿-目平湖、沅江-湘阴、广兴洲几个独立的湖盆中部，湖盆之间均由隆起的台地分隔。岩性上部为灰白色黏土，黄色黏土、砂质黏土，以及由紫灰、浅紫和紫红色组成的杂色黏土；下部为砂、砂砾石等组成的上细、下粗的韵律组合，一般沉积厚度为 20～50m，最大厚度可达 123.28m。全区平均厚度约为35m，分布面积达 5400km^2。

2. 华田组上段（Q_1ht^2）

主要分布于澧县、南县-汉寿、沅江-湘阴、广兴洲、临澧等五个湖盆沉积的下部，除临澧和广兴洲湖盆为独立湖盆外，其他湖盆均互相连通。总分布面积较华田组下段大大增加，达 9500km^2。主要岩性为上部杂色黏土与下部砂砾石，一般由 12 个韵律组成，厚度为30～50m，最大厚度为 123.3m，平均厚度为 38.60m。

3. 湘阴组（Q_1xy）

深埋于更新统洞庭湖组及其他上部地层之下，一般厚度为 40～80m，边缘区较薄为 20～40m，平均为 43.91m，最大厚度位于汨罗白塘，达 127.64m。以赤山—明山一线为界分为东、西两个大沉积区，东为沅江-湘阴区、西为安乡-汉寿区，另有澧县、临澧、广兴洲-钱粮湖等沉积区。总体上岩石特征由砂、砂砾石与黏土组成的韵律组合，砂砾石的圆度一般较差，东、西两区沉积特点的差异主要是东部多以花岗质碎屑沉积物为主，其中长石多风化成灰白色高岭土，但仍多保留其晶体外貌，而西部则比较少见花岗质碎屑成分，黏土类沉积物颜色多以灰、浅灰绿、灰白色为主，砂砾石则多以灰、浅灰绿色为主，在盆地中心部位砂砾石中泥质含量较多，胶结紧密，多呈假成岩状，有多种韵律组合。本组分布面积约 17500km^2。

4. 洞庭湖组下段（Q_2dt^1）

埋藏于洞庭湖组中段及其他上部地层之下，分布面积达 13700km^2。岩性主要为灰、灰褐、灰白色黏土、砂质黏土、粉砂、砂及砂砾石，组成上细、下粗的正序韵律，多时可达34 个组合。本层在盆地中心一般沉积厚度为 20～40m，边缘多小于 20m，全区平均厚度为25.88m，最大厚度为 91.18m。

5. 洞庭湖组中段（Q_2dt^2）

埋藏于洞庭湖组上段及其上部地层之下，分布面积达 16500km^2。岩性主要由上部的黏土、粉砂质黏土与下部的砂、粉砂、砂砾石层组成，一般可见 12 个韵律层。黏土层结构紧密，而砾石砾径较大、磨圆度较好，其成分以脉石英为主，次为石英岩、硅质岩、变质砂岩等。盆地中心沉积厚度一般为 20～40m，边缘地区厚度一般小于 20m，全区平均为 25.5m，最大沉积厚度可达 87m。

6. 洞庭湖组上段（Q_2dt^3）

本段地层在湖区内与洞庭湖组中段相比发育程度较差，在湖盆中埋藏于安乡组及上部地层之下，分布面积达 11000km^2。岩性上部为黏土、粉砂质黏土，下部为砂、砂砾石。本段地层与洞庭湖组中段及白沙井组较难区分，厚度一般为十几米至二十几米，由于处在湖盆活动衰减期，故分布范围较小，很多区域未见此段分布，全区最大厚度为 73m，平均厚约 23.24m。

7. 安乡组

安乡组厚度较薄，一般为几米至十几米，最大厚度为 25m，全区平均为 10.82m 左右，分布面积为 8000～10000km^2。其主要岩性上部为灰、灰白、灰黄色的黏土，具似网纹状构造，黏土黏性较好、结构紧密，含较多的铁锰质结核；下部为细砂、粉砂，含砾砂，极少砂砾石，个别地区有古土壤层分布。

2.3.2　全新统（Q_h）

根据本区揭露的钻孔厚度统计，全新统广泛分布于区内平原和各河流谷地，总出露面积达 10300km^2，沉积厚度一般小于 20m，最厚的可达 54.18m，平均厚度为 12.34m。全新统沉积物颗粒普遍较细，主要为黏土、砂质黏土、淤泥、粉砂、细砂等，中粗砂成分较少，砂砾石沉积仅在局部区域地层底部可见。总体结构松散，沉积物中产出较多的螺蚌壳化石和植物残骸。沉积物颜色为褐、灰褐、灰黄、灰黑、棕褐、灰绿、红棕色等，砂砾石颜色较浅，多为灰、浅灰、灰白、灰黄色。沉积中心部位沉积韵律发育，但总体多为细薄层交替出现。

按区内岩性地层组合特征、气候环境变化、沉积物形成的地质年代将本时期地层划分为三组，由老至新分别为沅水组（Q_4^1y）、团洲组（Q_4^2t）、赤沙组（Q_4^3c）。

1. 沅水组（Q_4^1y）

沅水组主要分布于洞庭湖区中部的牛鼻滩（常德）、三仙湖、大通湖（腹地）、广兴洲一线，另外在澧水下游、沅江下游、资水下游的益阳东部、湘江下游的荷叶湖、漉湖一带也有少数分布，分布面积约 3000km^2。岩性主要为灰黑、灰绿色的含粉砂黏土、粉砂质黏土、黏土质粉砂、粉细砂等，含极少量砂、砂砾石。黏土矿物成分主要为伊利石、绿泥石、高岭石，沉积厚度一般小于 10m，最大厚度为 34.73m，平均厚度为 12.4m，最小厚度为 3.6m。

2. 团洲组（Q_4^2t）

团洲组分布范围较沅水组广，分布面积为7540km^2，主要分布于西洞庭湖区，大通湖，东洞庭湖广兴洲，澧水中下游，沅江下游，资水下游万子湖、横岭湖，南洞庭湖北部以及湘江下游。沉积物岩性主要为黑灰、灰黑、灰、灰棕、灰褐色的黏土、粉砂质黏土、淤泥、黏土质粉砂、粉细砂，少量含砾粉细砂，结构松散，多具微层理，沉积韵律发育。沉积物中普遍见螺蚌壳化石及残片，局部区域可见螺蚌壳化石层，含腐烂植物残骸、炭化木。黏土矿物主要为伊利石、绿泥石、高岭石、蒙脱石，以及黏粒级的石英、长石、方解石、赤铁矿等。沉积厚度一般小于10m，最大厚度为26.2m，平均厚度为6.68m。

3. 赤沙组（Q_4^3c）

赤沙组沉积物广泛出露于区内低平原区及现代河、湖沉积表层，包括西洞庭湖区、南洞庭湖区、东洞庭湖区、周边河流河谷及河谷平原等地区，岩性为褐、深灰、棕灰、褐黄色，部分为褐红色，偶见灰黑、黑褐色的黏土、粉砂质黏土、淤泥、淤泥质粉砂、黏土质粉砂，仅局部区域地层中可见含砾砂，在“四口”分流河道及其下游形成的沉积物中具典型的洪泛型微细层理，沉积物中普遍含螺蚌壳残体、腐烂植物层等。沉积厚度一般小于5m，沉降中心地带沉积厚度为5～10m，局部地区沉积厚度可达10m以上，最大厚度为21.43m，平均厚度为4.86m，分布总面积为10300km^2。

2.4 洞庭湖区西部软土工程地质背景

本节研究的对象项目位于洞庭湖区西部，为安乡至慈利高速公路安乡西连接线。研究区包括澧县、安乡、汉寿及常德市区，东部以松滋河东支为界。

2.4.1 地形地貌

研究区地貌类型为堆积地貌，形态以冲湖积平原为主，地形起伏小。自何市岗起，线路进入冲湖积岗地地貌区，地形高程和起伏均已加大，但谷地较为宽阔。软土研究区在冲湖积平原区，地形起伏小，地面高程一般为28.0～31.0m。

2.4.2 水文气候

根据地层岩性、地下水赋存空间及水动力特征分析可知，研究区主要受松散孔隙水影响，孔隙潜水主要分布于沿线河谷及冲沟中砂性土或砂卵石中，孔隙潜水埋深一般较小，补给主要为大气降水和附近河水。上部多被黏土层覆盖，多具有承压性，水量和水位受季节影响较小，部分低洼地带出现冒水现象。因其厚度较大，水量丰富，会向澧水等地势低洼处排泄。

2.4.3 地层岩性

研究区所揭露的地层主要为第四系全新统（Q_4）及第四系更新统白水江组（Q_2b）。各类岩土层由新至老分述如下。

第四系全新统（Q_4）

（1）种植土：灰褐、褐黄色，松散状，含少量植物根系，厚度为0～0.5m，多为农田、菜地。

（2）填筑土：以褐黄、褐色为主，松散-稍密状，成分主要为黏性土，少量砖渣、卵石，厚度为0.5～10.0m。主要分布于沿线的宅基地、机耕道、塘堤、沟堤、河堤中。

（3）淤泥：灰褐、灰黑、黑色，流塑-软塑状，内含腐殖质，呈零星状态分布于池塘、水沟地段，厚度为 0.3～2.0m。

（4）粉质黏土（Ⅰ）：黄褐、灰褐、灰黄色等，一般呈可塑-硬塑状，局部呈软塑状，分布于沿线大部分地段，厚度一般为 0.4～4.7m。

（5）细砂：灰褐、褐黄色，松散-稍密状，局部夹少量泥质物，厚度一般为 1.1～6.1m，局部分布。

（6）淤泥质土（Ⅰ）：灰褐色，软塑状，偶夹薄层细砂，厚度一般为 1.6～20.3m，分布较广。

（7）粉质黏土（Ⅱ）：灰绿、灰黄、褐黄色等，一般呈可塑-硬塑状，局部呈软塑状，偶夹薄层粉细砂透镜体，厚度一般为 3.8～21.5m，分布范围较广。

（8）淤泥质土（Ⅱ）：灰褐色，软塑-可塑状，夹薄层粉细砂，含量为 5%～10%，厚度一般为 0～11.0m，局部分布。

（9）卵石：褐、褐黄色，湿-饱和，稍密-中密状，卵石成分主要为硅质岩、石英岩等，次圆状，粒径为 2～6cm，占 70%～80%，充填圆砾、砂和少量黏性土，局部夹漂石，厚度为 2.0～9.0m，中偶夹细砂或圆砾透镜体，主要分布于道水河河漫滩及一级阶地。

第四系更新统白水江组（Q_2b）

（10）粉细砂：褐灰色，中密状，饱和，含少量泥质，局部夹多层薄粉质黏土，含少量朽木及黑色腐殖质，勘探揭露厚度为 1.0～34.6m，研究区内广泛分布。

（11）圆砾：杂色，中密状，成分主要为硅质岩、石英砂岩，粒径一般为 1～2cm，充填粉细砂及少量黏性土，占比为 30%～35%，局部含卵石占比为 10%～15%，勘探揭露厚度为 0.8～10.5m，在研究区内局部分布。

2.4.4　地质构造

“1∶20 万华容幅区域地质调查报告”、“1∶20 万石门区域地质调查报告”、《湖南省构造体系图》及《湖南省区域地质志》等资料表明，勘察区的洞庭湖区位于新华夏第二沉降带的中部，路线横穿太阳山隆起北端，至常德凹陷，断层不甚发育。

目前，洞庭湖盆地仍然处于继承性缓慢下降阶段，且沉积速度较沉降速度大。

2.4.5　地震

根据国家质量技术监督局 2015 年发布的《中国地震动参数区划图》，研究区中硬场地地震动峰值加速度为 0.05g（g 为重力加速度，g≈9.8m/s^2），地震动反应谱特征周期为 0.35s，对应的地震基本烈度为Ⅵ度。

2.5　洞庭湖区南部腹地软土工程地质背景

本节研究对象位于洞庭湖区南部腹地，重点研究对象为南县至益阳高速公路的北段，研究路线串联了杭瑞高速公路、长常高速公路，连接南县、茅草街、沅江、益阳，北部以藕池河东支为界。主线起于程家山，经荷花嘴、游港、三仙湖，在茅草街跨淞澧洪道，经南嘴、新湾、杨阁老，在小河嘴跨沅江，经三眼塘、竹莲，终于迎丰桥，与长常高速公路和益阳绕城高速公路相连，路线全长约 86.2km。

2.5.1　地形地貌

南益高速公路位于湖南省西北部，大致呈南北走向，沿线系洞庭湖平原腹地，地形平坦、湖泊众多、河汊纵横、农田广布，高程一般为 27.0～29.0m，主要为填方及桥梁，填方一般填高为 2～8m，遍布水田、水塘。

2.5.2　水文气候

研究区气候处在中亚热带向北亚热带的过渡地带，温暖湿润，也是北方冷空气频繁入境的“风口”所在。因此冬季冷空气长驱直入，春夏冷暖气流交替频繁，夏秋晴热少雨，秋寒偏旱。多年平均气温为 16.5～17℃，1 月平均气温为 3.8～4.7℃，7 月平均气温在 29℃左右。年平均降水量为 1200～1302mm，雨季多集中于 3～8 月，约占全年降水量的 69%；无霜期为 258～275 天；年均蒸发量为 1238.1mm；年平均气温为 17.9℃，极端最高气温为 41.0℃，极端最低气温为-11.8℃；年平均风速为 1.9m/s，最大风速为 25m/s。

2.5.3　地层岩性

根据野外钻探及地质调查，研究区地层主要为第四系全新统（Q_4）及第四系上更新统白水江组（Q_3b），属湖相沉积区，地层由上到下分别为第四系的粉质黏土、淤泥质粉质黏土、黏土、砂纹淤泥质土。在下文关于洞庭湖砂纹淤泥质土物理力学特性和微观结构研究中，另三种土将作为比较对象用于分析砂纹淤泥质土独有的特征，简述如下。

（1）粉质黏土：褐黄、黄褐色，以可塑-硬塑状为主，揭露厚度为 0～2.4m，主要分布于研究区表层，属洞庭湖湖积平原区表层的硬壳层；

（2）淤泥质粉质黏土：灰褐色，流塑-软塑状，局部夹团块状粉砂，内含腐殖质，揭露层厚为 1.1～11.1m；

（3）黏土：刀切面光滑，黏性强，上部主要以灰绿色为主，主要呈可塑状，局部呈软塑状，揭露层厚为 0～4.6m；下部以褐黄、黄绿色为主，主要呈可塑-硬塑状，揭露层厚为 0～19.1m；

（4）砂纹淤泥质土：灰褐、灰色，一般呈软塑状，粒组成分以粉粒为主（粉粒组成分超过 50%），具有明显的微层理结构特征，表观不显示非常明显的层状结构，其水平向渗透系数是垂直向的两倍以上。其所夹砂层以粉砂为主，单层厚度一般不超过 1.0mm，竖向切面呈水平或近水平砂纹状，揭露层厚为 0～41.0m。

2.5.4　地质构造

根据“1∶20 万华容幅区域地质调查报告”、《洞庭地区基岩地质图》、《洞庭拗陷构造分区图》及《湖南省区域地质志》等资料，洞庭湖区位于著名的新华夏第二沉降带的中部，为燕山期以来逐渐形成的一个中新生代大型拗陷盆地。研究内附近主要的构造破碎带如下。

（1）北景港断裂带（F1）：位于安乡和南县之北，走向为 NW30～40°，长约 60km，由三条次级断裂首尾平行雁列组成，为洞庭湖凹陷与华容隆起的分界断裂，其东北盘元古宇组成了残山，西南盘为湖积冲积平原；

（2）南嘴-汉寿断裂（F2）：该断裂走向为 NE20°，倾向北西，延伸约 70km，垂直断距为 800～1400m，其两侧第四系土层厚度差异大；

（3）目平湖断裂（F3）：北始于南县，经三仙湖东侧、南嘴、目平湖西侧至汉寿，长约 50km。

目前，洞庭湖盆地仍然处于继承性缓慢下降阶段，且沉积速度较沉降速度大。断裂在挽近期内活动，主要表现在对第四系沉积层厚度的控制上。研究区位于相对稳定的地块，地壳运动以沉降为主导。

2.5.5　地震

根据国家质量技术监督局 2015 年发布的《中国地震动参数区划图》，研究区中硬场地地震动峰值加速度为 0.05*g*，地震动反应谱特征周期为 0.35s，对应的地震基本烈度为Ⅵ度。

根据“1∶20 万沅江幅区域地质调查报告”，洞庭湖区内地震分布较广、频次较多。从公元 1045 年以来，据不完全统计，共有 59 次（不同地点，但在同一时间的地震算作一次），两次地震时间相距一般为 5～25 年，但有每隔一年，甚至有每隔一月或数日又发生一次的情况。发生大于 3 级地震 12 次，其中 5.5 级、6.5 级地震各发生 1 次，破坏性较大；新中国成立以来，又发生过 5 次（1.6～4 级），但危害性较小，强震主要发生在由岳阳-湘阴北北东向断裂及常德北东向断裂组成的构造带上。

2.5.6　水动力条件

现今洞庭湖区属亚热带季风气候，降雨充沛，年平均降水量为 1200～1302mm，降水多集中于 3～8 月，约占全年降水量的 69%，年均蒸发量为 1238.1mm。洞庭湖承纳“四水”，吞吐长江。“四水”自东、南、西三面呈向心状汇入洞庭湖，汛期长江洪水的 30%～40%自长江三口汇入洞庭湖，经洞庭湖调蓄后，由城陵矶入长江。来水多而出口少，洪水交错出现，形成北涨南流、南涨北流的现象，导致水流顺逆不定、互相干扰。

由于洞庭湖长期受这种水动力条件的影响与制约，水流切割，流经交错变化，加之长江上、中游森林的滥伐，年复一年的洪水污泥沉积，使河床不断抬高，河、湖洲滩不断显现和扩大，导致腐殖质丰厚，为土壤基质的形成提供了有力条件。此外，该地区地下水主要受大气降水及河流侧向补给影响，以潜流形式排泄于冲沟、小溪、冲积和冲湖积三角洲地带，地下水受地下水位及边界条件的限制，径流活动较少，地下水交替不积极。

通过以上分析可知，洞庭湖砂纹淤泥质土主要受复杂地表水动力控制，使得粉细砂和淤泥质土互层形成微薄层砂纹，但由于洞庭湖区地下水径流活动不明显，粉细砂沉积之后受到的影响相对较小，使其能较好地按水平状分布，与图 2.2、图 2.3 中断面相一致。

2.5.7　沉积物来源

由以上分析可知，砂纹淤泥质土沉积物来源主要是淤积入湖的大量泥沙，20 世纪 50 年代以来洞庭湖各时期泥沙淤积量如表 2.1 所示，同时研究表明洞庭湖盆地的沉降速率也会对泥沙淤积量产生影响，其沉降速率已由长江水利委员会、中国地质大学、湖南省地质矿产勘查开发局等单位从 1925 年到 2003 年用现代科技手段测得，在 10mm/a 左右，如表 2.2 所示。例如，1990 年之前洞庭湖衰落，尤其是 1973 年之前萎缩严重，这是由于下荆江裁弯工程中长江河床下切，导致水、沙难以汇入洞庭湖；1991 年至三峡水库启用前，洞庭湖处于稳定状态；三峡水库启用后，导致江水含沙量明显降低、入湖江水大幅度减少，构造沉降速率远大于泥沙淤积速率，洞庭湖的面积和深度也因此增加。

表 2.1　各时间段汇入洞庭湖泥沙量统计表　　（单位：亿 t/a）

时间段	“四口”	“四水”	合计
1951～1958 年	2.204	0.44	2.644
1959～1966 年	1.904	0.28	2.184
1967～1972 年	1.442	0.41	1.852
1973～1980 年	1.108	0.37	1.478
1981～1990 年	1.092	0.24	1.332
1991～1998 年	0.735	0.23	0.965
2003～2007 年	0.124	0.11	0.234

表 2.2　洞庭湖区沉降速率表

沉降速率/(mm/a)	求取方法
10.45（平均值）	1947 年、1952 年、1953 年长江水利委员会重复水准测量
5～20	湖南地质矿产勘查开发局根据水利系统不同年代水尺基准差值
5～18.3	湖南地质矿产勘查开发局对水闸、电排闸基点测量比较
8.4（平均值）	湖南地质矿产勘查开发局对不同时期地形图高程比较
8.06（平均值）	中国地质大学根据水下地形图高程增大值与输沙平衡法泥沙淤高值比较

2.6　洞庭湖区北部软土工程地质背景

本节研究对象位于洞庭湖区北部，重点研究对象为杭瑞高速公路临湘（湘鄂界）至岳阳（临岳）段，全长约 20.44km。研究区包括湖北松滋、石首，湖南华容、岳阳市区，北部以长江为界，南部以藕池河东支为界。

2.6.1　地形地貌

研究区位于洞庭湖大桥以北湘江下游西岸河漫滩的岳阳纸业芦苇农场及君山农场，为湘江河漫滩及 I 级阶地，地势较平坦，地面高程一般为 26.0～31.0m。

2.6.2　水文气候

研究区孔隙水含水层由粉细砂及砂砾石层组成，厚度为 5.0～21.6m，其中砂砾石层厚度小于 2m，且分布不连续；含水层厚度由东向西逐渐增加，底板标高为-5.8～-4.2m，顶板标高为 1.9～16.6m；平均渗透系数（k）为 3.895m/d，平均单位涌水量（q）为 0.5386L/(s·m)，具承压性，富水性中等。

孔隙水主要接受大气降水补给和地表水侧向补给，地下水与地表水关系密切，受地表水位影响大，地下水位季节性变化较大，松散岩类孔隙水主要靠地表水位变化交替排泄。

基岩裂隙水含水层由泥质板岩和砂质板岩组成，多下伏于第四系松散岩类孔隙含水层之下，其含水性受裂隙发育程度控制，浅部风化裂隙发育，渗透性较强、富水性中等，深部裂隙多闭合，富水性弱。

下伏基岩裂隙水含水层接受松散岩类孔隙水补给、大气降水垂向补给和地表水下渗补给；以裂隙通道径流，径流交替速度慢；深部循环远途排泄。

2.6.3　地层岩性

研究区内出露的地层主要为第四系及下伏元古宇冷家溪群砂质板岩、泥质板岩。覆盖层巨厚，岩性较简单，呈明显的二元结构，上部为淤泥质黏土，下部为粉细砂，次为圆砾及卵石层。下伏基岩主要为中厚层状的砂质板岩、薄层状的泥质板岩及硅化板岩，局部遇压碎岩。

勘察场地发育的地层主要为第四系全新统松散堆积层，第四系更新统残坡积，元古宇冷家溪群砂质板岩、泥质板岩。现按地层从新到老分述如下。

第四系全新统（Q_4）

主要由填土、种植土、淤泥、淤泥质黏土、粉砂、圆砾等组成。其中，岳阳岸上覆土层为残坡积成因，君山岸以湖冲积为主。

（1）填土：主要为七里山废煤灰处理池内冲填土，由粉煤灰组成，呈黑色，松散-稍密状，饱水。主要为修筑道路、菜地平整所致。

（2）种植土：黄褐、灰黑色，松散或软塑状，含较多的植物根系，厚度为 1.0～2.0m，主要分布在西岸芦苇地。

（3）淤泥：黑色，流塑状，含腐殖质，味臭，主要分布于岳阳岸锚碇区内的鱼池、沟渠、水塘及湘江河道内，厚度为 0.50～3.50m。

（4）黏土：黄色，可塑状，分布于君山岸，组成地表“硬壳层”，厚度一般为 2.0～4.0m，在君山岸分布。

（5）淤泥质黏土夹薄层砂：灰、灰绿色，软塑状，分布于种植土层之下，夹极薄层状细砂层，呈“千层饼”状，水平渗透性较好，厚度为 5.0～29.0m。下部一般有机质含量较低，颜色与上部区别较明显，呈灰褐色，为含有机质黏土、粉质黏土。

（6）粉细砂：灰褐、灰黑色，松散状为主，局部稍密，矿物成份以石英和云母为主，局部泥质含量为 5%～20%，夹淤泥质黏土、圆砾透镜体，君山岸分布，厚度一般为 1.0～4.0m，其中君山锚碇场地该层主要以透镜体状分布。

（7）圆砾：杂色，中密-密实状，粒径一般为 2～30mm，大者次棱角-圆状，小者多呈棱角-次棱角状。其含量变化较大，为 15%～60%，余为泥、砂；成分以石英、硅质岩为主；一般以透镜体状分布，夹少量螺类贝壳，层厚多小于 1m。需要特别强调的是，局部存在铁质胶结的硬壳层，厚度小于 1m。

第四系更新统（Q_3）

（8）黏土：属第四系上更新统残坡积物，橘红、褐红色夹黄色团块、条带，呈硬塑-坚硬土状。该层厚度一般为3.0～10.0m。

元古宇冷家溪群（Pt）

（9）板岩：变余结构，岳阳岸及君山主塔以砂质板岩为主，中-厚层构造，其中岳阳岸泥质板岩夹层很少；君山岸锚碇以泥质板岩为主，薄-中厚层构造。由钻探揭露，两岸岩层倾角达80°左右，发育近水平及40°节理。

①全风化板岩：灰黄、褐黄色，岩石结构可辨，岩心呈硬塑粉质黏土状，为良好的相对隔水层。全风化层厚度分布不均，除不同场地厚度差异明显之外，同一场地层厚相差悬殊，主要是因为岩性差异、陡立的构造（如层间破碎带、陡立小断层及破碎带等），致使风化带呈槽状发育。

②强风化板岩：灰黄、黄绿色，在君山岸岩石颜色大多无明显变化。根据其强度和破碎程度，可划分为上下两段。强风化上段的岩心呈碎石混土状，手掰易碎，锤击声哑，干钻可钻进；强风化下段的岩质一般较上段硬，岩心多完整呈柱-长柱状。

③中风化板岩：灰绿、黄绿色，变余砂状结构，锤击声不脆，轻击不易碎，重击易沿裂隙面开裂，局部裂隙中夹石英岩脉，节理裂隙发育，裂隙面风化成灰白色，多附褐黄、锈红色浸染物；岩体多破碎-较完整，因受陡立构造、石英脉的影响，多夹垂直厚度数米的全风化或强风化层；厚度大于20.0m。

④微风化板岩：灰绿、青灰色，变余砂质结构，中厚层状，节理裂隙较发育，裂隙面新鲜-较新鲜，偶有少量风化痕迹，岩体多较完整，岩质坚硬。

（10）压碎岩（构造岩）：由区内部分钻孔揭露，揭露厚度一般为1.0～2.0m，主要由层间挤压破碎所致，母岩成分以砂质板岩为主，局部夹泥质板岩，呈片-碎块-棱角状；岩石软弱，岩体破碎-极破碎。

2.6.4 地质构造

根据1∶20万《蒲圻幅地质图》，“蒲圻幅区域地质调查报告”，地质矿产部中南石油地质局地质大队绘制的《洞庭地区基岩地质图》（1∶20万）、《洞庭拗陷构造分区图》（1∶20万）及原湖南省地质矿产局编写的《湖南省区域地质志》等资料分析，本研究区属新华夏系洞庭湖沉降带（洞庭凹陷区）。

根据区域地震地质资料，研究区在大地构造单元上大部分处于扬子准地台，元古宇褶皱固结基底。次一级单元处于江汉-洞庭断拗带。燕山运动是扬子准地台自古生代以来遭受的最强烈的构造运动，使白垩纪以前的地层普遍褶皱，形成广泛的地台盖层褶皱带，并伴有强烈的断裂活动和以中酸性为主的岩浆活动。喜马拉雅运动时期，扬子准地台表现为强烈的抬升和断块运动、掀斜运动，在上升过程中形成的断陷盆地内有新生代地层沉积，其后构造活动逐步减弱，进入相对稳定的发展阶段。

距离研究区场地较近的两条区域性断裂为沙湖-岳阳-桃江断裂带和湘江断裂，现将两条断裂的性质分述如下。

（1）沙湖-岳阳-桃江断裂带：区域性断裂的一部分，为控制洞庭湖盆地东缘的一条重要断裂构造，并控制着沿线的第四系沉积，断裂两侧在第四纪有较大的差异活动。年代学鉴定结果将其判断为不活动断裂。

（2）湘江断裂：走向北北东，大致沿湘江延伸，该断裂最早是根据航磁和重力异常推断得到的，此后在一些局部区域的人工地震探测中也有较明显的反应。1995 年 12 月，广东省工程防震研究所通过对洞庭湖大桥桥位的勘测、研究后认为："湘江断裂在岳阳市以南形迹不清，或者说它并未入岳阳市，即使进入市区，其规模也大大变小，且活动性明显减弱"。针对该断裂在该场地的活动性，我单位组织地震地质专业人员进行了研究，认真研究了最新钻探成果及地震活动性，认为区域地质图上标明的推断湘江断裂经过场址处的地层没有明显错动，支持广东省工程防震研究所对该断层活动性的认识。

2.6.5　地震

根据国家质量技术监督局 2015 年发布的《中国地震动参数区划图》，研究区中硬场地地震动峰值加速度为 0.05g，地震动反应谱特征周期为 0.35s，对应的地震基本烈度为Ⅵ度。

研究区内记载最早的中强震是公元 1351 年发生在湖北当阳一带的 $4\frac{3}{4}$ 级地震，最大历史地震为 1631 年 8 月 14 日发生在湖南常德的 $6\frac{3}{4}$ 级地震，对场址处的影响烈度达Ⅴ度。有仪器记录以来发生的最大地震为 1974 年 3 月 7 日发生在湖北洪湖的 M_L 4.4 级地震。

2.7　洞庭湖区软土室内试验主要指标对比分析

洞庭湖区三种软土在分布上有明显区域性，在沉积特征、物质成分、粒径特征、力学特性等方面都存在较为明显的差异，有必要对三种软土进行分类并对比。根据多个公路项目的软土研究成果，对粒径特征、室内试验成果进行了统计，成果如图 2.4，表 2.3～表 2.5 所示。

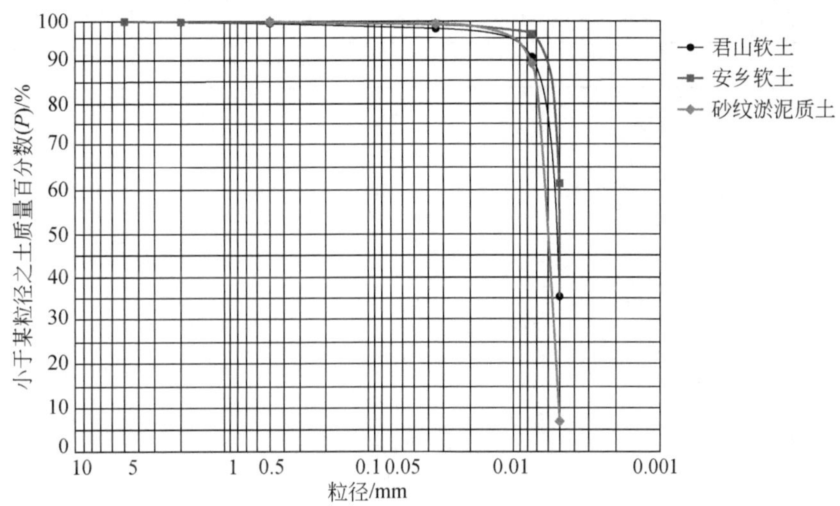

图 2.4　三种软土的粒径级配累积曲线

表 2.3 君山软土物理力学试验成果统计表

项目指标	天然状态下物理性质指标			液限（ω_{L-17}）/%	塑限（ω_p）/%	压缩系数（a_{1-2}）/MPa^{-1}	压缩模量（E_s）/MPa	固结快剪指标	
	含水量（ω）/%	孔隙比（e）	饱和度（S_r）/%					含水量（ω）/%	孔隙比（e）
最大值	57.60	1.36	99.94	57.20	35.50	1.08	7.06	21.82	30.69
最小值	30.50	0.79	91.76	35.60	22.10	0.30	2.01	1.90	11.01
平均值	39.20	1.05	97.03	41.33	28.70	0.62	3.53	9.02	19.86
标准值	—	—	—	—	—	0.66	3.29	6.53	18.22

注：ω_{L-17}为 17mm 液限。

表 2.4 安乡软土物理力学试验成果统计表

项目指标	天然状态下物理性质指标			液限（ω_{L-17}）/%	塑限（ω_p）/%	压缩系数（a_{1-2}）/MPa^{-1}	压缩模量（E_s）/MPa	固结快剪指标	
	含水量（ω）/%	孔隙比（e）	饱和度（S_r）/%					含水量（ω）/%	孔隙比（e）
最大值	60.70	1.56	98.66	68.40	46.60	1.25	4.29	23.48	24.89
最小值	29.80	0.77	95.43	40.50	19.80	0.47	2.01	1.16	6.08
平均值	45.08	1.21	97.58	51.53	29.12	0.89	2.71	11.51	15.30
标准值	—	—	—	—	—	1.0	2.39	8.12	12.58

表 2.5 砂纹淤泥质土软土物理力学试验成果统计表

项目指标	天然状态下物理性质指标			液限（ω_{L-17}）/%	塑限（ω_p）/%	压缩系数（a_{1-2}）/MPa^{-1}	压缩模量（E_s）/MPa	固结快剪指标	
	含水量(ω)/%	孔隙比(e)	饱和度(S_r)/%					黏聚力（c）/kPa	内摩擦角（φ）/(°)
最大值	48.7	1.25	95.96	47.5	26.5	0.95	6.61	11.80	17.74
最小值	40.4	0.81	85.33	40.3	18.0	0.26	1.79	6.50	12.42
平均值	44.25	1.05	91.78	43.9	22.4	0.64	3.97	8.52	15.29
标准值	—	—	—	—	—	0.69	3.12	7.02	13.67

第3章 洞庭湖区西部安乡软土特征组成和工程特性

安乡软土主要分布于洞庭湖区西部，包括澧县、安乡、汉寿及常德市区，在洞庭湖南部腹地的沅江、南县亦有分布，软土以黏粒含量高、质地较纯为表观特征。

3.1 室内试验成果分析

研究区试验土样全部采用薄壁取土器取得，并在运输过程中尽量避免扰动。土样的基本物理力学性质见表 3.1。

表 3.1 安乡软土物理力学试验成果统计表

岩土名称		淤泥质黏土（Ⅰ）				粉质黏土（Ⅱ）			
项目指标		最大值	最小值	平均值	标准值	最大值	最小值	平均值	标准值
天然状态下物理性质指标	含水量（ω）/%	60.7	29.8	48.08	—	56.4	23.2	33.84	—
	湿密度/(g/cm^3)	1.96	1.64	1.79	—	1.97	1.64	1.86	—
	孔隙比（e）	1.56	0.77	1.21	—	1.6	1.05	1.4	—
	饱和度（S_r）	98.66	95.43	97.58	—	95.96	85.33	91.78	—
	土粒比重（G_s）	2.77	2.71	2.74	—	2.77	2.71	2.75	—
液限	ω_{L-17}/%	68.4	40.5	51.53	—	75	42.9	53.23	—
	ω_{L-10}/%	53.9	33.9	42.39	—	41.4	40	40.7	—
塑限（ω_p）/%		46.6	19.8	29.12	—	42.5	19.7	28.5	—
压缩系数（(a_{1-2}）/MPa^{-1}		1.25	0.47	0.89	1	0.95	0.26	0.64	0.69
压缩模量（E_s）/MPa		4.29	2.01	2.71	2.39	6.61	1.79	3.97	3.12
固结系数（C_v）/(cm^2/s)		3.2×10^{-3}	4.74×10^{-4}	1.23×10^{-3}	8.84×10^{-4}	1.56×10^{-3}	3.24×10^{-4}	4.31×10^{-3}	7.63×10^{-4}
抗剪强度（快剪）	黏聚力/kPa	107.86	6.85	56.05	34.69	51.65	—	—	—
	内摩擦角/(°)	20.77	5.24	13.53	9.99	14.05	—	—	—
抗剪强度（固结快剪）	黏聚力/kPa	23.48	1.16	11.51	8.12	8.3	8.3	8.3	—
	内摩擦角/(°)	24.89	6.08	15.3	12.58	16.1	16.1	16.1	—
三轴抗剪强度 总强度	黏聚力/kPa	52.4	4.3	22.47	11.44	44.7	16.9	30.8	—
	内摩擦角/(°)	23	15.4	19.33	17.85	20.3	17.8	19.05	—
三轴抗剪强度 有效强度	黏聚力/kPa	57.3	0.7	14.41	2.63	43.8	13.7	28.75	—
	内摩擦角/(°)	35.9	24.1	31.2	28.57	27.9	21.7	24.8	—

注：ω_{L-10}为 10mm 液限。

3.1.1　基本物理力学指标

根据双桥静力触探、十字板剪切试验、扁铲侧胀试验等原位测试结果、室内试验成果及岳常高速公路工程相关试验成果判断，本区域软基的特点为①厚度大，最大达 20.3m；②天然含水率大（35%～60.7%）；③孔隙比大（0.924～1.557）；④强度低（天然十字板抗剪强度 12～16kPa，c、φ 值均小）；⑤压缩性高（压缩模量最小为 2.01MPa）；⑥固结时间长（垂直固结系数为 4.74×10^{-4}～3.2×10^{-3}）；⑦厚度分布不均；⑧灵敏度高、结构性强。

3.1.2　相关性分析

本次研究收集大量的实验数据，相关关系归结为表 3.2，相关分析散点图见图 3.1～图 3.5。

表 3.2　安乡软土物理力学指标回归方程表

编号	相关方程	相关系数
1	$e=0.0246\times\omega+0.1228$	0.97
2	$I_L=0.3826\times\omega+33.765$	0.69
3	$a_{1-2}=0.0337\times\omega-0.6452$	0.93
4	$E_s=-0.076\times\omega+6.1865$	0.83
5	$E_s=-3.0694\times e+6.5485$	0.85

注：e 为孔隙比，I_L 为液性指数，ω 为含水率，a_{1-2} 为压缩系数，E_s 为压缩模量。

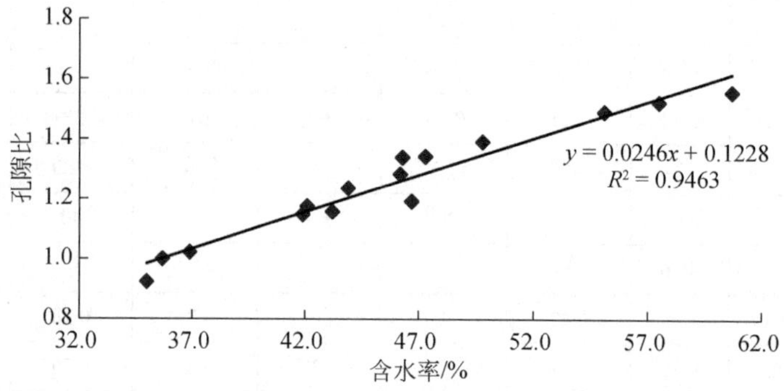

图 3.1　安乡软土含水率与孔隙比关系图

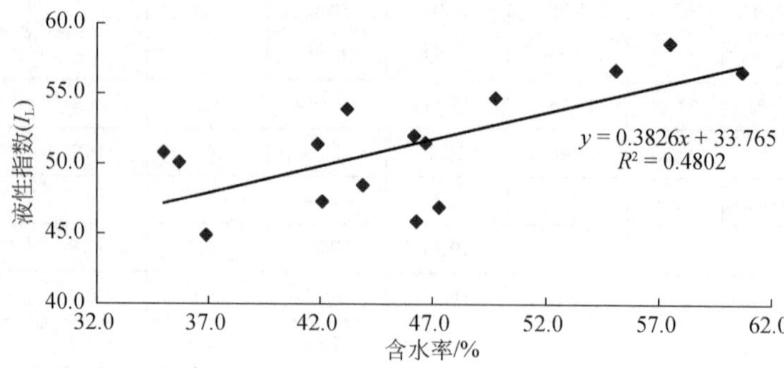

图 3.2　安乡软土含水率与液性指数关系图

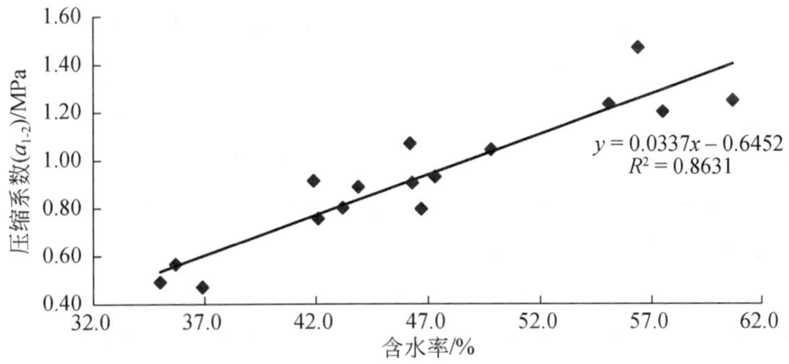

图 3.3　安乡软土含水率与压缩系数关系图

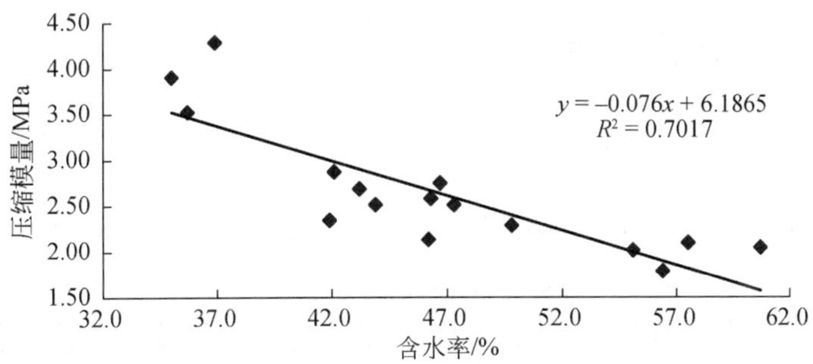

图 3.4　安乡软土含水率与压缩模量关系图

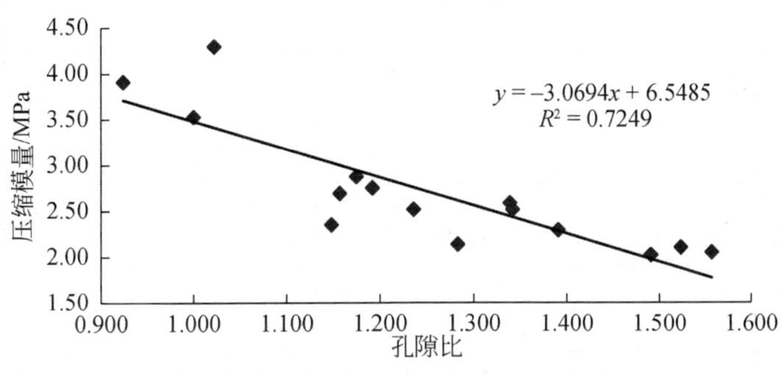

图 3.5　安乡软土孔隙比与压缩模量关系图

本次对安乡软土含水率、孔隙比、液性指数、压缩系数和压缩模量进行了相关线性回归，各关系图表明，孔隙比随含水率的增大而增大，液性指数随含水率的增大而增大，压缩系数随含水率的增大而增大，压缩模量随含水率、孔隙比的增大而减小。安乡软土物理力学指标之间，除液性指数和含水率之间相关系数较小外，其余相关系数都较大，表明是显著相关的。

3.2　原位测试应用研究

工程勘察依靠钻探、取样和室内试验，土样采集过程中的扰动是不可避免的。20 世纪 70 年代，有学者提出：只能求助于大口径的钻探取样，方能避免扰动的缺陷。不过在一般工程实践中，这种方法难以实现，取大径土样仍有扰动问题。

原位测试技术是土工试验学科的一门分支学科，其对地基土直接进行测试，避免了采样过程对地基土的扰动，并且大大减少了取土样的工作量。不仅得到的数据可靠，而且成本低廉，因此在岩土工程勘察、地基处理效果评价及建筑物的基础设计中被越来越广泛地应用，并已成为岩土工程勘察中一种必不可少的测试手段。工程中常用的原位测试技术如静力触探试验(cone penetration test，CPT)、孔压静力触探试验(cone penetration test with pore pressure measurement，CPTU)、动力触探试验（dynamic penetration test，DPT)、标准贯入试验（standard penetration test，SPT)、旁压试验（pressure meter test，PMT)、载荷试验（plate loading test，PLT)、扁铲侧胀试验（flat dilatometer test，DMT）和十字板剪切试验（vane shear test，VST）等各有特点，对不同地质条件的地基土具有不同的适用性。通过对各测试数据的整理和计算可获得地基土的各项物理力学性质指标和岩土设计参数。

3.2.1 静力触探试验应用研究

3.2.1.1 静力触探试验成果

对研究区进行静力触探试验，成果如表 3.3 所示。

表 3.3 安乡软土静力触探试验成果汇总表

孔号	粉质黏土（Ⅰ）			淤泥质土（Ⅰ）			粉质黏土（Ⅱ）			淤泥质土（Ⅱ）			粉细砂		
	q_c /MPa	f_s /kPa	R_f /%	q_c /MPa	f_s /kPa	R_f /%	q_c /MPa	f_s /kPa	R_f /%	q_c /MPa	f_s /kPa	R_f /%	q_c /MPa	f_s /kPa	R_f /%
JZK0-1'	1.36	18.73	1.37	0.31	13.73	4.37	1.66	137.7	8.26	—	—	—	—	—	—
JZK0-2'	1.1	45.48	4.15	0.38	14	3.7	1.43	111.7	7.5	—	—	—	4.1	70.48	1.4
JZK1-1	0.57	44.81	7.8	0.32	12.78	3.94	0.61	39.69	6.49	—	—	—	—	—	—
JZK1-1'	0.32	16.1	5.47	0.34	14.28	4.97	0.83	56.38	5.47	0.78	19.49	2.02	6.13	79.85	1.06
JZK1-2	0.79	40.46	5.08	0.37	12.61	3.39	0.78	43.8	5.6	0.83	16.68	2	5.42	56.17	1.03
JZK1-3	1.18	65.9	5.55	0.37	11.68	3.13	0.8	36.97	4.61	0.87	14.3	1.63	5.36	38.97	0.73
JZK2-1	1.06	37.65	3.54	0.38	14.74	3.81	0.96	26.8	2.79	—	—	—	3.82	38.51	1
JZK2-1'	0.97	22.99	2.98	0.44	13.82	3.1	0.47	22.07	5.69	0.57	14.16	2.44	2.75	46.38	1.68
JZK2-2	1.12	20.64	1.83	0.32	11.37	3.59	0.55	35.18	6.43	0.48	10.91	2.24	2.09	32.15	1.54
JZK2-2'	1.04	31.83	3.12	0.25	10.32	4.2	0.53	34.65	6.48	0.57	15.39	2.72	3.29	62.1	1.88
JZK3-1	0.53	20.24	3.76	0.36	11.18	3.1	0.48	14.6	3.02	0.86	16.12	1.86	5.06	48.27	0.95
JZK4-1	1.76	25.62	1.45	0.57	20.12	3.54	0.99	43.77	4.4	—	—	—	4.95	31.52	0.64
JZK4-2	0.82	34.97	4.24	0.49	19.7	3.95	0.84	58.03	6.94	—	—	—	5.77	71.14	1.23
JZK5-1	0.78	41.08	5.25	0.39	9.3	2.35	0.73	34.29	4.68	—	—	—	6.65	41.9	0.63
JZK5-2	0.78	41.75	5.36	0.37	8.64	2.31	0.81	44.38	5.5	0.69	12.11	1.75	2.38	31.92	1.34
JZK6-1	0.65	30.06	4.61	0.28	8.78	3.09	0.55	29.9	5.44	—	—	—	—	—	—
JZK6-2	—	—	—	0.25	10.87	4.42	0.58	61.43	10.6	—	—	—	2.38	36.18	1.52
JZK7-1	1.05	10.41	0.99	—	—	—	—	—	—	—	—	—	—	—	—
JZK7-2	1.97	19.1	0.97	0.66	6.65	1.01	4.16	44.4	1.06	—	—	—	—	—	—
JZK8-1	0.45	33.64	7.44	0.36	16.08	4.45	0.99	56.02	5.64	0.78	12.23	1.56	4.48	46.08	1.03
JZK9-1	0.85	70.36	8.23	0.34	20.62	6.08	0.76	70.56	9.21	—	—	—	4.82	60.52	1.25

续表

孔号	粉质黏土（Ⅰ）			淤泥质土（Ⅰ）			粉质黏土（Ⅱ）			淤泥质土（Ⅱ）			粉细砂		
	q_c /MPa	f_s /kPa	R_f /%	q_c /MPa	f_s /kPa	R_f /%	q_c /MPa	f_s /kPa	R_f /%	q_c /MPa	f_s /kPa	R_f /%	q_c /MPa	f_s /kPa	R_f /%
JZK9-2	0.77	35.9	4.68	0.39	11.8	2.98	2.86	26.26	0.92	0.88	17.23	1.95	3.41	43.14	1.26
JZK10-1	0.75	45.75	6.09	0.37	14.94	4.03	0.84	53.42	6.37	0.77	26.68	3.47	6.13	69.11	1.12
JZK10-2	1.12	65.33	5.83	0.86	27.1	3.14	1.06	51.8	4.89	—	—	—	6.98	80.81	1.15
JZK11-1	0.47	33.98	7.18	0.3	14.6	2.28	0.8	57.6	7.16	0.76	20.76	2.72	3.2	44.9	1.37
JZK11-2	0.76	51.7	6.78	0.33	7.46	2.27	0.85	38.18	4.49	0.67	9.09	1.35	4.84	38.72	0.8
JZK12-1	0.44	22.99	5.25	0.36	7.47	2.06	1	42.77	4.27	—	—	—	4.07	41.41	1.02
JZK12-2	—	—	—	0.34	7.49	2.17	1.22	66.23	5.41	—	—	—	—	—	—
JZK13-1	0.8	24.76	3.11	0.49	9.96	2.04	0.9	31.4	3.49	0.81	12.51	1.54	6.67	43.12	0.65
JZK13-2	0.82	41.26	5.05	0.38	8	2.12	0.77	41	5.32	0.53	9.04	1.72	4.2	44.55	1.06
JZK14-1	0.69	33.88	4.89	0.33	7.22	2.16	0.74	30.36	4.12	—	—	—	3.56	31.46	0.88
JZK14-2	0.79	43.45	5.51	0.32	7.6	2.41	0.75	24.71	3.29	—	—	—	4.21	33.16	0.79
JZK15-1	0.54	26.86	4.99	0.38	9.15	2.42	1.46	74.5	5.11	0.96	16.4	1.71	—	—	—
JZK15-2	1.33	17.44	1.31	0.86	10.7	1.24	2.74	29.93	1.09	—	—	—	—	—	—
JZK16-1	0.91	53.1	5.83	0.62	19.21	3.12	0.86	39.97	4.63	0.6	8.96	1.48	3.89	27.58	0.71
JZK16-2	1.65	20.71	1.26	0.66	10.66	1.6	1.91	23.24	1.21	—	—	—	—	—	—
JZK17-1	0.71	40.12	5.66	0.46	16.29	3.53	0.89	48.73	5.46	0.74	11.24	1.52	4.47	28.67	0.64
JZK17-2	1.63	67.3	4.13	0.61	18.82	3.09	1.09	50.72	4.66	—	—	—	—	—	—
JZK18-1	0.72	41.95	5.84	0.45	22.01	4.89	0.72	48.8	6.73	0.86	26.45	3.06	3.29	40.53	1.23
JZK18-2	0.67	10.76	1.59	0.83	10.34	1.25	1.94	19.74	1.02	—	—	—	—	—	—
JZK19-1	0.82	48.23	5.85	0.68	16.6	2.44	0.94	40.88	4.36	0.76	11.92	1.57	9.59	46.76	0.49
JZK19-2	1.97	20.91	1.06	1.07	12.49	1.17	3.92	40.88	1.04	—	—	—	—	—	—
JZK20-1	—	—	—	0.93	28.45	3.06	0.62	38.06	6.15	—	—	—	4.95	49.58	1
JZK21-1	0.49	39.9	8.14	0.38	25.23	6.7	0.54	50.4	9.32	0.48	21.62	4.47	2.5	46.24	1.85
JA1K4-1	0.69	32.32	4.69	0.74	12.41	1.68	0.86	35.4	4.12	—	—	—	5.1	31.02	0.61
JA1K4-2	0.54	10.44	1.92	0.32	6.18	1.92	0.99	48.07	4.86	—	—	—	5.55	56.8	0.72
JA1K5-1	0.55	10.28	1.86	0.32	6.19	1.92	1.06	58.77	5.54	0.75	13.28	1.75	5.55	40.2	0.72
JA1K6-1	—	—	—	0.34	6.64	1.97	0.81	40.65	4.99	0.66	8.74	1.31	5.19	41.42	0.79
JA1K6-2	—	—	—	0.33	7.3	2.22	0.73	15.12	2.08	—	—	—	2.41	24.54	1.02
JA1K6-3	0.62	36.65	5.94	0.31	5.89	1.9	0.83	11.49	1.38	—	—	—	4.91	47.69	0.97
JA1K7-1	0.79	49.21	6.26	0.32	7.88	2.48	0.53	7.18	1.35	0.81	12.34	1.52	5.11	49.58	0.97
JA1K7-2	—	—	—	0.37	9.09	2.45	0.92	39.01	4.25	0.75	10.64	1.4	2.12	28.41	1.33
JA1K8-1	—	—	—	—	—	—	—	—	—	—	—	—	—	—	—
JA1K8-2	—	—	—	0.36	11.77	3.28	1.17	56.56	4.79	—	—	—	—	—	—
JA1K9-1	0.65	14.04	2.16	0.7	30.19	4.29	—	—	—	—	—	—	4.64	53.96	1.16
JAK2-1	—	—	—	0.38	15.95	4.17	0.98	74.8	7.65	—	—	—	5.25	60.53	1.15
JAK0-1	—	—	—	0.6	24.79	4.14	—	—	—	—	—	—	—	—	—
平均值	0.89	34.28	4.38	0.46	13.26	3.04	1.09	44.51	4.86	0.73	14.73	2.03	4.55	46.10	1.06

注：q_c为静力触探锥尖阻力；f_s为静力触探侧阻力；R_f为静力触探摩阻比。

对于个别静力触探锥尖阻力大于 0.7MPa，最大达 1.07MPa（淤泥质土）的情况，这与地层中夹薄层砂或含较多贝类螺类残骸有关，在进行力学参数计算时进行剔除。

3.2.1.2　土类划分

以静力触探摩阻比（R_f）为主并辅以 q_c-h、f_s-h 曲线形态特征，在地区或场地地层结构已经基本清楚或已有控制性钻探资料为依据的前提下进行土类划分的方法，在实践中被证明是有效的，特别是在天然沉积地层中，自从静力触探技术在我国得到应用以来，不少工程地质人员进行过这样的工作，也取得了若干地区性经验。

双桥探头可以同时获得两个触探参数 q_c、f_s，且不同土类其 q_c、R_f 很少一样，这就决定了双桥探头判别土类的可能性。

《铁路工程地质原位测试规程》（TB 10018—2003）10.5.5 节提供了采用双桥静力触探划分土类方法，如图 3.6 所示。

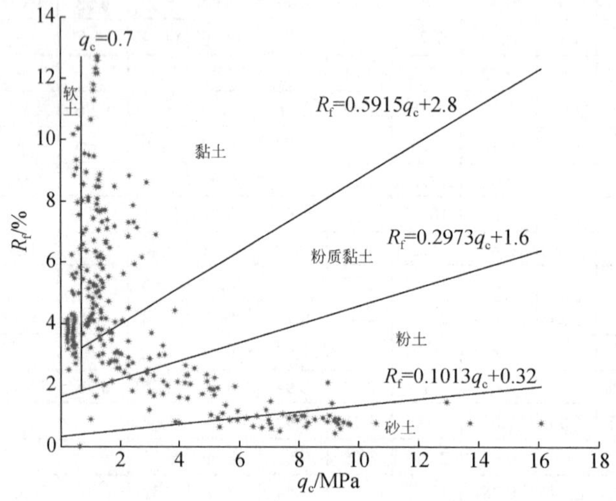

图 3.6　双桥触探参数土类判别示意图

对洞庭湖区软土，根据钻孔资料分层进行土类判别，现将具有代表性的钻孔进行分层土类判别，如图 3.7 所示。

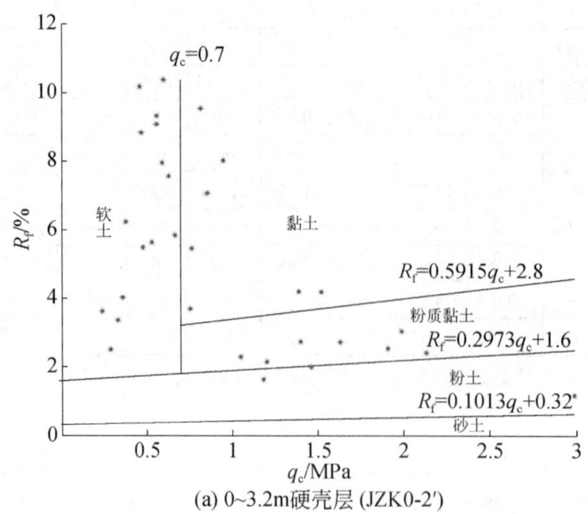

(a) 0~3.2m硬壳层 (JZK0-2′)

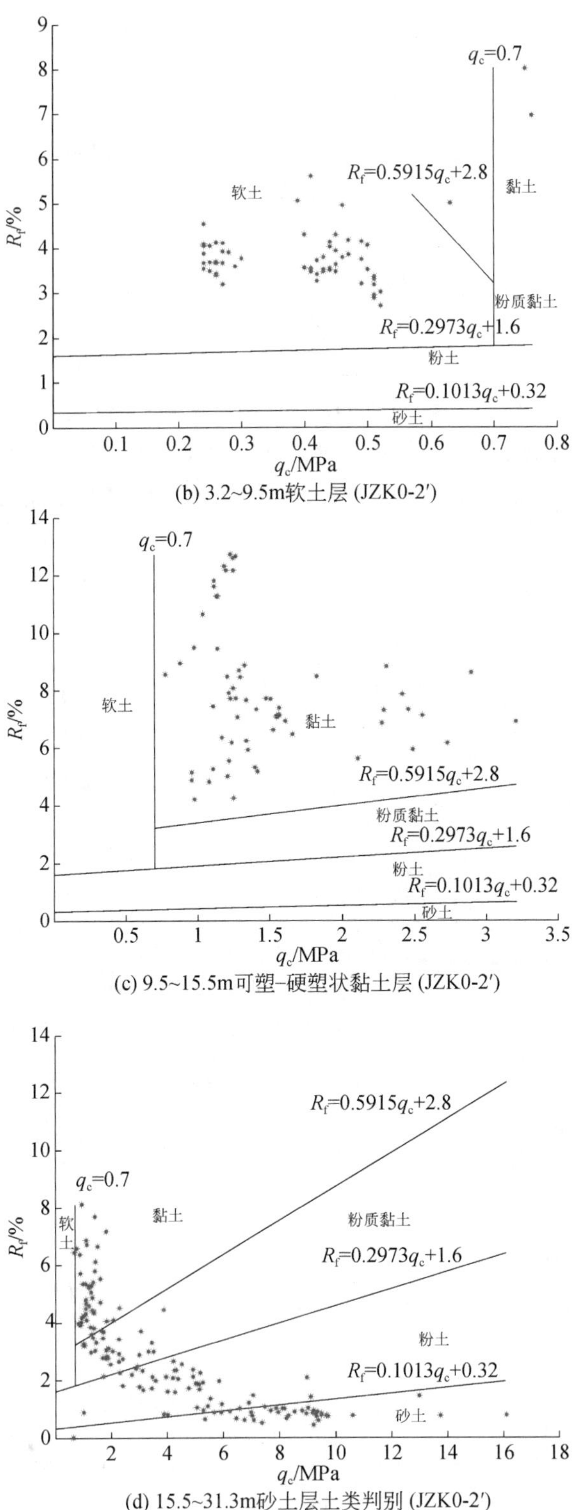

(b) 3.2~9.5m软土层 (JZK0-2′)

(c) 9.5~15.5m可塑–硬塑状黏土层 (JZK0-2′)

(d) 15.5~31.3m砂土层土类判别 (JZK0-2′)

图 3.7　安乡软土双桥触探参数土类判别示意图

根据静力触探试验孔的资料分析，可以看出，安慈高速公路砂土层多夹粉质黏土、粉土等。

3.2.1.3 固结快剪指标的计算

对于超固结比（over consolidation ratio，OCR）≤2 的正常固结和轻度超固结的软黏性土，当静力触探贯入阻力（p_s）或 q_c 随深度呈线性递增时，固结快剪内摩擦角（φ_{cu}）可用下列公式估算

$$\tan\varphi_{cu} = 1.4\Delta C_u / \Delta\sigma'_{v0} \tag{3.1}$$

$$\Delta\sigma'_{v0} = \Delta\sigma_{v0} - \gamma_w \Delta d \tag{3.2}$$

$$\Delta\sigma'_{v0} = \gamma\Delta d \tag{3.3}$$

式中，Δd 为线性化触探曲线上任意两点的深度（d）增量；$\Delta\sigma'_{v0}$ 为对应于 Δd 的有效自重压力（σ_{v0}）增量；γ为重度；γ_W 为水的重度；ΔC_u 为对应于 Δd 的不排水抗剪强度（C_u）增量，可按式 $C_u = 0.04p_s + 2$ 计算。对安乡软土双桥静力触探试验结果按式（3.1）～式（3.4）计算，选取典型结果见图 3.8。

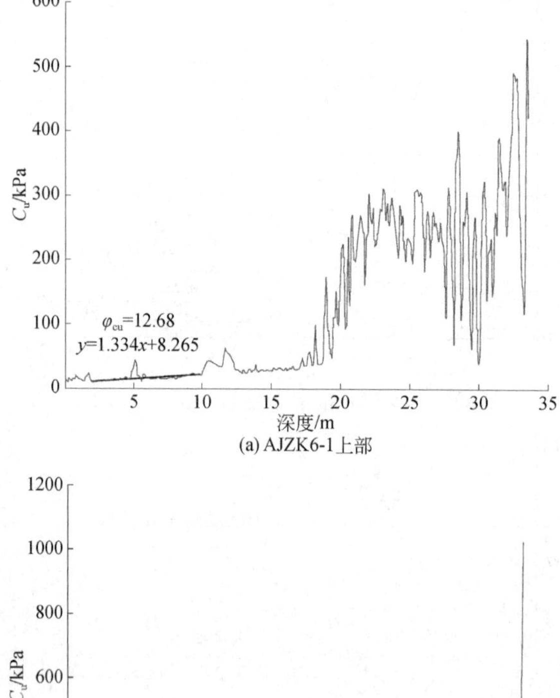

图 3.8 安乡软土双桥静力触探估算不排水抗剪强度及固结快剪指标示意图

根据以上计算，对安乡软土静力触探固结快剪指标估算结果进行统计，如表 3.4 所示。

表 3.4　安乡软土静力触探固结快剪指标估算结果统计表

孔号	岩土名称	φ_{cu} /(°)	孔号	岩土名称	φ_{cu} /(°)
AJZK4-1	淤泥质土（Ⅰ）	12.42	JZK2-2	淤泥质土（Ⅰ）	12.04
AJZK6-1	淤泥质土（Ⅰ）	12.68	JZK3-1	淤泥质土（Ⅰ）	9.98
AJZK6-1	淤泥质土（Ⅱ）	15.06	JZK4-1	淤泥质土（Ⅰ）	11.31
AJZK5-1	淤泥质土（Ⅰ）	6.23	JZK4-2	淤泥质土（Ⅰ）	6.25
AJZK5-2	淤泥质土（Ⅰ）	7.34	JZK5-1	淤泥质土（Ⅰ）	15.3
AJZK5-2	淤泥质土（Ⅱ）	15.40	JZK6-2	淤泥质土（Ⅰ）	8.16
AJZK7-2	淤泥质土（Ⅰ）	8.94	JZK8-1	淤泥质土（Ⅰ）	14.43
JAK2-1	淤泥质土（Ⅰ）	10.96	JZK11-1	淤泥质土（Ⅰ）	8.79
JZK0-1’	淤泥质土（Ⅰ）	8.09	JZK11-1	淤泥质土（Ⅱ）	13.19
JZK0-2’	淤泥质土（Ⅰ）	12.43	JZK12-2	淤泥质土（Ⅰ）	7.74
JZK1-1’	淤泥质土（Ⅰ）	10.86	JZK20-1	淤泥质土（Ⅱ）	15.01
JZK1-1’	淤泥质土（Ⅱ）	13.93	JZK21-1	淤泥质土（Ⅰ）	10.56
JZK1-3	淤泥质土（Ⅰ）	8.91			
平均值		11.04	标准差		2.92
变异系数		0.26	标准值		10.02

3.2.1.4　压缩模量的计算

根据《铁路工程地质原位测试规程》（TB 10018—2003）中表 10.5.18-1 对安乡软土的压缩模量进行计算，计算结果如表 3.5 所示。

表 3.5　安乡软土压缩模量计算成果表

孔号	粉质黏土（Ⅰ）	淤泥质土（Ⅰ）	粉质黏土（Ⅱ）	淤泥质土（Ⅱ）	孔号	粉质黏土（Ⅰ）	淤泥质土（Ⅰ）	粉质黏土（Ⅱ）	淤泥质土（Ⅱ）
	E_s/MPa					E_s/MPa			
JZK0-1'	6.48	2.04	7.80	—	JZK13-1	4.02	2.74	4.46	4.06
JZK0-2'	5.34	2.31	6.79	—	JZK13-2	4.11	2.31	3.89	2.89
JZK1-1	3.04	2.08	3.20	—	JZK14-1	3.54	2.12	3.76	—
JZK1-1'	2.08	2.16	4.15	3.93	JZK14-2	3.98	2.08	3.80	—
JZK1-2	3.98	2.27	3.93	4.15	JZK15-1	2.93	2.31	6.92	4.72
JZK1-3	5.69	2.27	4.02	4.33	JZK15-2	6.35	4.28	12.56	—
JZK2-1	5.16	2.31	4.72	—	JZK16-1	4.50	3.24	4.28	3.16
JZK2-1'	4.77	2.54	2.66	3.04	JZK16-2	7.76	3.40	8.90	—
JZK2-2	5.43	2.08	2.97	2.70	JZK17-1	3.62	2.62	4.42	3.76

续表

孔号	粉质黏土（Ⅰ）	淤泥质土（Ⅰ）	粉质黏土（Ⅱ）	淤泥质土（Ⅱ）	孔号	粉质黏土（Ⅰ）	淤泥质土（Ⅰ）	粉质黏土（Ⅱ）	淤泥质土（Ⅱ）
	E_s/MPa					E_s/MPa			
JZK2-2'	5.08	1.78	2.89	3.04	JZK17-2	7.67	3.20	5.30	—
JZK3-1	2.89	2.24	2.70	4.28	JZK18-1	3.67	2.58	3.67	4.28
JZK4-1	8.24	3.04	4.86	—	JZK18-2	3.45	4.15	9.04	—
JZK4-2	4.11	2.74	4.20	—	JZK19-1	4.11	3.49	4.64	3.84
JZK5-1	3.93	2.35	3.71	—	JZK19-2	9.17	5.21	17.75	—
JZK5-2	3.93	2.27	4.06	3.54	JZK20-1	—	4.59	3.24	—
JZK6-1	3.36	1.93	2.97	—	JZK21-1	2.74	2.31	2.93	2.70
JZK6-2	—	1.78	3.08	—	JA1K4-1	3.54	3.76	4.28	—
JZK7-1	5.12	—	—	—	JA1K4-2	2.93	2.08	4.86	—
JZK7-2	9.17	3.40	18.80	—	JA1K5-1	2.97	2.08	5.16	3.80
JZK8-1	2.58	2.24	4.86	3.93	JA1K6-1	—	2.16	4.06	3.40
JZK9-1	4.24	2.16	3.84	—	JA1K6-2	—	2.12	3.71	—
JZK9-2	3.89	2.35	13.08	4.37	JA1K6-3	3.24	2.04	4.15	—
JZK10-1	3.80	2.27	4.20	3.89	JA1K7-1	3.98	2.08	2.89	4.06
JZK10-2	5.43	4.28	5.16	—	JA1K7-2	—	2.27	4.55	3.80
JZK11-1	2.66	2.01	4.02	3.84	JA1K8-1	—	—	—	—
JZK11-2	3.84	2.12	4.24	3.45	JA1K8-2	—	2.24	5.65	—
JZK12-1	2.54	2.24	4.90	—	JA1K9-1	3.36	3.58	—	—
JZK12-2	—	2.16	5.87	—	JAK2-1	—	2.31	4.81	—
					JAK0-1	—	3.16	—	—
平均值	4.43	2.62	5.31	3.72	标准值	4.01	2.44	4.52	3.53

3.2.2 十字板剪切试验应用研究

3.2.2.1 试验成果

由于十字板剪切试验适用于饱和软黏性土，本次仅统计淤泥质土的十字板剪切试验成果，如表 3.6 所示。

3.2.2.2 固结快剪指标的计算

固结快剪指标有两种计算方法，分别为规范法和十字板原理计算法。

1. 《铁路工程地质原位测试规程》

软黏土的十字板抗剪强度-深度（S_u-d）曲线呈线性递增趋势时，土的固结不排水抗剪强度参数可按下列方法计算：

$$\tan\varphi_{\mathrm{cu}} = 3S_{\mathrm{u}} / [(1+2K_0)\sigma'_{\mathrm{v0}}] \tag{3.4}$$

$$K_0 = 1-\sin(1.2\varphi_{\mathrm{cu}}) \tag{3.5}$$

$$\sigma'_{\mathrm{v0}} = \overline{\gamma}(d-\Delta d) \tag{3.6}$$

式中，S_{u} 为十字板抗剪强度；K_0 为静止侧压系数；σ'_{v0} 为对应于 S_{u} 所在深度 d 处土的有效自重压力；$\overline{\gamma}$ 为土层的有效重度平均值；Δd 为回归直线在 d 轴上的截矩，应区分正负。利用式（3.4）～式（3.6）计算固结快剪内摩擦角（φ_{cu}）值时，应使用迭代法运算，以闭合差不大于 0.1°为闭合标准。土的固结快剪黏聚力（c_{cu}），可取用回归直线交 S_{u} 轴的截矩 S_0 值（图 3.9）。

表 3.6　安慈路十字板剪切试验成果汇总表

孔号	试验深度/m	C_{u}/kPa	C'_{u}/kPa	S_{t}	孔号	试验深度/m	C_{u}/kPa	C'_{u}/kPa	S_{t}
SZK2	5.0	19.50	4.08	4.78	SZK8	5.0	24.79	23.20	1.07
	6.0	24.20	8.09	2.99		7.0	17.70	17.10	1.04
	8.0	19.70	4.15	4.75		9.0	16.30	14.30	1.14
SZK3	2.5	24.79	10.50	2.36		11.0	20.19	17.59	1.15
	4.5	14.30	5.85	2.44	SZK9	3.0	39.50	20.30	1.95
	8.5	33.10	14.85	2.23		5.0	29.85	16.95	1.76
SZK4	2.5	21.70	19.80	1.10	SZK10	3.0	26.05	20.66	1.26
	3.5	31.80	29.90	1.06		5.0	31.02	25.16	1.23
	4.5	27.60	26.30	1.05		6.0	32.16	25.20	1.28
	5.5	24.20	22.00	1.10		7.0	47.20	39.60	1.19
SZK5	7.0	21.67	15.36	1.41	SZK12	2.5	10.80	5.80	1.86
	8.0	21.58	12.78	1.69		4.5	11.95	5.83	2.05
	9.0	20.68	14.10	1.47		6.5	11.82	3.85	3.07
	10.0	26.28	17.53	1.50		8.5	23.68	19.38	1.22
SZK6	2.0	16.46	13.58	1.21	SZK13	2.5	17.11	12.28	1.39
	4.0	23.60	15.20	1.55		4.5	13.89	5.03	2.76
	6.0	22.60	20.40	1.11		6.5	18.40	9.27	1.98
SZK7	2.5	17.20	8.52	2.02		8.5	11.26	3.52	3.20
	4.5	15.20	10.85	1.40		10.5	23.98	13.93	1.72
	6.5	11.78	6.35	1.86		12.5	22.84	21.15	1.08
	8.5	12.48	5.25	2.38					
	10.5	23.56	11.50	2.05					

注：C_{u} 为不排水抗剪强度；C'_{u} 为重塑土不排水抗剪强度。

在研究区中，具有明显回归直线的十字板成果不多，下面根据安乡软土专项勘察 SZK8、SZK13 计算土的固结不排水抗剪强度指标（图 3.10，表 3.7）。

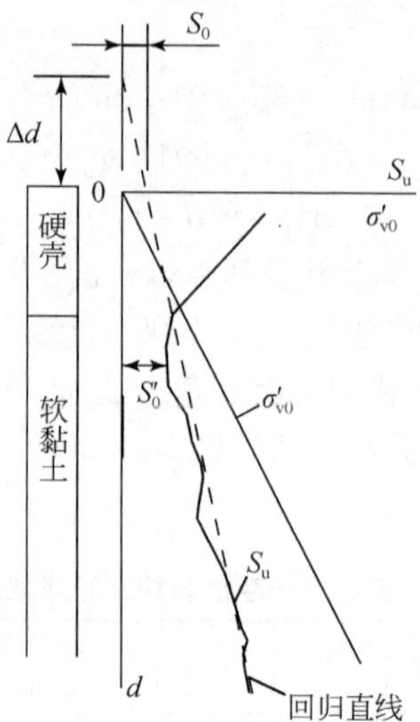

图 3.9 S_u、σ'_{v0}-d 曲线

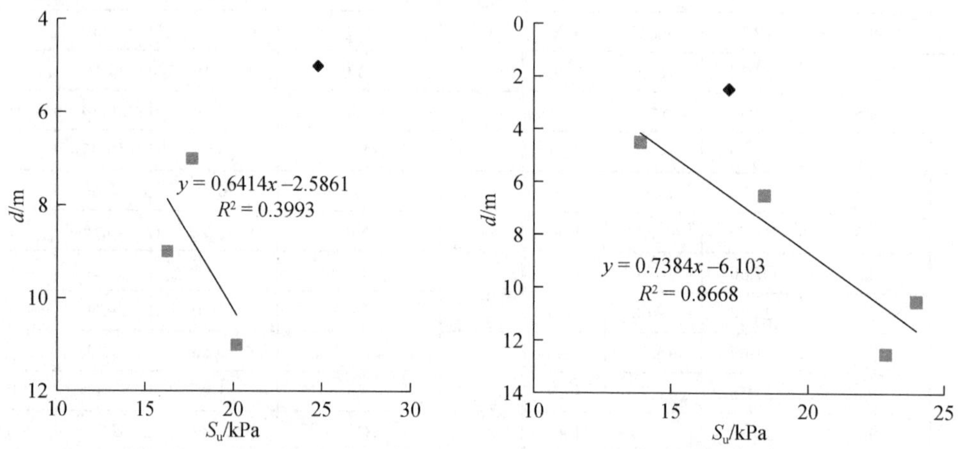

图 3.10 安乡软土十字板抗剪强度与深度回归曲线

表 3.7 安乡软土计算结果表

孔号	SZK8				SZK13				
深度/m	5	7	9	11	2.5	4.5	6.5	10.5	12.5
地下水位/m	1				1				
重度/(kN/m)	17.9				17.9				
十字板抗剪强度/kPa	24.79	17.7	16.3	20.19	17.11	13.89	18.4	23.98	22.84
Δd/m	-2.5061				-6.1				
$\overline{\gamma}$	9.9	9.3	9.01	8.8	11.9	10.1	9.4	8.9	8.7
σ'_{v0}/kPa	69.34	83.99	99.16	114.56	43.4	58.7	74.4	82.32	98.19
φ_{cu}/(°)		14.83	10.973	11.923		14.85	16.5	15.35	12.3
$\overline{\varphi_{cu}}$/(°)	12.57				14.75				
c_{cu}/kPa		3.9	3.9	3.9		8.1	8.1	8.1	8.1

注："—"表示平均值，下同。

2. 根据十字板剪切试验原理计算抗剪强度指标

研究项目采用十字板板头的规格为 100mm×50mm。当转动插入土层中的十字板头时，在土层中产生一个直径为 50mm、高 100mm 的圆柱体。土体剪切破坏时的扭矩等于剪切破坏土体的抗剪强度所产生的抗扭力矩为

$$M = \pi DH\frac{D}{2}\tau_{\mathrm{v}} + 2\frac{\pi D^2}{4}\frac{D}{3}\tau_{\mathrm{h}} \tag{3.7}$$

$$= \frac{1}{2}\pi D^2 H\tau_{\mathrm{v}} + \frac{1}{6}\pi D^3\tau_{\mathrm{h}} \tag{3.8}$$

式中，$\tau_{\mathrm{v}},\tau_{\mathrm{h}}$ 分别为土体圆柱体侧面和底面的抗剪强度；H 为十字板的调试高度；D 为十字板的直径。

S_{u} 为现场测定的十字板抗剪强度，假设土体的圆柱体侧面和底面的强度相等，即 $\tau_{\mathrm{v}} = \tau_{\mathrm{h}} = S_{\mathrm{u}}$，则

$$S_{\mathrm{u}} = \frac{2M}{\pi D^2\left(H + \dfrac{D}{3}\right)} \tag{3.9}$$

对于塑性指数(I_{p})≤20 时，$C_{\mathrm{u}} = S_{\mathrm{u}}$，可得

$$C_{\mathrm{u}} = \frac{2M}{\pi D^2\left(H + \dfrac{D}{3}\right)} \tag{3.10}$$

在不同的固结度下，根据库仑抗剪强度公式可知，十字板剪切产生的土柱竖直面和水平面的强度是不同的，分别为

$$\tau_{\mathrm{v}} = K_0\overline{U}\gamma' d\tan\varphi + c \tag{3.11}$$

$$\tau_{\mathrm{h}} = \overline{U}\gamma' d\tan\varphi + c \tag{3.12}$$

式中，τ_{v} 为竖直面上的抗剪强度；τ_{h} 为水平面上的抗剪强度；K_0 为静止侧压系数；$\overline{U}$ 为土的平均固结度；γ' 为土的有效重度；d 为计算点深度。

由于土体竖直面和水平面的抗剪强度相同，将抗剪强度公式代入抗剪力矩公式中，可得

$$M = \frac{1}{2}\pi D^2 H(K_0\overline{U}\gamma' d\tan\varphi + c) + \frac{1}{6}\pi D^2 H(\overline{U}\gamma' d\tan\varphi + c) \tag{3.13}$$

$$C_{\mathrm{u}} = \frac{K_0 H + \dfrac{1}{3}D}{H + \dfrac{1}{3}D}\overline{U}\gamma' d\tan\varphi + c \tag{3.14}$$

化简上式，令 $Y = C_{\mathrm{u}}$，$X = d$，则可得

$$Y = aX + b \tag{3.15}$$

其中，$a = \dfrac{K_0 H + 1/3D}{H + 1/3D}\overline{U}\gamma'\tan\varphi$，$b = c$，

$$K_0 = 1 - \sin\varphi \tag{3.16}$$

对于软土，通过实测的十字板强度进行统计回归分析，建立起十字板抗剪强度（$S_u=C_u$）与深度（d）的线性方程，直线方程的截距（b）为土的黏聚力（c），内摩擦角（φ）可通过斜率（a）求出，内摩擦角（φ）计算采用迭代法（表 3.8）。

表 3.8　安乡软土十字板计算结果表（理论法）

孔号	深度/m	地下水位/m	淤泥质土重度/(kN/m³)	a	b	$\overline{\gamma}$	φ_{cu} /(°)	$\overline{\varphi_{cu}}$ /(°)	c_{cu} /kPa
SZK8	5	1.0	17.9	1.55	3.9	9.9	10.44	11.64	
	7					9.33	11.21		3.9
	9					9.013	11.70		3.9
	11					8.81	12.02		3.9
SZK13	2.5	1.0	17.9	1.66	8.1	11.9		9.63	
	4.5					10.12	8.66		8.1
	6.5					9.44	9.39		8.1
	10.5					8.85	10.12		8.1
	12.5					8.7	10.33		8.1

在不同地点通过规范法和理论法计算出的固结快剪指标会有所不同，具体如表 3.9 所示。

表 3.9　两种方法计算得到的固结快剪结果指标对比表

工程名称	工作地点	孔号	规范法		理论法	
			$\overline{\varphi_{cu}}$ /(°)	c_{cu}/kPa	$\overline{\varphi_{cu}}$ /(°)	c_{cu}/kPa
安慈高速公路	安乡	SZK8	12.57	3.9	11.64	3.9
		SZK13	14.75	8.1	9.63	8.1

从表 3.9 可以看出，安乡软土理论法计算出的指标要比规范法计算出的指标小。十字板剪切试验提供的是固结快剪指标，理论上，固结快剪指标中黏聚力应该接近于零；当黏聚力偏大时，采用理论法计算的内摩擦角和规范法的内摩擦角相差较大，理论法计算结果偏保守。

3.2.3　扁铲侧胀试验应用研究

扁铲侧胀试验是岩土工程勘察中的一种先进的原位测试方法。意大利拉奎拉（Aguila）大学学者西尔瓦诺·马尔凯蒂（Silvano Marchetti）于 1980 年首次提出了扁铲侧胀试验的试验原理并介绍了仪器设备、试验方法、岩土参数分析及其工程应用（Marchetti，1980）。之后，各国学者陆续地将扁铲侧胀试验引入本国的岩土工程实践中来，进行了大量的研究工作，不断地补充和丰富了 Marchetti 的理论，拓展了其应用范围，主要的成果有 Powell 和 Uglow（1988）将扁铲侧胀试验引入到英国的岩土工程应用中，进行了大量的研究工作，取得了一定的成果；Iwaski 等（1991）在一些文献中概述了扁铲侧胀试验在日本的部分应用；陈国民（1999）利用国产的扁铲侧胀试验仪在上海软土地区开展了应用性研究，取得了一定的成果。目前，扁铲侧胀试验的理论和相关的经验公式已经得到广泛的认可，相继被多国规范所收录，如美国材料实验协会（American Society of Testing Materials，ASTM）标准、欧洲标准和我国的一些勘察规范等。

1. 数据的整理

本次研究共布置八个扁铲侧胀试验孔，每 0.5m 测试一次，对测试结果按式（3.17）～式（3.20）进行整理。

$$E_D = 34.7(p_1 + p_0) \tag{3.17}$$

$$K_D = (p_0 - u_w) / \sigma'_{v0} \tag{3.18}$$

$$I_D = (p_1 - p_0) / (p_0 - u_w) \tag{3.19}$$

$$U_D = (p_2 - u_w) / (p_0 - u_w) \tag{3.20}$$

分别得出压力（p_0、p_1、p_2、Δp）、侧胀模量（E_D）、水平应力指数（K_D）、土类指数（I_D）、孔隙水压力指数（U_D）随深度的分布曲线，由于试验数据量太大，此处仅给出一个扁铲侧胀试验孔的成果图，如图 3.11 所示。

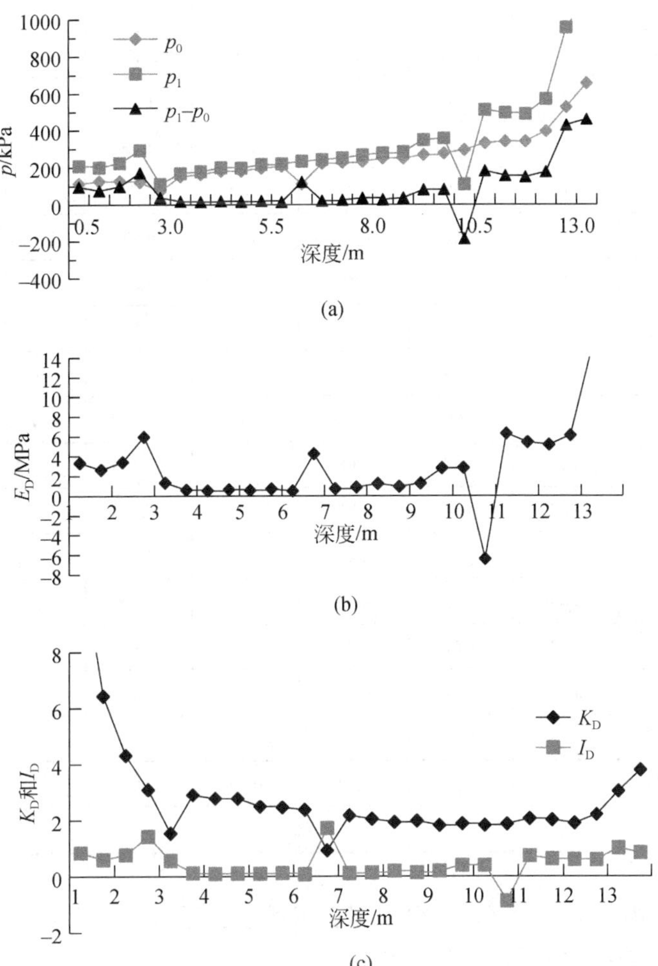

图 3.11　ZK0-1 扁铲侧胀试验孔成果图

2. 试验成果的应用

对试验成果进行计算与统计分析，按式（3.21）～式（3.25）分层计算出孔隙水压力指数（U_D）、水平应力指数（K_D）、静止侧压系数（K_0）、不排水抗剪强度（C_u）、侧胀模量（E_D）、扁铲侧胀模量（M_{DMT}）、孔隙压力系数（a）侧向基床反力系数（K_{h1}），如表 3.10 所示。

$$K_0 = 0.30K_D^{0.54} \tag{3.21}$$

$$C_u = 0.22 \times \sigma'_{v0} \times (0.5K_D)^{1.25} \tag{3.22}$$

$$M_{DMT} = (0.14 + 2.36\lg K_D) \times E_D \tag{3.23}$$

$$K_{h1} = 0.2K_h \tag{3.24}$$

$$K_h = 1817(1-a)(p_1 - p_0) \tag{3.25}$$

表 3.10　不同土层扁铲侧胀试验统计及计算指标表

岩土名称	项目指标	土类指数（I_D）	孔隙水压力指数（U_D）	水平应力指数（K_D）	静止侧压系数（K_0）	不排水抗剪强度（C_u）	侧胀模量（E_D）/MPa	扁铲侧胀模量（M_{DMT}）/MPa	侧向基床反力系数（K_{h1}）/(kN/m³)
粉质黏土（Ⅰ）	最大值	2.96	0.34	18.32	1.44	34.18	10.07	28.14	79128.08
	最小值	0.23	0.03	1.54	0.38	6.92	1.26	0.77	9873.12
	平均值	0.83	0.10	5.65	0.73	19.49	3.89	7.43	30544.46
	标准差	0.64	0.07	3.78	0.24	4.44	2.61	6.40	20504.68
	变异系数	0.76	0.65	0.67	0.33	0.23	0.67	0.86	0.67
	标准值	0.67	0.09	4.65	0.67	20.66	3.20	5.76	35924.63
淤泥质土（Ⅰ）	最大值	1.85	1.12	4.63	0.69	27.29	9.60	10.75	75407.77
	最小值	0.08	0.02	0.92	0.29	6.46	0.49	0.25	3863.40
	平均值	0.43	0.27	2.00	0.43	18.30	2.51	1.96	19736.89
	标准差	0.26	0.17	0.67	0.08	2.73	1.40	1.72	10974.63
	变异系数	0.60	0.65	0.34	0.17	0.15	0.56	0.88	0.56
	标准值	0.39	0.24	1.89	0.42	18.76	2.28	1.68	21549.24
粉质黏土（Ⅱ）	最大值	1.02	0.63	3.80	0.62	70.39	15.98	24.09	125488.83
	最小值	0.32	0.03	1.01	0.30	15.03	1.88	0.54	14738.14
	平均值	0.63	0.24	1.61	0.38	24.26	5.30	3.71	41618.74
	标准差	0.17	0.16	0.47	0.06	9.46	2.92	4.15	22898.34
	变异系数	0.27	0.67	0.29	0.14	0.39	0.55	1.12	0.55
	标准值	0.59	0.21	1.50	0.37	26.41	4.64	2.76	46819.88

在试验过程中，由于土层含（砂）砾、贝壳残骸或土层的意外扰动，会导致部分试验数据异常，该部分数据会对统计产生较大影响。

采用《铁路工程地质原位测试规程》（TB 10018—2003）计算静止侧压系数，称之为规范法，分层计算出结果分别为粉质黏土（Ⅰ）为 0.67、淤泥质土（Ⅰ）为 0.42 以及粉质黏土（Ⅱ）为 0.37。计算结果偏小，估算出有效内摩擦角分别为 19.26°、35.45°、39.05°，这显然不符合实际。

Marchetti 最初于 1980 年通过对软土地区的扁铲侧胀试验与其他试验的对比研究，建立了水平应力指数 K_D 与 K_0 之间的关系式

$$K_0=(K_D/1.5)^{0.47}-0.6 \tag{3.26}$$

称之为 Marchetti 法。

根据以上两种方法对 ZK0-1′孔进行计算，可得出 K_0，如表 3.11 所示。

表 3.11　不同方法计算静止侧压系数对比表

试验深度/m	规范法		Marchetti 法	
	静止侧压系数（K_0）	有效内摩擦角/(°)	静止侧压系数（K_0）	有效内摩擦角/(°)
2.0	0.55	26.59	0.81	11.17
2.5	0.38	38.45	0.41	36.08
3.0	0.53	27.76	0.77	13.56
3.5	0.52	28.59	0.74	15.22
4.0	0.52	28.63	0.74	15.31
4.5	0.49	30.60	0.67	19.34
5.0	0.49	30.81	0.66	19.78
5.5	0.48	31.45	0.64	21.09
6.0	0.29	45.44	0.20	53.47
6.5	0.46	33.00	0.59	24.31
7.0	0.44	33.96	0.56	26.32
7.5	0.43	34.88	0.53	28.27
8.0	0.43	34.51	0.54	27.49
8.5	0.41	35.84	0.49	30.34
9.0	0.42	35.33	0.51	29.24
9.5	0.42	35.80	0.50	30.24
10.0	0.42	35.42	0.51	29.43
10.5	0.44	33.85	0.56	26.10
11.0	0.44	34.22	0.55	26.86
11.5	0.42	35.13	0.52	28.80
12.0	0.46	32.69	0.60	23.65
平均值	0.45	33.47	0.58	25.53
标准值	0.43	31.90	0.63	22.06

根据对两种方法的对比研究，采用规范法得到的静止侧压系数偏小，不符合实际情况，而采用 Marchetti 法比较符合实际情况。建议进行软土评价时采用 Marchetti 法分析。

3.3 力学特性研究

3.3.1 压缩模量与静力触探锥尖阻力关系研究

勘察报告中通常给出地基土的变形性质参数为压缩模量（E_s），用于估算底层基础的沉降，压缩模量（E_s）是从室内固结试验的孔隙比与压力关系曲线（e-p 曲线）求得的。

$$E_s = \frac{1+e_1}{a} \tag{3.27}$$

式中，a 为从 e-p 曲线上得出的压缩模量值。黏性土的 E_s 属于排水固结性质的模量，与不排水的静力触探贯入阻力（p_s）没有直接的机理联系，它们之间的关系只能是经验的。国内许多单位也建立了自己的经验关系，如表 3.12 和表 3.13 所示。

表 3.12 国内有关单位估算黏性土压缩模量（E_s）的经验公式

序号	公式	适用条件	公式来源
1	$E_s = 3.11p_s + 1.14$	上海黏性土	同济大学
2	$E_s = 4.13p_s$	黏性土（$I_P>7$）和软土 $p_s \leqslant 1.3$	中铁第四勘察设计院集团有限公司
3	$E_s = 2.14p_s + 2.17$	黏性土（$I_P>7$）和软土 $p_s>1.3$	
4	$E_s = 3.63p_s + 1.20$	软土和一般黏性土 $p_s<5$	中交第一航务工程勘察设计院有限公司
5	$E_s = 3.72p_s + 1.26$	软土和一般黏性土 $0.3 \leqslant p_s<5$	武汉联合实验组
6	$E_s = 2.94p_s + 1.34$	$0.24 \leqslant p_s<3.33$	天津市勘察设计院集团有限公司
7	$E_s = 1.16p_s + 3.45$	新近沉积土（$I_P>10$），$0.5 \leqslant p_s<6$	中铁第一勘察设计院集团有限公司
8	$E_s = 1.34p_s + 3.40$	黏性土及新近沉积土 $0.3 \leqslant p_s<10$	
9	$E_s = 3.66p_s - 2.0$	新黄土（$I_P \leqslant 10$）$0.3 \leqslant p_s<6.5$	

根据《铁路工程地质原位测试规程》（TB 10018—2003）中的规定，压缩模量可根据规程中的表 10.5.18-1 取值。

表 3.13 《铁路工程地质原位测试规程》估算黏性土压缩模量（E_s）的经验公式

序号	经验公式	适用条件
1	$E_s = 0.4 + 5p_s$	$0.1 \leqslant p_s<0.3$
2	$E_s = 0.84 + 3.5p_s$	$0.3 \leqslant p_s<0.7$
3	$E_s = 0.5 + 4p_s$	$0.7 \leqslant p_s<3$

以安乡软土专项勘察资料为研究对象，静力触探孔参照钻探孔布设，一般偏离钻探孔 5m。统计静力触探试验在软土取样长度范围内的静力触探锥尖阻力平均值，并对比对应钻探孔在同一深度、同一地层条件下土工试验压缩模量值，将各个工点相应的同一类土的指标汇总,得到安乡软土室内固结试验的压缩模量（E_s）与静力触探试验的静力触探锥尖阻力（q_c）数据的统计结果。

本次统计中发现数据组非常异常的，如淤泥质土、粉质黏土承载力很大的数据，根据实际情况，将其判断为过度异常，进行人工剔除；同时大多数数据可能由于各种原因而存在误差，可以认为在大样本统计中该误差对统计结果影响不大，可以保留参加统计。

对安慈高速公路淤泥质土、粉质黏土进行统计并绘出压缩模量与静力触探锥尖阻力关系图，如图 3.12、图 3.13 所示。

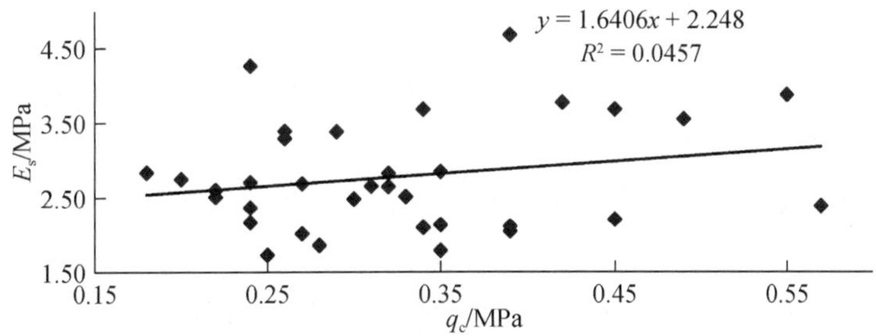

图 3.12　安慈高速公路淤泥质土压缩模量与静力触探锥尖阻力关系图

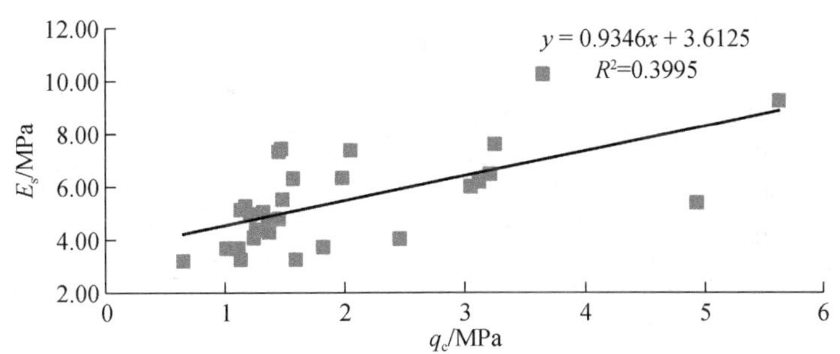

图 3.13　安慈高速公路粉质黏土压缩模量与静力触探锥尖阻力关系图

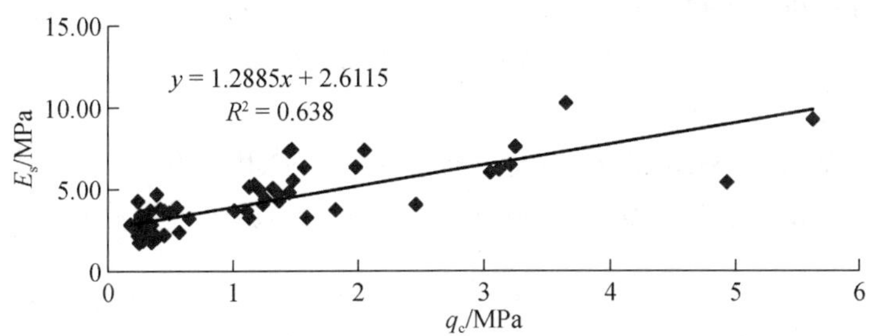

图 3.14　安慈高速公路黏性土压缩模量与静力触探锥尖阻力关系图

安慈高速公路总的黏性土的压缩模量与静力触探锥尖阻力数据拟合得到的回归方程为 E_s=1.2885q_c+2.61115，相关系数 $R = 0.8$（图 3.14）。

根据图 3.12～图 3.14 可以看出：淤泥质土的压缩模量与静力触探锥尖阻力之间无明显规律，原因是淤泥质土锥尖阻力区间小，而室内试验受外界影响较大；粉质黏土的压缩模量与静力触探锥尖阻力之间有明显规律，但相关系数不大。黏性土的压缩模量与静力触探锥尖阻力之间规律明显，相关系数为 0.8。拟合得到的回归方程式可以作为洞庭湖地区静力触探参数估算压缩模量的一定的参考。

3.3.2 不排水抗剪强度与静力触探锥尖阻力关系

不排水抗剪强度是反映软土特性的一个重要指标，目前工程上常用的测定不排水抗剪强度的方法有室内的快速直剪试验、三轴不固结不排水剪切试验、无侧限抗压试验以及现场原位测试（如十字板剪切试验、扁铲侧胀试验）等。但软土层在采取土样过程中易受扰动，破坏了土的结构和原始应力，十字板剪切试验有试验深度浅、可重复性不高、离散性较大等缺点。考虑到静力触探相对应的优势，有必要建立静力触探锥尖阻力与不排水抗剪强度之间的估算关系。

根据《铁路工程地质原位测试规程》（TB 10018—2003），不排水抗剪强度可按下式估算。

$$C_u = 0.04p_s + 2 \tag{3.28}$$

本次统计中发现数据组非常异常的，根据实际情况，进行人工剔除，对安乡软土进行统计并绘出不排水抗剪强度与静力触探锥尖阻力关系如图 3.15 所示。

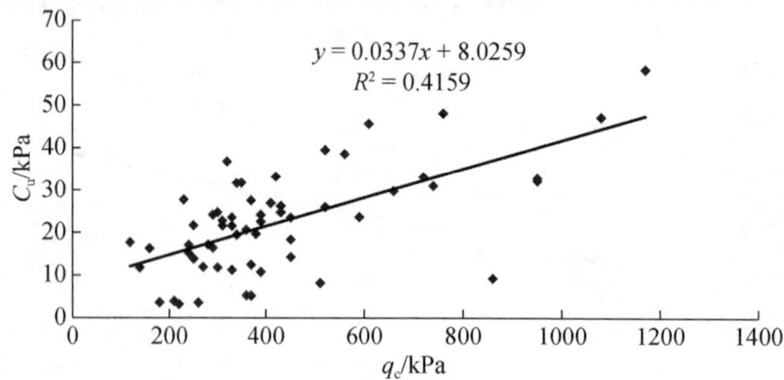

图 3.15 安乡软土不排水抗剪强度与静力触探锥尖阻力关系图

安乡软土不排水抗剪强度与静力触探锥尖阻力的回归方程为

$$C_u = 0.0337q_c + 8.0259 \tag{3.29}$$

相关系数 R=0.64。

安乡软土（安慈路）不排水抗剪强度与静力触探锥尖阻力的回归方程与《铁路工程地质原位测试规程》（TB 10018—2003）（规范法）提出的估算公式相比有一定的差距，如图 3.16 所示。

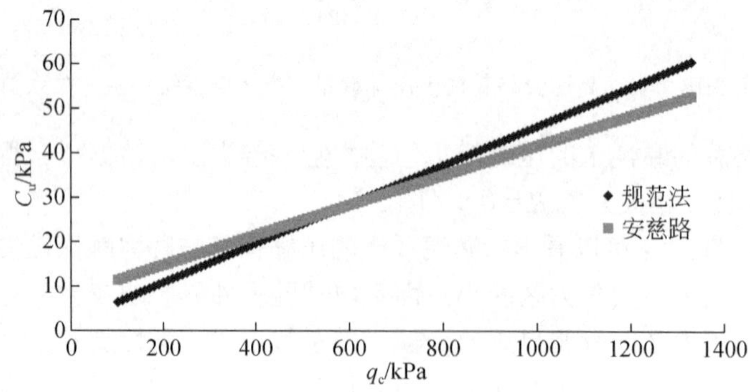

图 3.16 不排水抗剪强度与锥尖阻力关系图

对于洞庭湖地区安乡软土来说，C_u 估算值与规范法得到的相差不大，特别在 300kPa≤q_c≤700kPa 时，两种方法对应的差值在 1～3kPa，对于安乡软土，当 q_c≤300kPa 时，本关系式更具针对性（表 3.14）。

表 3.14　不同方法估算不排水抗剪强度对照表

静力触探锥尖阻力（q_c）/kPa	C_u 估算值（规范法）/kPa	C_u 估算值（安慈路）/kPa	ΔC_u（安慈路与规范法）/kPa
100	6.40	11.40	5.00
150	8.60	13.08	4.48
200	10.80	14.77	3.97
250	13.00	16.45	3.45
300	15.20	18.14	2.94
350	17.40	19.82	2.42
400	19.60	21.51	1.91
450	21.80	23.19	1.39
500	24.00	24.88	0.88
550	26.20	26.56	0.36
600	28.40	28.25	−0.15
650	30.60	29.93	−0.67
700	32.80	31.62	−1.18

3.3.3　扁铲侧胀试验估算不排水抗剪强度

国内外学者对具体的试验理论做出了广泛的研究。Marchetti 最初于 1979 年提出了计算 C_u 的表达式。

$$C_u = 0.22\times\sigma'_{v0}\times(0.5K_D)^{1.25} \tag{3.30}$$

此式适用于 I_D<1.2 的土层，这个关系式已经被大家所认可，后来的研究人员对于 C_u 的研究很多也是在此式基础上进行具体参数修正补充，具有很强的地区性，如表 3.15 所示。

表 3.15　扁铲侧胀试验估算土的不排水抗剪强度 C_u 经验公式

C_u 计算公式	适用条件	来源
$C_u = 0.0925\times\sigma'_{v0}\times(K_D)^{1.25}+60(I_D-0.35)$	I_D>0.35	陈国民，1999
$C_u = 0.0925\times\sigma'_{v0}\times(K_D)^{1.25}$	I_D<0.35	
$C_u = 0.35\times\sigma'_{v0}\times(0.47K_D)^{1.14}$		Kamei and Iwasaki，1995
$C_u = (0.17\sim0.21)\times\sigma'_{v0}\times(0.5K_D)^{1.25}$		Lacasse and Lunne，1988
$C_u = (-0.06I_D^2+0.42I_D+0.19)\times\sigma'_{v0}\times(0.47K_D)^{1.14}$		傅纵，2004
$C_u = 0.22\times\sigma'_{v0}\times(0.5K_D)^{1.25}+15\times(I_D-1.8)$	I_D<1.8	李雄威等，2004

以安乡软土专项勘察资料为研究对象，十字板孔与扁铲侧胀试验对应布设，一般偏离静力扁铲侧胀试验孔 5～10m。统计十字板孔通过软土十字板剪切试验计算得到的不排水抗剪强度（C_u），并对比同一深度、同一地层条件下对应孔位的扁铲侧胀试验按式（3.30）计算的 C_{ub}，将各个工点相应的同一类土的指标汇总，得到安乡软土地区十字板剪切试验不排水抗剪强度（C_u）和扁铲侧胀试验不排水抗剪强度（C_{ub}）的统计数据对比结果如图 3.17 所示。

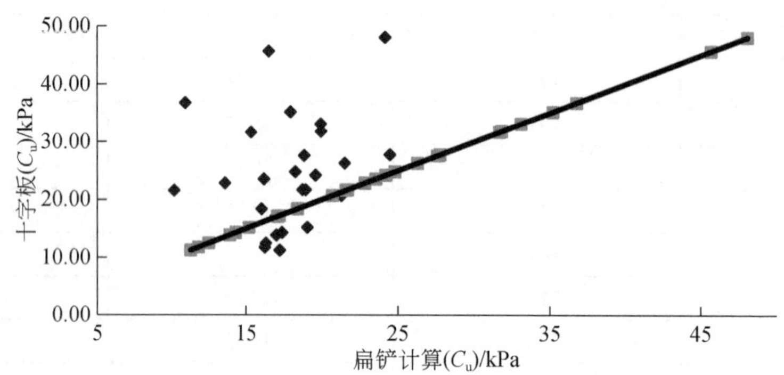

图 3.17 安乡软土扁铲侧胀试验计算结果 C_{ub} 值与十字板试验计算结果 C_u 值的对比图

从图 3.17 中可以看出，有相当部分的数据点位于 45°线的上方。这说明对于所有 I_D＜1.2 的数据，按式（3.30）计算所得结果与十字板剪切试验相比大多偏小，仅有少部分基本吻合。可见，直接将式（3.30）应用于求解洞庭湖地区地区土的不排水抗剪强度值并不完全适合。需要结合 Marchetti（1980）公式的推导方法对洞庭湖地区进行地区经验的总结和归纳，这里认为扁铲侧胀试验不排水抗剪强度（C_{ub}）计算公式为

$$C_{ub} = \sigma'_{v0} f(I_D, K_D) \tag{3.31}$$

由于目前对洞庭湖地区扁铲侧胀试验成果较少，要对 σ'_{v0} 和 K_D 两个参数进行曲线拟合难度很大，建议在采用扁铲侧胀试验不排水抗剪强度时，应充分考虑通过十字板剪切试验数据和静力触探方法计算得到的 C_u。待有足够扁铲侧胀试验成果后，提出洞庭湖区软土扁铲侧胀试验不排水抗剪强度计算经验公式。

3.4 超载预压施工过程软土固结变形特征研究

在软土地基上修建机场跑道、高速公路或高速铁路路堤等对变形要求较高的构筑物须严格控制工后沉降（陈立国等，2021；贺建清等，2022a）。超载预压法作为一种有效的软土地基处理方法,常被广泛应用于对工后沉降有严格要求的软基处理工程(曾玲玲等,2012；豆红强等，2022)。在现有软基处理设计中，次固结引起的沉降往往被忽视，导致很多工程地基超载预压加固后仍出现较大的工后沉降（刘汉龙等，2008；李国维等，2012）。因此，研究超载预压地基施工、营运过程中软土的次固结变形特征对如何估算、控制工后沉降具有理论和工程意义（王建秀等，2022）。

目前，国内外已有许多学者通过室内一维固结试验研究了超载预压作用下软土的次固

结特性。朱向荣等（1991）结合宁波机场软土地基袋装砂井超载预压试验，研究了超载卸除后软土的次固结系数随超载比变化的规律；Mesri 等（1997）研究了超载条件下泥炭的次固结特征；Alonso 等（2000）发现土体次固结系数和超固结比呈线性关系，且与时间无关；殷宗泽等（2003）阐释了超载预压减小后次固结沉降的机理；高彦斌等（2004）、周秋娟等（2006）研究了超载预压对软土次固结影响，发现超载预压可有效减小软土次固结系数；李国维等（2009，2012）研究了超载卸荷后再压缩软土的次固结特征，认为次固结系数和超载比之间具有规则的对应关系，且与超载历时有关，可以用双曲线简化模型模拟。曾玲玲等（2012，2013）研究了超载预压作用下天然沉积土次固结变形性状，探讨了其变形机理。胡亚元（2010）为解释公路路基在超载预压加固后工后沉降仍大于预测结果的现象，通过比耶鲁姆（Bjerrum）蠕变图及切线次固结系数定义分析了超固结土次固结系数的时间效应，建立了相应的次固结系数随时间增长的双曲线理论模型；陈立国等（2021）考虑应力历史对软土结构性的影响，重塑洞庭湖软土，进行超载预压后再压缩的一维固结蠕变试验，分析竖井径向排水对超载预压处理软土次固结特征的影响，引入超载增量比，发现次固结系数与超载增量比呈线性递减关系，并建立了相应的计算模型；范智铖（2020）通过固结试验得出，卸荷比越大，超载预压土体的回弹变形和次回弹系数就越大；刘维正等（2022）通过一维次固结压缩试验得出次固结时同一土样累计次固结变形量在压缩变形过程中不可忽略，其最终固结沉降量由所加的最大荷载决定以及次固结系数随固结压力的变化规律；胡惠华等（2022）对洞庭湖砂纹淤泥质土进行了一维固结蠕变试验研究，建立了反映应力水平影响、适用于描述洞庭湖砂纹淤泥质土蠕变特性的修正 Singh-Mitchell 模型；周飞（2022）通过超固结土的一维蠕变试验，探究超固结土的蠕变系数变化规律，提出适用于工程设计的超固结土蠕变系数的计算方法；翟文沛等（2023）利用数值模拟预测超载预压工程工后沉降情况，发现工程完工后地基沉降量较小，超载预压效果显著。

超载预压法是在拟建软土地基上施加超过构筑物筑物荷载的预压荷载，待沉降满足预定要求后卸除超载，施工拟建构筑物，其间地基受压土层会经历超载、卸荷回弹、再加荷的较长过程（周顺华等，2005；李国维等，2006）。目前对超载预压作用下软土次固结特性的研究主要集中在超载预压后的再加载阶段的研究，对于超载卸除后软土的次固结变形性状的研究涉及不多。本书拟在已有研究成果的基础上，考虑先期固结压力对软土地基沉降的影响，重塑洞庭湖安乡软土，模拟超载预压地基施工营运过程中现场土体受压工况，采用重塑洞庭湖安乡软土进行一维固结蠕变试验，研究土体在超载预压、卸荷回弹、再加载（运营）各个阶段的次固结变形特征，尤其是超载卸除后土体的回弹、次固结变形特征。

3.4.1　超载预压-卸载-再加载试验

1. 制备重塑土

试验土样为取自西洞庭湖的安乡至慈利高速公路 K11+744 处的安乡软土。安乡软土为中全新世晚期以来的深湖相淤泥质粉质黏土，灰褐色，流塑，黏粒含量高，土质较纯，微层理不明显。按照《土工试验方法标准》（GB/T 50123－2019）中的试验标准对所取土样进行了室内土工试验分析（中华人民共和国住房与城乡建设部和国家市场监督管理总局，1999），得到的土样基本物理力学性质指标见表 3.16，其粒组含量见表 3.17。

表 3.16 试验土样基本物理力学性质指标一览表

密度（ρ）/(g/cm³)	含水率（ω）/%	土粒相对密度（G_s）	孔隙比（e）	压缩系数（a_v）/MPa⁻¹	液限（ω_L）/%	塑限（ω_P）/%	塑性指数（I_P）	液性指数（I_L）	固结快剪黏聚力（c）/kPa	固结快剪内摩擦角（φ）/(°)
1.78	44.2	2.61	1.114	0.87	44.1	15.3	28.8	1.003	7.6	13.43

表 3.17 试验土样粒组含量表

土体类型	粒组含量/%			
	0.5～0.25mm	0.25～0.075mm	0.075～0.005mm	＜0.005mm
淤泥质黏土	0.1	1.2	19	79.7

2. 超载预压-卸载-再加载试验方案

为研究超载预压法施工过程中各阶段土体的次固结变形特征，采用两台 WG 型单杠杆三联高压固结仪进行一维固结试验。固结仪杠杆比为 1∶20，试样截面积为 30cm²，高度为 2cm，试验过程中试样保持双面排水，试验方案如表 3.18 所示。

用环刀截取高度为 2cm、截面积为 30cm² 的试样进行固结试验。试验过程中，预压加载过程中加载下一级荷载前测读百分表，预压加载、卸载、再加载完毕后，前 24h 参照《土工试验方法标准》（GB/T 50123－2019）规定的时间间隔测读百分表，往后每天测读 1 次。

表 3.18 超载预压-卸荷回弹-再加载试验方案表

试样编号	施加荷载（维持时间）		
	超载预压	卸荷回弹	再加载
1#	25kPa（1h）→50kPa（1h）→100kPa（1h）→200kPa（7d）	100kPa（20d）	125kPa（30d）
2#		125kPa（20d）	150kPa（30d）
3#		150kPa（20d）	175kPa（30d）
4#	25kPa（1h）→50kPa（1h）→100kPa（1h）→200kPa（1h）→300kPa（7d）	200kPa（20d）	225kPa（30d）
5#		225kPa（20d）	250kPa（30d）
6#		250kPa（20d）	275kPa（30d）
7#		275kPa（20d）	300kPa（30d）
8#	25kPa（1h）→50kPa（1h）→100kPa（1h）→200kPa（1h）→300kPa（1h）→400kPa（7d）	300kPa（20d）	325kPa（30d）
9#		325kPa（20d）	350kPa（30d）
10#		350kPa（20d）	375kPa（30d）
11#		375kPa（20d）	400kPa（30d）

3.4.2 试验结果分析

1. 孔隙比历时曲线

图 3.18 为 1#、4#、8#试样超载预压、卸荷回弹和再加载整个过程孔隙比历时曲线，为节省篇幅，只列举了上述三个试样的孔隙比历时曲线。由图 3.18 不难看出，在超载预压、再加载的主固结阶段孔隙比历时曲线陡降，之后趋于平缓；在卸荷阶段，卸荷之后，曲线

短暂回弹之后下降，与其他两个阶段类似，同样趋于平缓。为便于分析，将曲线划分为超载预压、卸荷回弹、再加载三个不同阶段，逐段分析各阶段的固结变形特征。

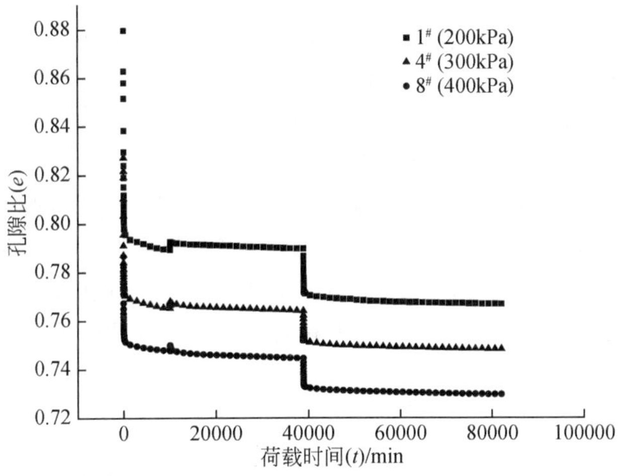

图 3.18　孔隙比历时曲线

1）超载预压阶段

图 3.19 为不同预压荷载作用下超载预压阶段土体的 e-lg*t* 曲线，图中横坐标为时间的对数，起始时间为预压加载结束、荷载开始维持不变的时间，虽然在相同预压荷载作用下，曲线略有偏差，但在试验允许误差范围内。从图 3.19 中可以看出，与典型软土的 e-lg*t* 关系曲线一样（殷宗泽等，2003），曲线整体呈反“S”形，主次固结分界明显；次固结阶段，曲线近似直线。这是因为在主固结阶段土体中超静孔隙水压力逐渐消散，有效应力不断增加产生渗透压缩，导致孔隙比陡降。超静孔隙水压力基本消散后，进入次固结阶段，有效

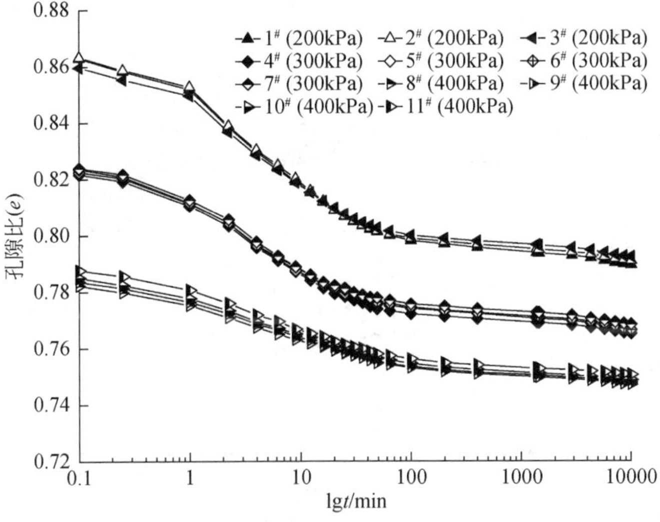

图 3.19　不同荷载作用下超载预压阶段的 e-lg*t* 曲线

压力基本趋于稳定，土粒结合水膜蠕变及土粒结构重新排列等引起较缓慢的变形（方敬锐等，2021）。

2）卸荷回弹阶段

图 3.20 为以卸除荷载的时间为时间零点，得到的不同荷载预压后卸荷回弹阶段土体的 e-lg$t$ 曲线。表 3.19 为不同试验工况下回弹峰值（Δe_{max}）及达到回弹峰值所需回弹时间（t_h）。从图 3.20 和表 3.19 中可以看出，卸荷后土体产生回弹，在相同预压荷载作用下，随着卸荷量的增加，曲线变陡、斜率增大、回弹速度越快，同时，回弹峰值（Δe_{max}）亦越大、达到回弹峰值所需回弹时间（t_h）亦越长；卸荷量相同的条件下，随着预压荷载的增加，回弹峰值减小，达到回弹峰值所需时间愈短。卸荷后土体变形过程分为三个阶段：第一阶段为吸水膨胀阶段，卸荷瞬间，产生负孔隙水压力，土体吸水产生膨胀变形；第二阶段为回胀阶段，随着负孔隙水压力消失，土体仍将由于黏滞蠕动产生回弹变形，此阶段黏滞蠕动产生

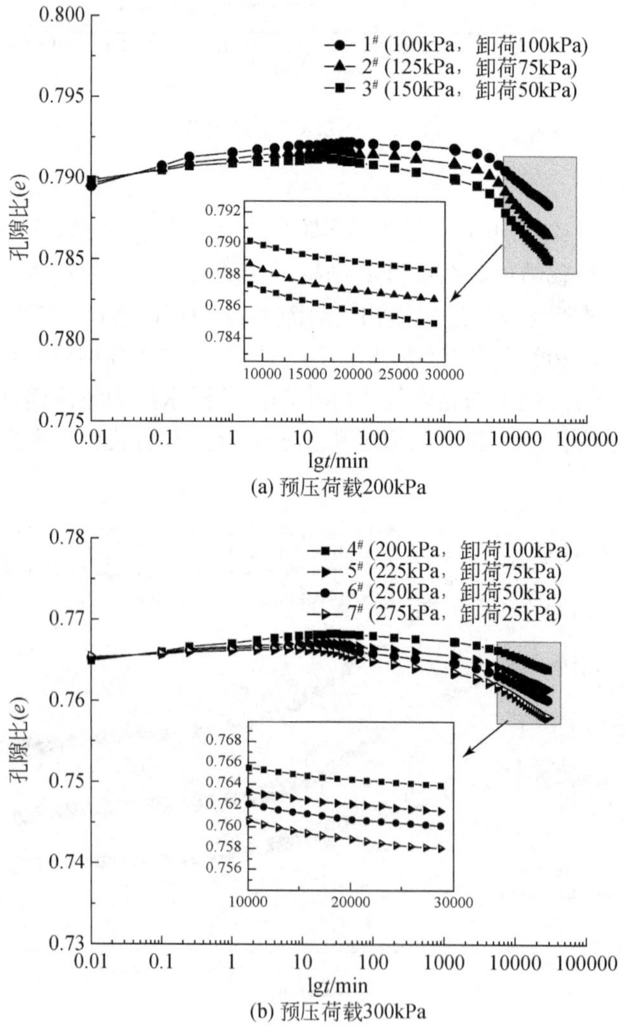

(a) 预压荷载200kPa

(b) 预压荷载300kPa

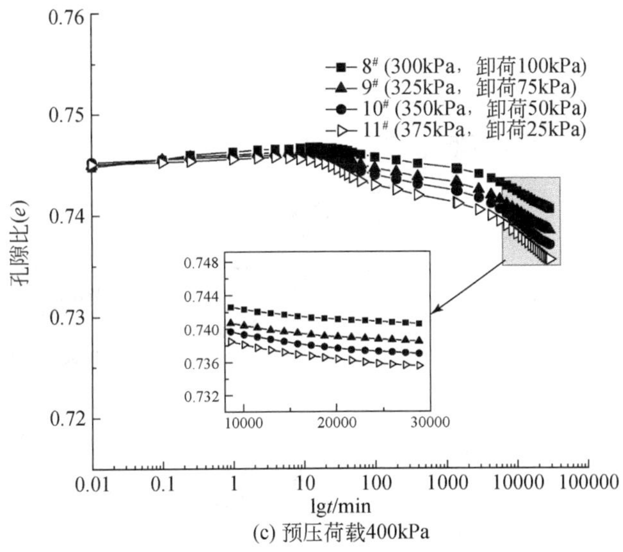

(c) 预压荷载400kPa

图 3.20　不同荷载预压后卸荷回弹阶段的 e–lg$t$ 曲线

表 3.19　不同试验工况下的回弹峰值（Δe_{max}）及回弹时间（t_h）一览表

试样编号	超载预压阶段施加荷载（p_{cs}）/kPa	卸荷回弹阶段施加荷载（p_u）/kPa	回弹时间（t_h）/min	回弹峰值（Δe_{max}）
1#	200	100	36	0.00211
2#		125	30	0.00174
3#		150	20	0.00137
4#	300	200	20	0.00188
5#		225	16	0.00155
6#		250	12	0.00147
7#		275	9	0.00128
8#	400	300	12	0.00135
9#		325	9	0.0011
10#		350	6	0.000853
11#		375	4	0.000733

的变形大于次固结产生的变形，曲线回落；第三阶段为次固结阶段，土体的次固结蠕动产生的变形将大于回胀蠕动产生的变形占主导地位，使 e–lg$t$ 曲线重新呈现出次固结变形特征，曲线趋于平缓。卸除超载可延缓但不能阻止土体次固结变形。朱向荣等（1991）和张惠明等（2002）分别对不同地区软土进行次固结试验得到了相同的结论。

3）再加载阶段

图 3.21 为卸除超载后再加载阶段的 e–lg$t$ 曲线，起始时间为再次加荷结束、荷载开始维持不变的时间。从图中可以看出，在超载卸除后再加载阶段，e–lg$t$ 曲线还是呈反“S”形，但主、次固结阶段曲线连接线逐渐平缓。在预压荷载、再加荷量相同的条件下，初始

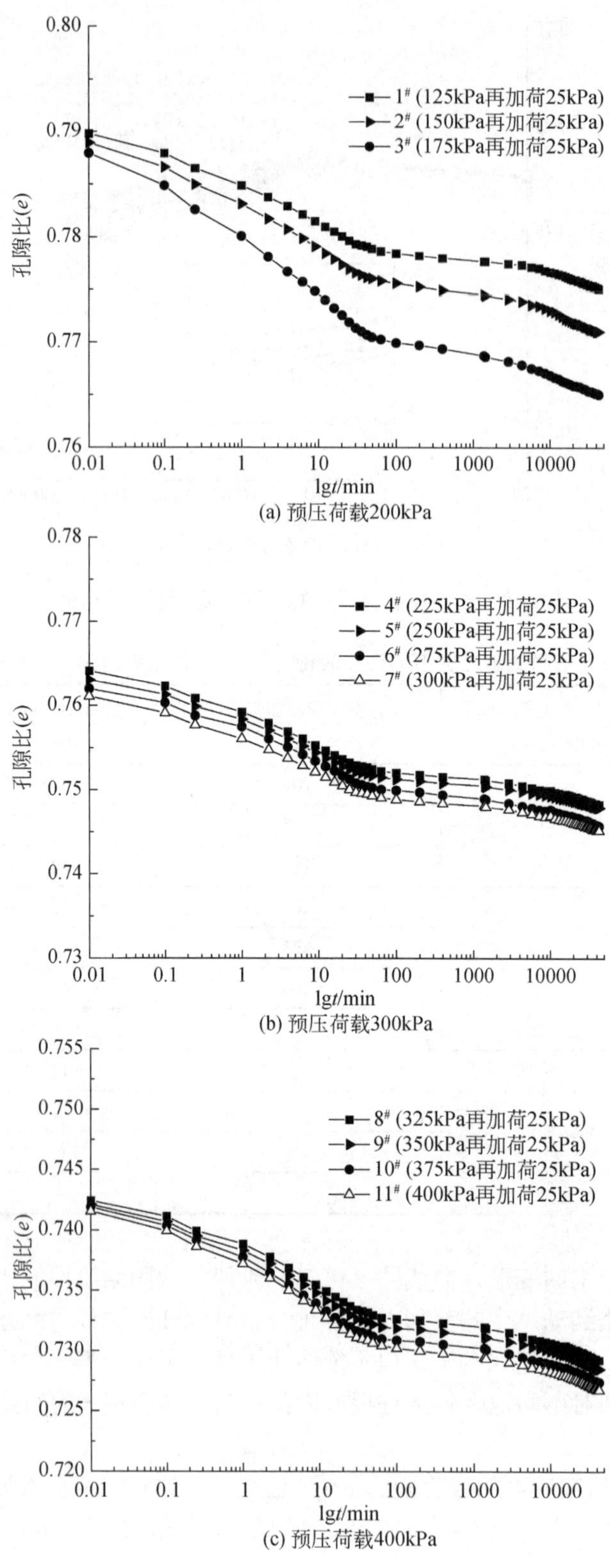

图 3.21　不同荷载预压卸载后再加载阶段的 e-lg$t$ 曲线

荷载（卸荷后荷载）越大，土体变形越大，这是因为受超载预压阶段荷载作用，土体压密，渗透性降低，导致孔隙水的消散随着预压荷载的增大变得越来越慢。同时，受预压荷载挤压，土颗粒周围的结合水膜会越来越薄，土颗粒的蠕变能力逐渐变弱，变形愈加缓慢。

2. 回弹时间、回弹峰值与预压卸荷增量比的关系

地基超载预压前，地基土体历史上曾经受过的最大上覆自重压力称为先期固结压力。基于此定义，土体挤压脱水重塑土体过程中所施加的压力可以视为先期固结压力（p_c）。先期固结压力决定土体在超载预压处理前的密实状态，卸除部分预压荷载后土体回弹，回弹峰值（Δe_{max}）及达到Δe_{max}所需要的回弹时间（t_h）显然不仅仅与超载预压阶段施加荷载（p_{cs}）、卸荷后的卸荷回弹阶段施加荷载（p_u）有关，而且与超载预压处理前的先期固结压力（p_c）有关。为了准确描述达到回弹峰值所需回弹时间（t_h）、回弹峰值（Δe_{max}）与三者的关系，引入预压卸荷增量比（T_0），预压卸荷增量比（T_0）为土层受到的超载预压阶段施加荷载（p_{cs}）和先期固结压力（p_c）的差值与卸荷后的卸荷回弹阶段施加荷载（p_u）和先期固结压力（p_c）的差值之比，可以通过 $T_0=(p_{cs}-p_c)/(p_u-p_c)$ 计算得到。

回弹时间（t_h）与预压卸荷增量比（T_0）的关系见图 3.22，从图 3.22 中可以看出，t_h 与 T_0 呈线性递增关系，且相关性良好，其拟合公式为

$$t_h=t_0+aT_0 \tag{3.32}$$

式中，t_0 为预压卸荷增量比 T_0=0 时的回弹时间，min；a 为回弹时间随预压卸荷增量比 T_0 增长的斜率，min。

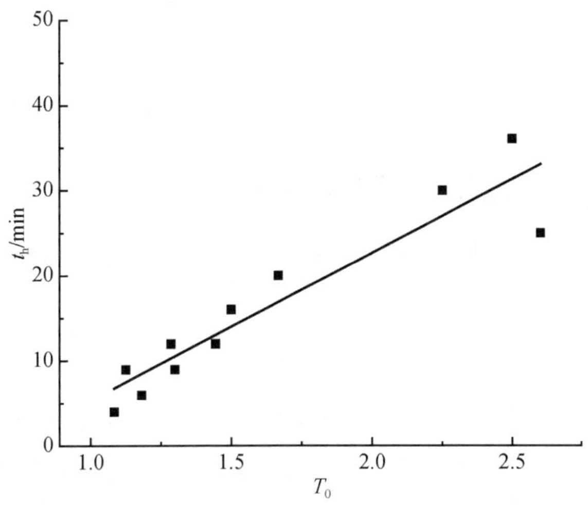

图 3.22　回弹时间（t_h）与预压卸荷增量比（T_0）的关系图

式（3.32）中的拟合参数见表 3.20。

表 3.20　拟合参数表

t_0/min	a/min	R^2
−11.9561	17.3116	0.8624

回弹峰值（Δe_{max}）与预压卸荷增量比（T_0）的关系如图 3.23 所示，可以看出随着预压卸荷增量比的增加，回弹峰值相应增加，呈线性递增趋势。其拟合公式为

$$\Delta e_{max} = c + dT_0 \tag{3.33}$$

式中，c、d 为拟合参数，式中的拟合参数及决定系数见表 3.21。

表 3.21　式（3.33）中的拟合参数及决定系数

c	d	R^2
1.2526×10^{-4}	9.4233×10^{-4}	0.847

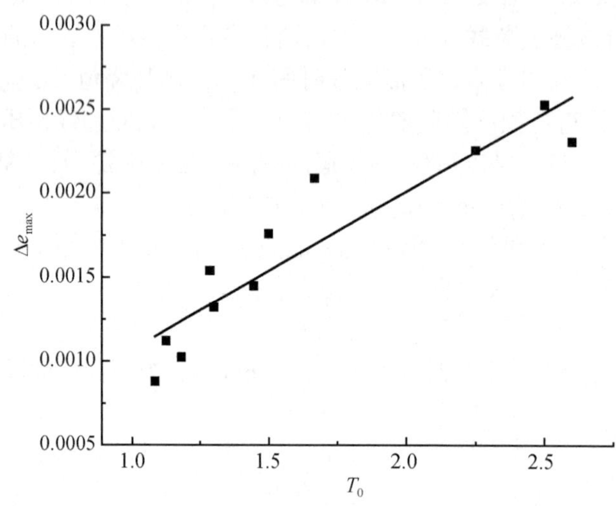

图 3.23　回弹峰值（Δe_{max}）与预压卸荷增量比（T_0）的关系

3.4.3　超载预压对次固结系数的影响

通过一维固结试验得到 e-lg$t$ 曲线，可采用下式计算超载预压阶段、再加载阶段软土的次固结系数。

$$C_\alpha(C''_\alpha)=\frac{e_1-e_2}{\lg t_2-\lg t_1} \tag{3.34}$$

式中，C_α、C''_α 分别为超载预压阶段次固结系数、再加载阶段次固结系数；e_1、e_2 为 e-lg$t$ 曲线（图 3.18、图 3.22）尾部直线段上两点的孔隙比；t_1、t_2 分别为 e_1、e_2 为对应的时间，min。因为目前国内对测定时间 t_1、t_2 没有明确的规定，参照英国标准《土木工程用土壤的测试方法》（BS 1377-5：1990）（British Standard Institution，1990）对次固结系数的测定时间的规定，t_1、t_2 分别取 1440min（1d）、10080min（7d）。

对于如何确定卸荷回弹阶段的次固结系数，鲜有相关的研究成果见诸报道，参照式(3.34)，采用下式确定。

$$C'_\alpha=\frac{e'_1-e'_2}{\lg t'_2-\lg t'_1} \tag{3.35}$$

式中，C'_α为卸荷回弹阶段次固结系数；e'_1、e'_2为卸荷回弹阶段 e-lg$t$ 曲线（图 3.21）尾部直线段上两点的孔隙比；t'_1、t'_2分别为e'_1、e'_2为对应的时间，min。t'_1、t'_2也分别取 1440min（1d）、10080min（7d）。

表 3.22 为试样在不同试验条件下的次固结系数，从表中可以清楚看出，随着超载预压阶段施加荷载的增加，超载预压阶段次固结系数、再加载阶段次固结系数呈逐渐减小的趋势，卸荷回弹阶段次固结系数则呈现出相反的趋势；超载预压阶段次固结系数明显大于卸荷回弹阶段次固结系数和再加载阶段次固结系数，卸荷回弹阶段次固结系数略小于再加载阶段次固结系数，随着施加荷载的增加，这种趋势减弱。次固结系数的变化规律说明，超载预压能有效减小土体次固结变形，控制工后沉降；卸除荷载，回胀蠕动可延缓但不能阻止土体次固结变形。

表 3.22　土样在不同试验条件下的次固结系数

试样编号	超载预压阶段施加荷载（p_{cs}）/kPa	卸荷回弹阶段施加荷载（p_u）/kPa	再加载阶段施加荷载（p_s）/kPa	超载预压阶段次固结系数（C_α）	卸荷回弹阶段次固结系数（C'_α）	再加载阶段次固结系数（C''_α）
1#	200	100	125	0.4905	0.0645	0.1430
2#		125	150	0.4647	0.0645	0.1325
3#		150	175	0.4677	0.0516	0.1291
4#	300	200	225	0.4002	0.0645	0.1161
5#		225	250	0.3872	0.0774	0.1084
6#		250	275	0.3796	0.0774	0.1084
7#		275	300	0.3904	0.0903	0.1161
8#	400	300	325	0.2969	0.0774	0.0976
9#		325	350	0.2743	0.0903	0.1084
10#		350	375	0.2840	0.0774	0.0976
11#		375	400	0.2712	0.0903	0.1084

第 4 章　洞庭湖区南部腹地砂纹淤泥质土特征组成和工程特性

砂纹淤泥质土是在洞庭湖南部腹地发现的一种特殊类型的淤泥质土，粒组成分以粉粒为主（粉粒组成分超过 50%）、黏粒次之，矿物成分以原生石英为主、伊利石次之，具有明显的微层理表观特征，可见丝绢状砂纹，微层理厚度一般为 1～2mm，砂纹厚度一般不超过 1mm。砂纹淤泥质土虽表观不显示非常明显的层状结构，但其水平向渗透系数是垂直向的 10 倍以上。

4.1　物理力学特性研究

软土成因类型复杂，内陆、沿海、湖泊、江河均可见软土分布，在实际工程中软土的存在往往会引起一系列工程地质问题，这都是由其本身的物理力学性质所决定。不同物质、不同成因组成的软土，其表现出来的工程特性千差万别，物理性质决定了土体的基本状态，力学性质决定了地基处理方案的选取。本章主要研究洞庭湖砂纹淤泥质土的物理力学特性以及不同试验方法间各指标的相关性。

4.1.1　物理特性研究

土的密度、土粒比重、含水率是可在实验室直接测定的三个基本物理指标，这三个指标能用来计算土的孔隙大小、密实程度以及间接判断土的力学性能。三个基本物理指标的改变将会引起其他物理指标的改变，同时使得力学指标和变形指标产生变化。此外，用颗粒分析试验和界限含水率试验描述土颗粒大小分布和稠度状态，通过液限和塑限计算得到的塑性指数与液性指标分别反映了黏土的物质组成和软硬状态。因此，通过试验研究土的物理性质对土的分类和评价具有重要意义。

4.1.1.1　试验内容

按照《土工试验方法标准》（GB/T 50123—2019）获得砂纹淤泥质土样本的一般物理性质参数（即湿密度、孔隙比、土粒比重、含水率、液限、塑限、颗粒大小等），并以洞庭湖粉质黏土、淤泥质粉质黏土和黏土作为对比，为分析砂纹淤泥质土工程性状提供常规参数指标。选取环刀法进行天然密度试验（图 4.1），以烘干法测定含水率（图 4.2），使用比重瓶法确定土粒比重（图 4.3），利用液塑限联合测定仪得到液限和塑限（图 4.4），采用筛析法和密度计法测定砂纹淤泥质土粒径大小分布情况（图 4.5）。

图 4.1　密度试验

图 4.2　含水率试验

图 4.3　土粒比重试验

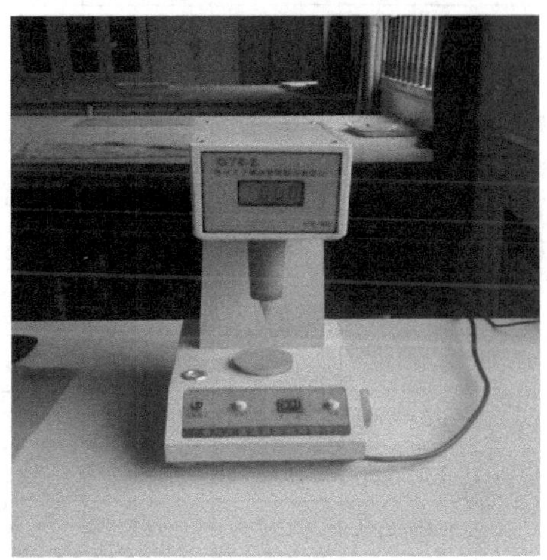

图 4.4　界限含水率试验

(a) 筛析法

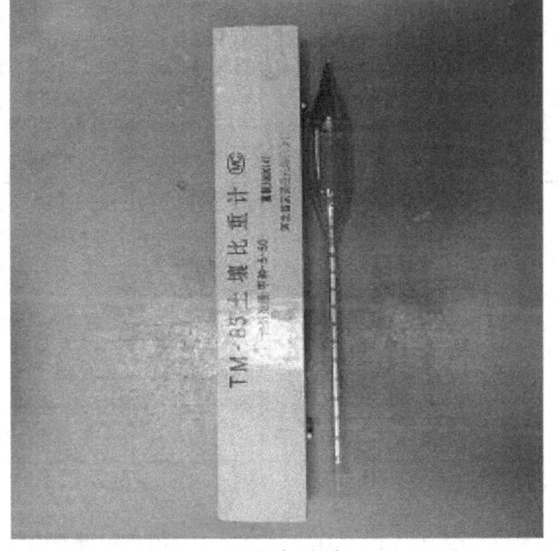

(b) 密度计法

图 4.5　颗粒分析试验

4.1.1.2 试验成果分析

根据室内物理试验方案，现场共布置20个钻孔，取得130个原状土样（其中，淤泥质粉质黏土和砂纹淤泥质土各44个，粉质黏土和黏土各21个）。本书为了体现砂纹淤泥质土物理参数的特殊性，以粉质黏土、淤泥质粉质黏土和黏土作为对比，每类土体各选取五个深度，每个深度各选取四个样，并对所选取的土样进行物理指标变异性分析，总体而言，洞庭湖四类土体各项物理指标稳定性较好，但一般不服从正态分布。因此，表4.1中每个深度各物理指标为四个样的平均值，下文中固结特性、渗透特性和力学特性研究也采用了相同的数据整理方法。

表4.1 洞庭湖南部腹地四类土体基本物理性质

土体类型	取样深度/m	湿密度（ρ）/(g/cm^3)	含水率（ω）/%	土粒比重（G_s）	孔隙比（e）	液限（ω_L）/%	塑限（ω_p）/%	塑性指数（I_P）	液性指数（I_L）
粉质黏土	0.7～0.9	1.89	36.0	2.621	0.895	40.5	33.0	7.5	0.40
	1.0～1.2	1.76	39.3	2.504	0.993	40.7	17.8	22.9	0.94
	1.2～1.4	1.94	35.4	2.715	0.780	40.1	25.2	14.9	0.68
	1.7～1.9	1.79	38.3	2.534	0.920	38.2	28.4	9.8	1.01
	2.0～2.2	1.94	26.4	2.742	0.771	36.7	30.2	6.5	−0.58
淤泥质粉质黏土	4.5～5.0	1.66	48.8	2.511	1.069	49.3	27.8	21.5	0.98
	5.0～5.5	1.71	42.7	2.753	1.060	45.1	26.3	18.8	0.84
	6.5～7.0	1.65	50.2	2.438	1.101	46.7	28.4	18.3	1.74
	7.0～7.5	1.64	51.0	2.327	1.151	55.0	26.1	28.9	0.87
	8.0～8.5	1.62	51.2	2.289	1.168	50.8	21.8	29.0	1.01
黏土	9.0～9.2	1.78	41.3	2.511	1.165	50.7	25.2	25.5	0.63
	10.2～10.4	1.91	31.0	2.650	0.640	51.6	20.6	31.0	0.34
	13.3～13.5	1.81	33.2	2.604	0.691	55.3	29.1	26.2	0.16
	15.0～15.2	1.90	33.7	2.622	0.846	47.6	24.9	22.7	0.39
	15.3～15.5	1.93	22.4	2.726	0.550	47.1	23.8	23.3	-0.06
砂纹淤泥质土	16.5～17.0	1.78	44.3	2.698	1.110	43.3	21.0	22.3	1.04
	18.0～18.5	1.77	48.7	2.561	1.135	47.5	18.0	29.5	1.04
	19.0～19.5	1.84	43.5	2.792	0.812	43.2	23.1	20.1	1.01
	21.1～21.6	1.78	40.4	2.713	1.020	40.3	26.5	14.2	0.94
	23.0～23.5	1.71	44.4	2.302	1.246	44.6	22.0	23.5	0.95

通过洞庭湖四种土样室内物理试验对比结果可知（表4.1和图4.6），砂纹淤泥质土具有以下特点：

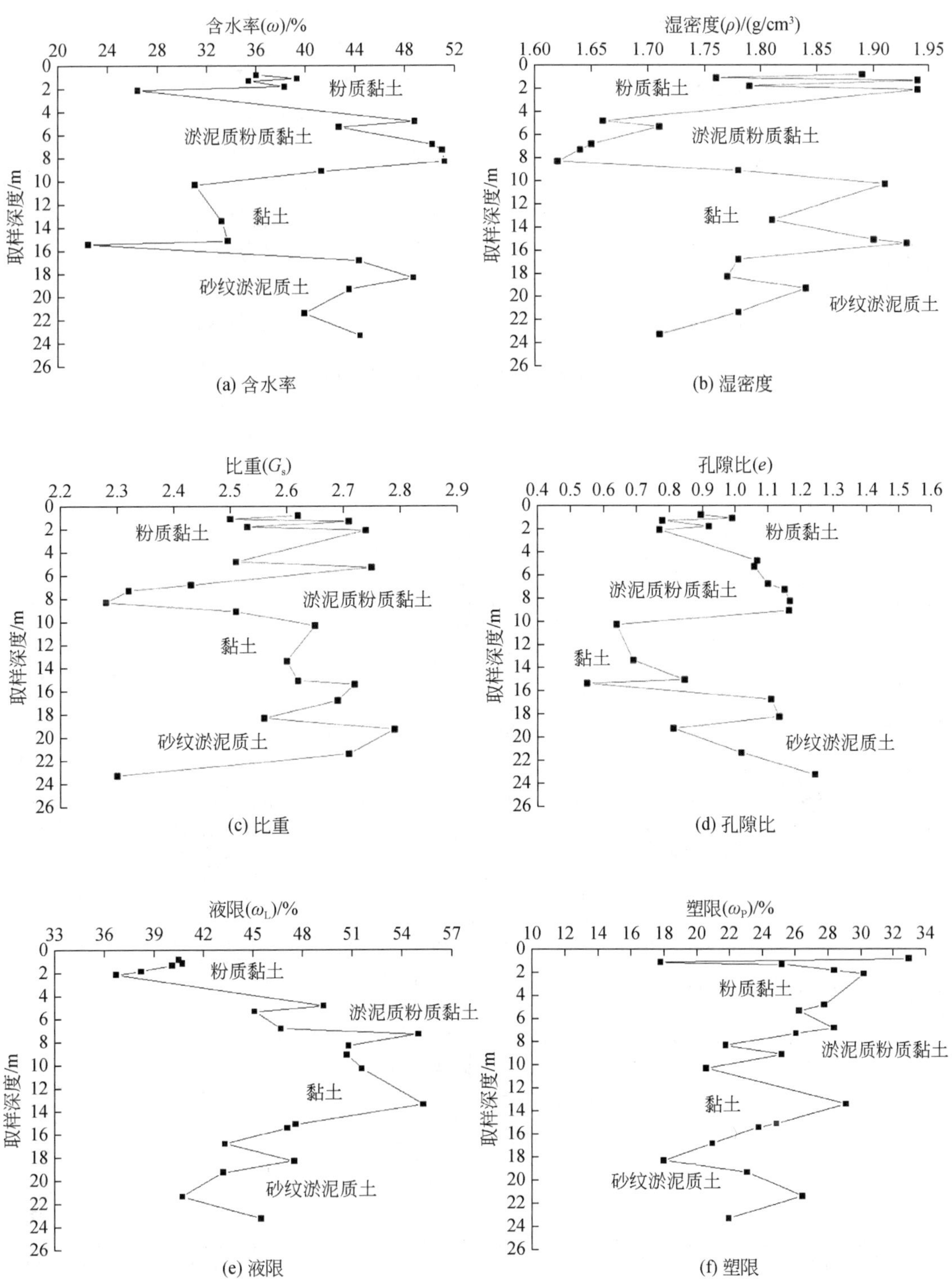

(a) 含水率　　(b) 湿密度

(c) 比重　　(d) 孔隙比

(e) 液限　　(f) 塑限

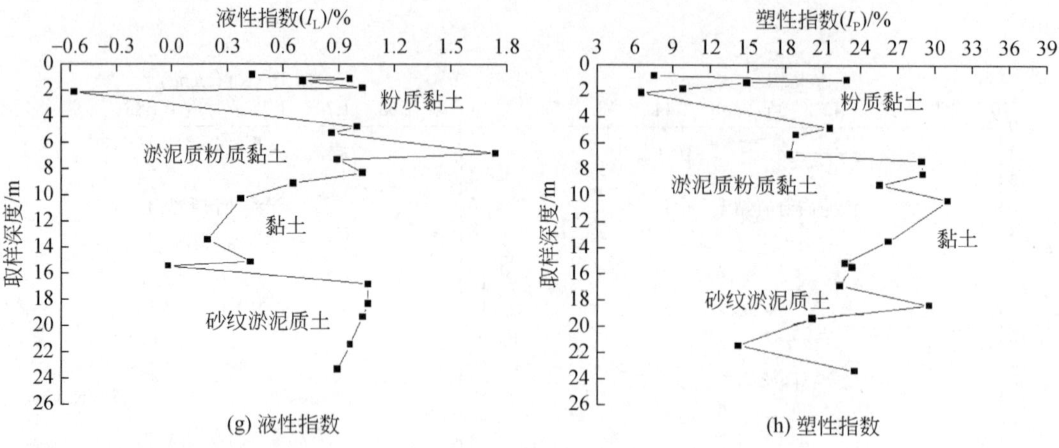

(g) 液性指数

(h) 塑性指数

图 4.6 洞庭湖南部腹地四类土体基本物理性质

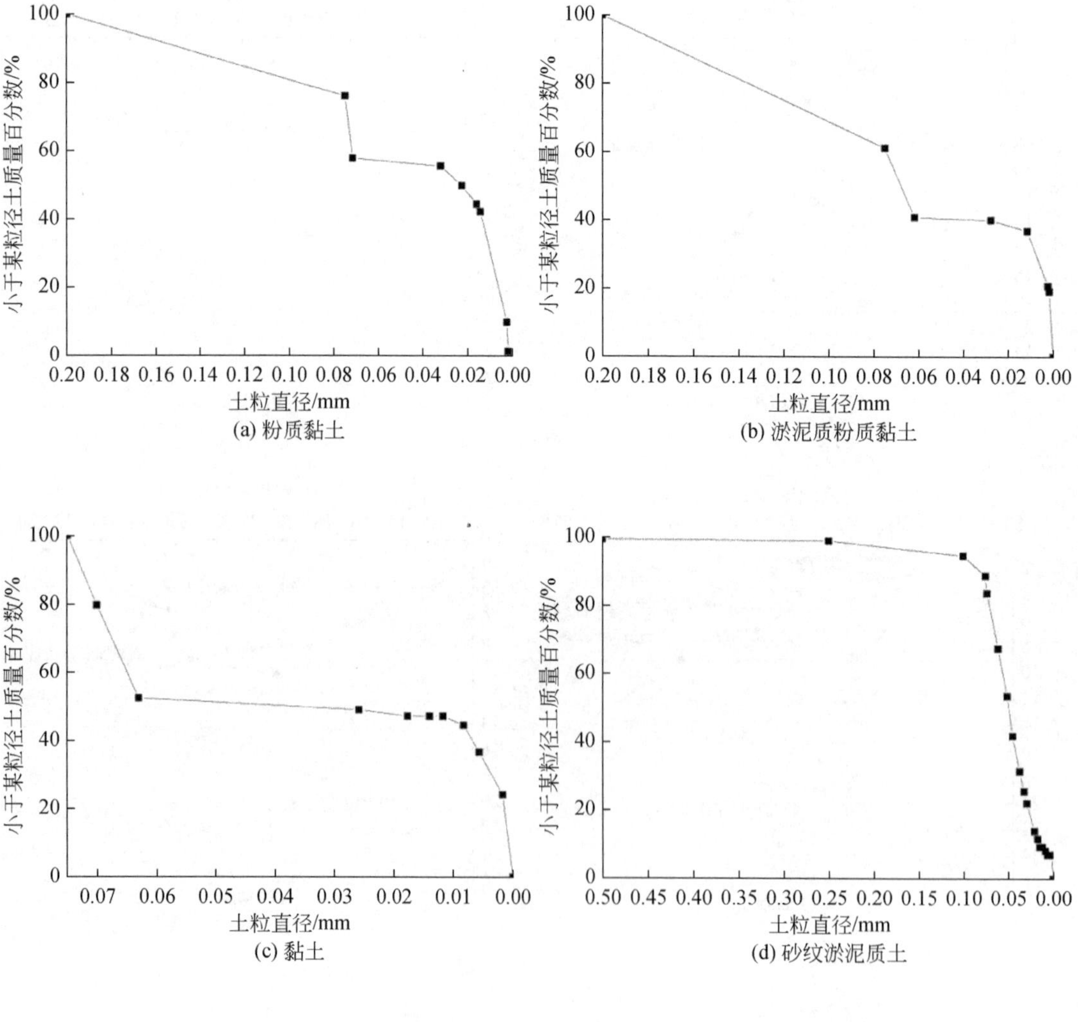

小于某粒径土质量百分数/%

土粒直径/mm

(a) 粉质黏土

小于某粒径土质量百分数/%

土粒直径/mm

(b) 淤泥质粉质黏土

小于某粒径土质量百分数/%

土粒直径/mm

(c) 黏土

小于某粒径土质量百分数/%

土粒直径/mm

(d) 砂纹淤泥质土

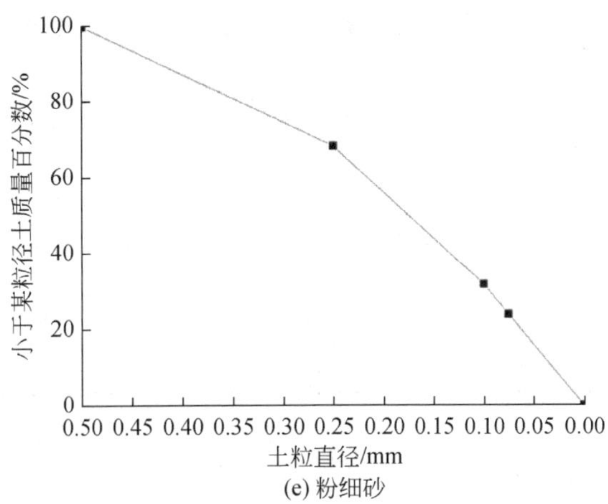

(e) 粉细砂

图 4.7 洞庭湖南部腹地五类土体颗粒分析

1. 湿密度低、含水率高、孔隙比大

粉质黏土、淤泥质粉质黏土、黏土和砂纹淤泥质土的湿密度平均值分别为 1.86g/cm^3、1.66 g/cm^3、1.87g/cm^3、1.78g/cm^3，含水率平均值分别为 35.1%、48.8%、32.3%、44.2%，孔隙比平均值分别为 0.872、1.110、0.778、1.065。砂纹淤泥质土含水率和孔隙比小于淤泥质粉质黏土的原因是粉细砂的存在填充了土体中部分孔隙，导致了孔隙比下降，含水率也因此降低，同时使得湿密度比淤泥质粉质黏土高。

2. 液限和塑限低

四种土样液限平均值为 39.2%、49.4%、50.5%、44.0%，塑限平均值为 26.9%、26.1%、24.7%、22.1%。《建筑地基基础设计规范》（GB 50007—2011）中规定：当天然含水率大于液限，天然孔隙比小于 1.5 但大于或等于 1.0 的黏性土为淤泥质土。由试验数据可知砂纹淤泥质土孔隙比和天然含水率都符合规范的规定。

3. 塑性指数和液性指数高

四种土样塑性指数平均值为 12.3、23.3、25.7、21.9，液性指数平均值为 0.490、1.088、0.292、0.999，砂纹淤泥质土的塑性指数低于淤泥质粉质黏土和黏土，这是由于其夹微薄层粉砂所致；根据《岩土工程勘察规范（2009 年版）》（GB 50021—2001）对黏性土状态分类的规定，砂纹淤泥质土液性指数为 0.999，高于 0.75 低于 1.0，属于软塑状态，区别于粉质黏土和黏土的可塑状态以及淤泥质粉质黏土的流塑状态。

由表 4.2 及图 4.7 可知，洞庭湖四类土体以及粉砂颗粒大小分布，其中砂纹淤泥质土含有少量砂粒（$0.075\text{mm} < d \leqslant 2\text{mm}$），占该土总质量的 11.23%，远远小于粉砂中砂粒的含量；而粉粒含量（$0.005\text{mm} < d \leqslant 0.075\text{mm}$）占到了 81.8%，比粉质黏土、淤泥质粉质黏土和黏土分别多了 16.91%、60.67%、26.12%；黏粒含量（$d \leqslant 0.005\text{mm}$）所占比例较小，仅占该土总质量的 6.97%，比淤泥质粉质黏土小 33.11%。分析其原因是洞庭湖长期受地壳运动和泥沙入湖影响，导致其沉积相频繁变化，使得淤泥质土中夹有多层薄而细的粉细砂。

表 4.2　洞庭湖南部腹地五类土体颗粒组成分布表

土体类型	颗粒组成占比/%			
	0.5～0.25mm	0.25～0.075mm	0.075～0.005mm	＜0.005mm
粉质黏土	—	24	64.89	11.11
淤泥质粉质黏土	—	38.79	21.13	40.08
黏土	—	20.23	55.68	24.09
砂纹淤泥质土	1.11	10.12	81.8	6.97
粉砂	31.73	68.27	—	—

4.1.2　固结特性研究

固结是指在荷载的作用下，土体中产生超孔隙水压力，随着时间的发展，土体中的水被排出，超孔隙水压力逐步消散，孔隙比减少，有效应力增加，土体抗剪强度提高的过程。而砂纹淤泥质土中的粉细砂必然会对土体固结产生影响，本节通过固结试验研究砂纹淤泥质土的孔隙比、压缩系数、压缩模量、固结系数的变化规律。

4.1.2.1　试验内容

为了研究砂纹淤泥质土固结特性，并对洞庭湖粉质黏土、淤泥质粉质黏土和黏土进行相同的固结试验（图 4.8），按照《土工试验方法标准》（GB/T 50123—2019）规定，选取不同固结压力（25kPa、50kPa、100kPa、200kPa、300kPa、400kPa），试验过程中采用慢速固结稳定的方法，即每隔 24h 加载，待土样变形完全稳定后再加下一级荷载。具体试验步骤如下：

（1）将带有试样的环刀装入固结容器内，套上护环，放上透水石和加压盖板，并将容器置于加压框架正中，安装已调零的百分表或位移传感器；

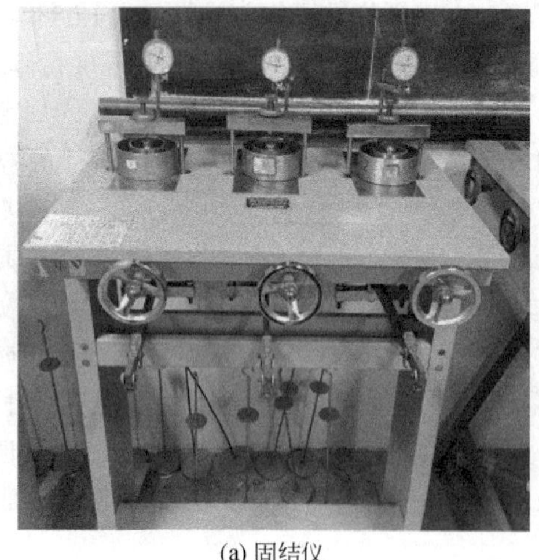

(a) 固结仪

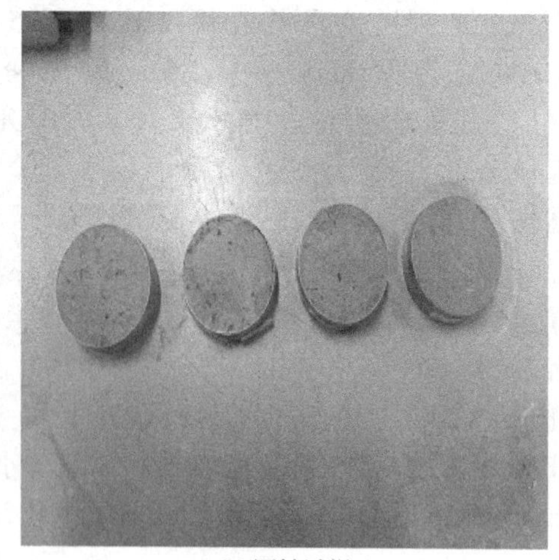

(b) 固结试样

图 4.8　固结试验

（2）使试样与仪器上下各部件之间接触，调整加压杠杆水平，记录百分表的初始读数；

（3）确定需要施加的各级压力，测记每级压力下稳定时的百分表读数，其与百分表初始读数之差即为每级压力下试样高度的变化值。

4.1.2.2　试验成果分析

4.1.2.2.1　固结过程中试样的变形分析

软土微观结构的高孔隙特征是控制其压缩变形的重要因素，它直接决定着软土的压缩性和渗透性。固结初期，外荷载由孔隙水承担，土体间的孔隙以大、中孔隙为主，土体相对而言比较“分散”，土体中的自由水排出较快。随着固结过程的进行，孔隙水压力逐渐消散，土骨架开始承受荷载，大、中孔隙首先塌陷，一个孔隙被压成两个或多个更小的孔隙。因此，在固结初期孔隙体积减小的幅度较大，相应的土体的变形也较大；在固结后期，由于土体中大、中孔隙被压密为更微小的孔隙，此时土中绝大部分孔隙被结合水所占据，结合水不易排出，孔隙体积的减小幅度降低，土体变形也相对较小。

图 4.9 为四类土体压缩量与时间关系曲线，图 4.10 为压缩量与固结压力关系曲线。从图 4.10 中可以看出：压缩量随着固结压力的增加而增加，当固结压力从 12.5kPa 增加到 100kPa 时，压缩量的增长近似呈直线，增幅较大，粉质黏土、淤泥质粉质黏土、黏土和砂纹淤泥质土分别增加了 2.3mm、1.661mm、0.749mm、0.78mm，而当固结压力超过 100kPa 时，曲线的曲率发生了变化，曲率变得比较平缓，压缩量增加幅度减小。对于砂纹淤泥质土而言，由于其兼具淤泥质土和粉细砂的部分特性，固结初期淤泥质土中的大、中孔隙被压缩，加之砂纹的存在增加了孔隙水排出的通道，使得土体变形较大；固结后期，砂纹淤泥质土中的粉细砂较难被压缩，且淤泥质土中的大、中孔隙受固结压力影响已由更微小的孔隙替代，难被进一步压密。因此，固结压力对砂纹淤泥质土压缩性的影响要小于另三种土样。

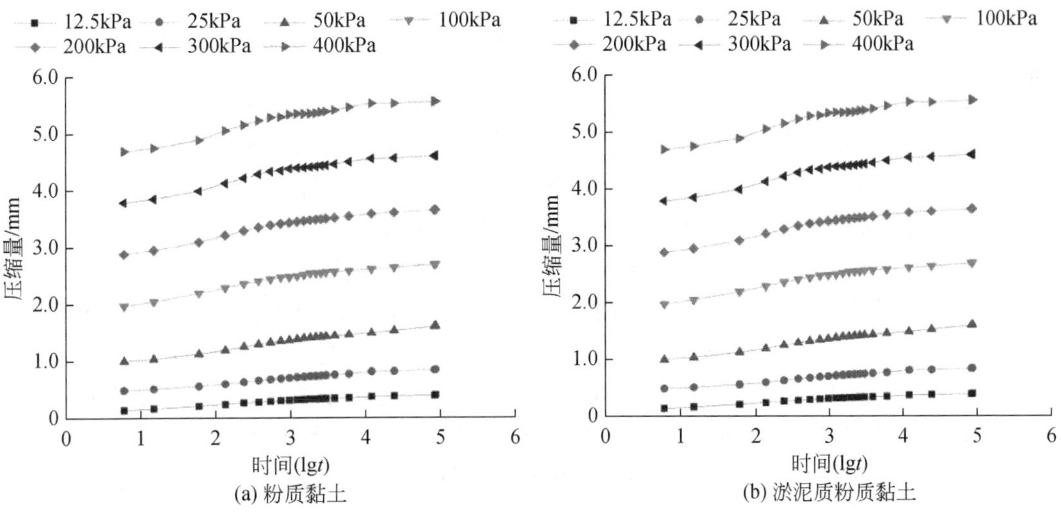

(a) 粉质黏土　　(b) 淤泥质粉质黏土

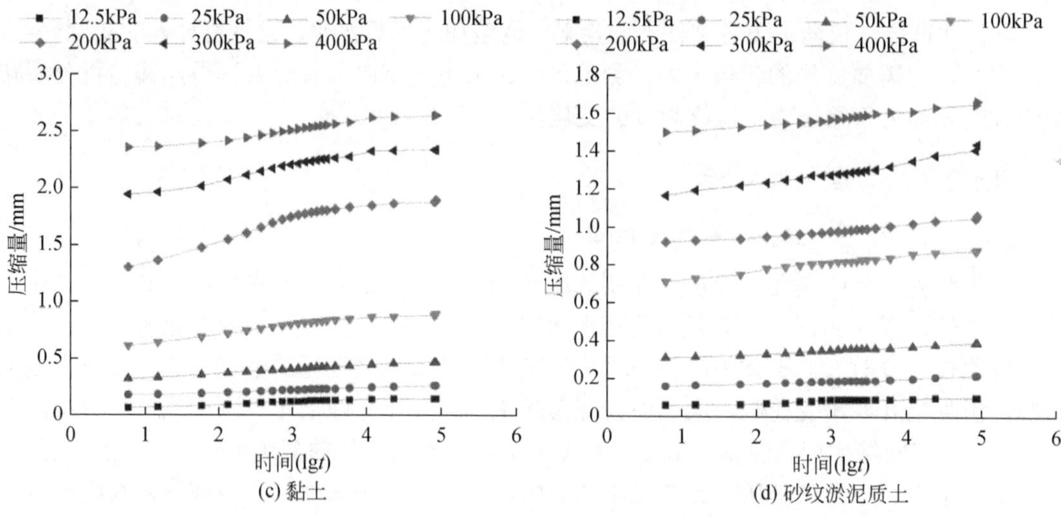

图 4.9　洞庭湖南部腹地四类土体压缩量-时间关系曲线

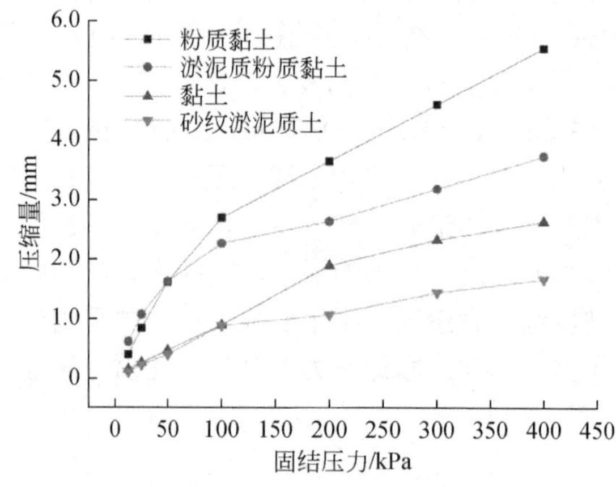

图 4.10　洞庭湖南部腹地四类土体压缩量-固结压力关系曲线

4.1.2.2.2　固结过程中孔隙比的变化

土体压密的过程从微观上分析是土体内部结构单元体和孔隙共同发生变化的结果，土体在不同的应力水平下，微观结构将产生不同变化。在固结过程中，压力使得土骨架发生变形，土体骨架被压断破坏，导致了结构单元体的重新排列，颗粒相互靠拢、镶嵌，使得大孔隙逐渐减小，颗粒之间的水膜变薄，排水固结的速率降低。

图 4.11 为孔隙比与固结压力关系曲线，从图中可以看出，四类土体孔隙比随着固结压力的增加而减小，当固结压力较小（12.5～25kPa）时，粉质黏土、淤泥质粉质黏土、黏土、砂纹淤泥质土孔隙比降低幅度分别为 5.01%、5.36%、11.27%、5.75%，土体变形较小；当压力继续增大(25～200kPa)时，四类土体孔隙比降低幅度分别为 33.51%、19.61%、15.76%、23.27%，土体变形急剧增加；当压力超过 200kPa 时，四类土体孔隙比降低幅度分别为 2.36%、14.24%、8.59%、8.08%，孔隙比的变化又趋于平缓，土体变形逐渐稳定。分析其原因是现场取样导致土体应力释放，前期施加的固结压力只是土体应力恢复的过程，而砂纹淤泥质

土实际处于深度 16～24m，上覆土层压力应为 300～400kPa，*e-p* 曲线中所对应的这一段固结压力对砂纹淤泥质土孔隙比的影响较小，与采样现场实际情况相一致，其他三类土体也可采用类似的方法进行分析。

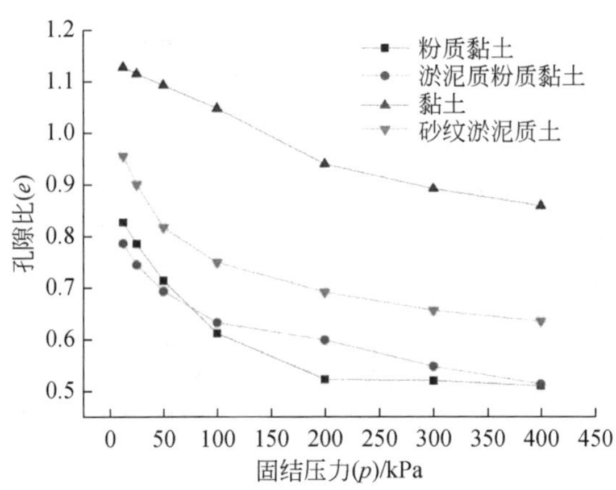

图 4.11 洞庭湖南部腹地四类土体 *e-p* 关系曲线

4.1.2.2.3 固结过程中压缩系数的变化

压缩系数是表征土体压缩性的指标，与土体中孔隙分布、孔隙水渗流类型、微观结构以及施加的预压荷载等密切相关。由压缩系数的定义可得任意时刻 a_v 计算式

$$a_v = \frac{e_i - e_{i+1}}{p_{i+1} - p_i} \tag{4.1}$$

式中，e_i 为某级压力下的孔隙比；p_i 为某一压力值，kPa。

图 4.12 为四类土体压缩系数与固结压力关系曲线，从图中可知，当固结压力 p＜200kPa 时，四类土体压缩系数大幅度降低，其中砂纹淤泥质土降低幅度最大，达到了 87.9%，说明砂纹淤泥质土在应力恢复的过程中，固结压力主要使淤泥质土中的大、中孔隙被压密，并且砂纹加速了自由水的排出，从宏观上表现出极高的压缩性；当固结压力 p＞200kPa 时，由于固结初期大部分大、中孔隙已经被压缩，固结压力的增加对压缩系数的影响减弱，土中水以结合水为主，不易排出，砂纹淤泥质土恢复到原有应力状态，因此压缩系数变化比较小，a_v-p 曲线变平缓，且逐渐稳定。

4.1.2.2.4 固结过程中压缩模量的变化

土的压缩模量［式（4.2）］是评价地基土的压缩性和计算地基变形的重要参数，与压缩系数相对应。四类土体压缩模量与固结压力关系曲线见图 4.13，由图可知，洞庭湖地区四类土体的压缩模量（E_s）随固结压力（p）的增加而增大。与原状土相比，固结压力为 400kPa 时，砂纹淤泥质土压缩模量增幅为 75.8%，而粉质黏土、淤泥质粉质黏土和黏土增幅分别为 91.6%、88.5%、64.6%，与 *e-p* 曲线所反映的情况相符合，前期固结压力使得砂纹淤泥质土应力恢复较快，其压缩模量增幅也较大，当砂纹淤泥质土恢复到原有应力状态时，固结压力对压缩模量的影响逐渐减小。

$$E_s = \frac{1+e_1}{a} \tag{4.2}$$

式中，E_s 为压缩模量，MPa；a 为压缩系数，MPa^{-1}；e_1 为压缩前孔隙比。

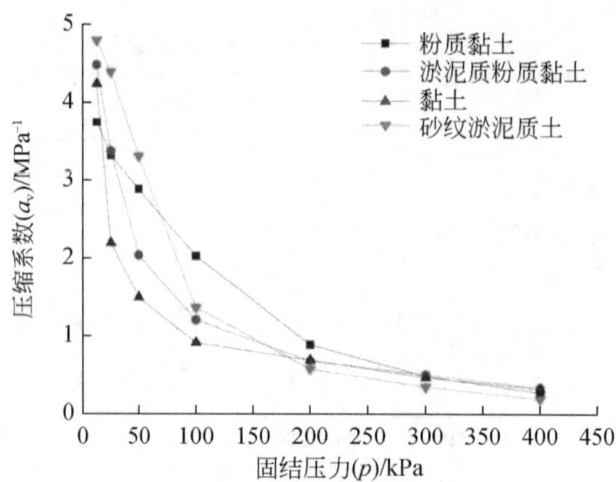

图 4.12 洞庭湖南部腹地四类土体 a_v-p 关系曲线

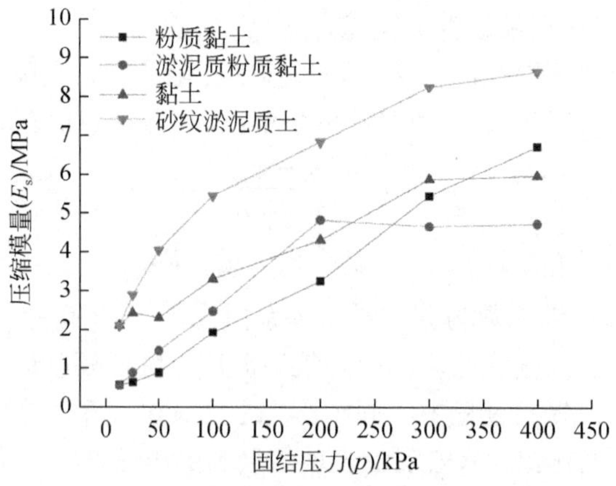

图 4.13 洞庭湖南部腹地四类土体 E_s-p 关系曲线

4.1.2.2.5 固结过程中固结系数的变化

固结系数是一个衡量软土固结快慢的指标，是软土地基变形分析和加固设计的关键参数，它综合反映了土的压缩性和渗透性，软土的固结系数越大说明土体的固结速率就越快。本书固结系数按照《土工试验方法标准》（GB/T 50123—2019）中所建议的时间平方根法确定，计算式如下式所示。

$$C_v = \frac{0.848\bar{h}^2}{t_{90}} \tag{4.3}$$

式中，$\bar{h}$ 为最大排水距离，等于某一压力下试样初始与终止高度的平均值之半，cm；t_{90} 为固结度达 90%所需的时间，s。

通过对洞庭湖地区四类土体进行室内固结试验，得出固结系数与固结压力之间的相互关系，从图 4.14 中可以看出，砂纹淤泥质土的固结系数随着固结压力增加呈逐渐降低的趋势，而另三类土体 C_v-p 曲线稍有不同，其固结系数随着固结压力增加呈先增大后减小的规律，分析其原因是另三类土体本身具有结构强度，较小的固结压力并没有破坏其渗流通道，使得固结系数存在一个上升的过程，而砂纹淤泥质土中夹有粉细砂，导致孔隙水迅速被排出，孔隙被逐渐压缩，固结系数不断减小。此外，固结初期砂纹淤泥质土原状试样应力已经被释放，孔隙相对比较大，其渗透性和压缩系数也较大，因此固结系数较大，随着固结压力增加、土体被压密、孔隙比减小、渗透性减弱，试样原始应力逐渐被恢复，固结系数随之减小。固结压力 p<50kPa 时固结系数降幅为 16.01%，固结压力为 100～200kPa 时固结系数降幅为 34.03%，固结压力为 300～400kPa 时固结系数降幅为 30.89%，由此可知固结压力为 100～200kPa 时对砂纹淤泥质土固结系数影响最大，而另三种土样则是在固结压力为 200～400kPa 时固结速率降幅最大。

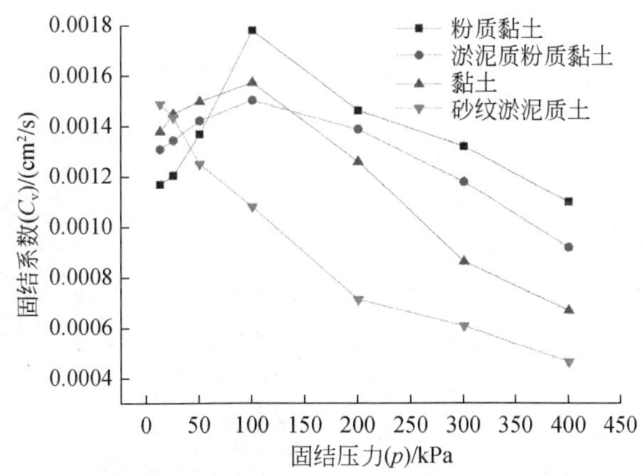

图 4.14　洞庭湖南部腹地四类土体 C_v-p 关系曲线

4.1.3　渗透特性研究

土是多相体，在一定的条件下，固体骨架间的流体会产生流动和渗流，对于饱和土，流体是水；对于非饱和土，流体是水和空气。在荷载作用下，土体中产生的超孔隙水压力和有效应力，以及随着时间孔隙水压力的消散、有效应力的提高等都与土的渗透性有关，而有效应力决定了土体的抗剪强度。研究表明土木工程建设中不少工程事故与土中渗流有关，总之土的渗透性对土体的强度和变形有重要影响。

4.1.3.1　试验内容

本节按照《土工试验方法标准》（GB/T 50123—2019）采用 TST-55 型土壤渗透仪对砂纹淤泥质土进行变水头试验（图 4.15），分别测定水平渗透系数和垂直渗透系数，并以洞庭湖粉质黏土、淤泥质粉质黏土和黏土作为参照对象，研究砂纹对渗透特性的影响。

1. 试样制备

用环刀在垂直或平行土样层面切取原状试样，切土时应尽量避免结构扰动，并禁止用削土刀反复涂抹试样表面。在容器套筒内壁涂一薄层凡士林，然后将盛有试样的环刀推入套筒并压入止水垫圈，把挤出的多余凡士林小心刮净。装好带有透水板的上、下盖，并用螺丝拧紧，不得漏气漏水。

2. 试验过程

（1）把装好试样的渗透容器与水头装置连通，利用供水瓶中的水充满进水管并注入渗透容器。开排气阀，将容器侧立排除渗透容器底部的空气，直至溢出水中无气泡，关排气阀，放平渗透容器。

（2）在一定水头作用下静置一段时间，待出水管口有水溢出，再开始进行试验测定。

（3）将水头管里充水至需要高度后，关止水夹，开动秒表，同时测记起始水头，经过时间 t 后，再测记终了水头。如此连续测记 2～3 次后，使水头管水位回升至需要高度，再连续测记数次，需重复以上测记流程六次以上，试验终止，同时测记试验开始时与终止时的水温。

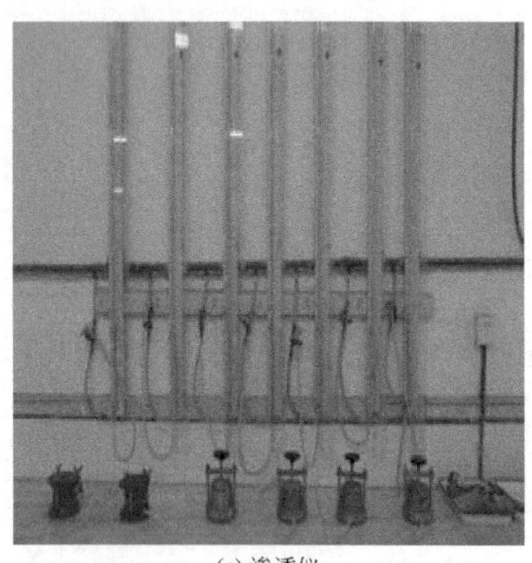

(a) 渗透仪

(b) 渗透试样

图 4.15　渗透试验

3. 数据处理

变水头试验渗透系数计算公式

$$k_T = 2.3\frac{aL}{At}\lg\frac{h_1}{h_2} \tag{4.4}$$

$$k_{20} = k_T\frac{\eta_T}{\eta_{20}} \tag{4.5}$$

式中，k_T 为水温为 T(℃)时，试样的渗透系数，cm/s；a 为变水头管截面积，cm^2；L 为渗径，等于试样高度，cm；h_1 为开始时水头，cm；h_2 为终止时水头，cm；A 为试样断面积，cm^2；t 为时间，s；2.3 为 ln 与 lg 的换算系数；η_T 为水温为 T(℃)时，水的动力黏滞系数，10^{-6}kPa·s；η_{20} 为水温为 20℃时，水的动力黏滞系数，单位 10^{-6}kPa·s。

其中，比值 η_T/η_{20} 与温度的关系查表即可得。在测得的结果中取 3～4 个允许差值范围以内的数值，求其平均值作为试样在孔隙比 e 时的渗透系数。

4.1.3.2　试验成果分析

由表 4.3 和图 4.16 可以看出，洞庭湖四类土体垂直向渗透系数都比较小，砂纹淤泥质土为 4.22×10^{-7}～5.08×10^{-7}cm/s，粉质黏土为 1.23×10^{-7}～1.97×10^{-7}cm/s，淤泥质粉质黏土为 0.568×10^{-7}～3.13×10^{-7}cm/s，黏土为 0.367×10^{-7}～0.659×10^{-7}cm/s，这是由于四类土体的颗粒组成以粉粒和黏粒为主，黏粒尺寸小，比表面积大，易在颗粒表面形成扩大的双电层，水分子受到吸附作用形成结合水，使孔隙减小，从宏观上表现为渗透系数减小，渗透性减弱。此外，由于砂纹淤泥质土中夹有微薄层状粉细砂导致其水平向渗透系数远远大于自身的垂直向渗透系数，其值为 1.03×10^{-5}～1.31×10^{-5}cm/s，而另三类土体的水平向渗透系数与自身垂直向渗透系数相差不大，数量级均为 10^{-8}～10^{-7}cm/s。采用自然堆填的地基处理方案能否有效地控制路基沉降，达到经济合理的目的，将在路堤施工阶段对该方法进行验证。

表 4.3　洞庭湖南部腹地四类土体渗透系数

土体类型	取样深度/m	k_v/(10^{-7}cm/s)	k_h/(10^{-7}cm/s)
粉质黏土	0.8～1	1.25	2.04
	1～1.2	1.95	3.87
	1.3～1.5	1.23	1.47
	1.5～1.7	1.48	2.07
	2.3～2.5	1.97	1.18
淤泥质粉质黏土	3～3.5	0.919	3.19
	3.8～4.3	0.568	4.49
	5～5.5	0.885	3.64
	6.5～7	0.791	4.03
	7～7.5	3.13	3.36
黏土	8～8.2	0.429	0.321
	9～9.2	0.367	0.441
	10.4～10.6	0.568	0.583
	11.5～11.7	0.455	0.294
	12.3～12.5	0.659	0.322
砂纹淤泥质土	15～15.5	4.79	109
	16.5～17	5.08	121
	19～19.5	4.68	131
	21～21.5	4.73	103
	22～22.5	4.22	116

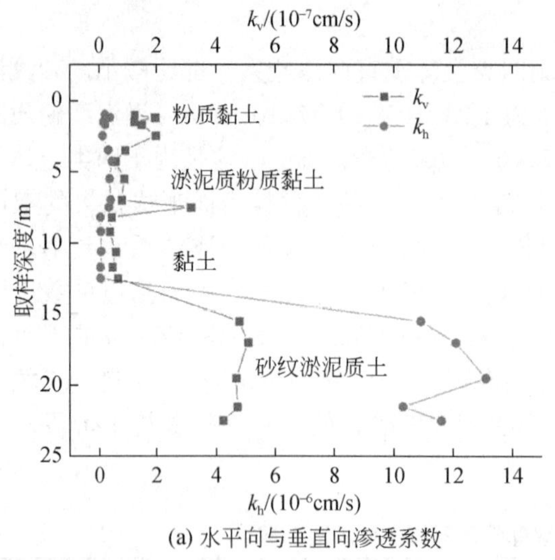

(a) 水平向与垂直向渗透系数

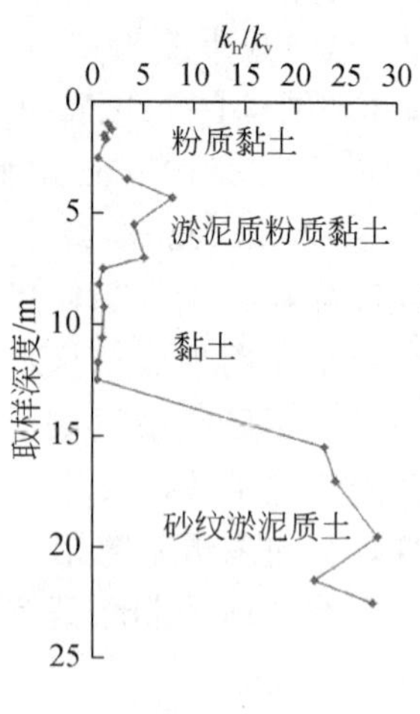

(b) 水平向与垂直向渗透系数比值

图 4.16 洞庭湖南部腹地四类土体渗透系数

4.1.4 力学特性研究

软土的力学强度是指土抵抗土体颗粒间产生相互滑动的极限能力，其大小与颗粒表面的物理和化学性质有关，一般由黏聚力和内摩擦角组成。内摩擦角又可分为两种，一种为滑动摩擦力，另一种为咬合摩擦力，并且与法向应力成正比例关系；而与法向应力无关的抵抗颗粒间相互滑动的力，通常称为黏聚力。本书通过对砂纹淤泥质土进行静三轴剪切试验，研究砂纹对土体力学强度的影响。

4.1.4.1 试验内容

为了研究洞庭湖砂纹淤泥质土力学强度的特殊性，结合路堤现场实际情况，采用薄壁取土器进行现场取样，并以粉质黏土、淤泥质粉质黏土和黏土作为对比，按照《土工试验方法标准》（GB/T 50123—2019）采用 TSZ-3 型应变控制式三轴仪进行固结不排水三轴剪切强度试验［图 4.17（a）］。具体试验步骤如下：

（1）试样制备：从取土器中取出试样，按照《土工试验方法标准》（GB/T 50123—2019）要求对同一深度同一种土制备 3～4 个性质相同的原状试样，三轴试样规格为 d=39.1mm，h=80.0mm［图 4.17（b）］，按规定称重量，取余土测定含水率，并根据取样深度设置不同的围压。

（2）试样饱和：采用抽气饱和法，将装有试样的饱和器置于无水的抽气缸内，进行抽气，当真空度接近当地一个大气压后，应继续抽气，持续抽气时间宜大于 2h。当抽气时间达到要求后，徐徐注入清水，并保持真空度稳定。待饱和器完全被水淹没即停止抽气，并释放抽气缸的真空。试样在水下静置时间应大于 10h，然后取出试样称其质量。

（3）固结不排水试验（CU）：在施加周围压力 σ_3 时，将排水阀门打开，允许试样充分排水，待固结稳定后关闭排水阀门，然后再施加偏应力，使试样在不排水的条件下剪切破坏。在剪切过程中，保证试样没有任何体积变形。若要在受剪过程中量测孔隙水压力，则要打开试样与孔隙水压力量测系统间的管路阀门。

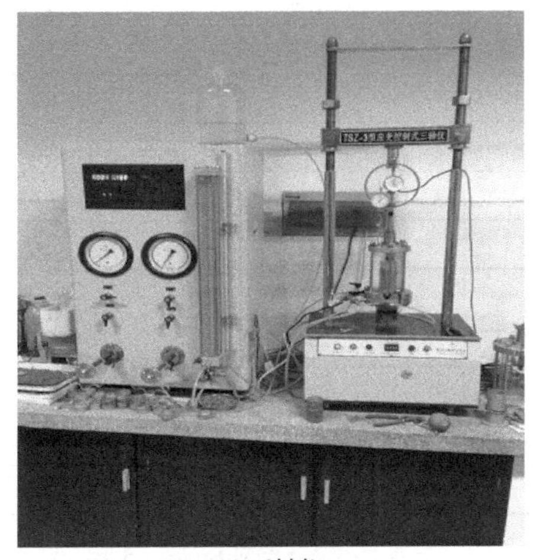

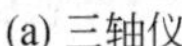

(a) 三轴仪

(b) 三轴试样

图 4.17　三轴试验

4.1.4.2　试验成果分析

从表 4.4 和图 4.18 中可以看出，固结不排水条件下粉质黏土、淤泥质粉质黏土、黏土、砂纹淤泥质土有效黏聚力（c'）平均值分别为 19.16kPa、9.8kPa、18.04kPa、8.2kPa，有效内摩擦角（φ'）平均值分别为 17.324°、18.268°、11.486°、13.834°。由于砂纹淤泥质土中微薄层状粉细砂的存在，使其黏粒含量较低，阻碍了力学强度的增长，但与此同时粉细砂又提高了土体的摩擦力，增加了土抵抗土体颗粒间产生相互滑动的极限能力，最终致使砂纹淤泥质土黏聚力小而内摩擦角相对较大。

表 4.4　洞庭湖南部腹地四类土体力学强度一览表

土体类型	取样深度/m	固结不排水试验	
		c'/kPa	φ'/(°)
粉质黏土	0.8～1.0	16.4	13.84
	1.0～1.2	19.3	10.37
	1.5～1.7	9.8	19.63
	1.7～1.9	28.8	24.20
	2.3～2.5	21.5	18.58
淤泥质粉质黏土	3.8～4.3	6.9	18.40
	4.5～5.0	14.2	22.11
	5.5～6.0	17.5	14.30
	7.0～7.5	3.6	17.63
	8.0～8.5	6.8	18.90

续表

土体类型	取样深度/m	固结不排水试验	
		c'/kPa	φ'/(°)
黏土	9.0～9.2	10.2	11.64
	10.2～10.4	15.9	10.27
	12.3～12.5	18.2	11.19
	13.0～13.2	27.6	14.42
	13.3～13.5	18.3	9.91
砂纹淤泥质土	13.7～14.2	11.8	17.74
	15.0～15.5	6.4	8.11
	15.7～16.2	6.5	12.42
	19.0～19.5	8.9	15.21
	23.0～23.5	7.4	15.69

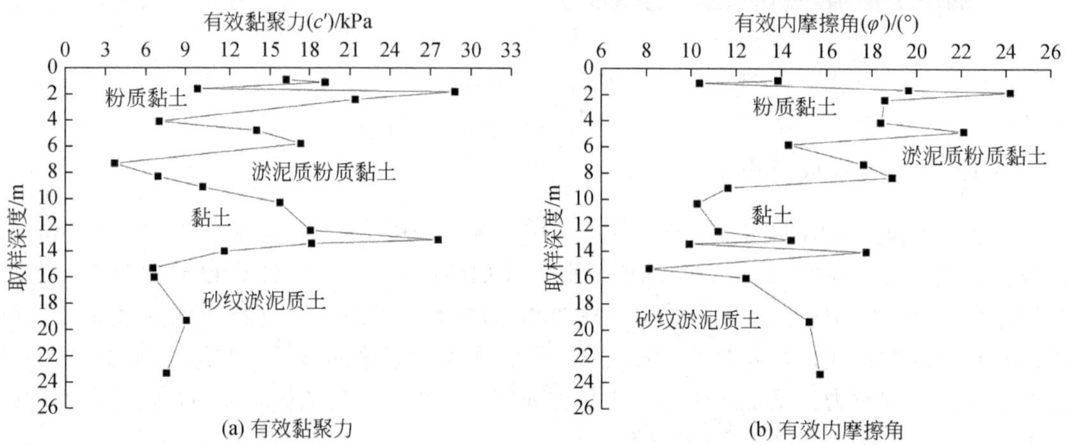

图 4.18　洞庭湖南部腹地四类土体在固结不排水试验（CU）中的力学强度图

4.1.5　砂纹淤泥质土物理力学指标相关性分析

在岩土工程中，通过室内试验得到的各项物理力学参数之间并不是相互独立的，具有一定的相关性。本节通过室内试验得到了砂纹淤泥质土的物理力学参数，分析了各指标间的相关性，建立了各参数间的回归方程，为将来洞庭湖地区的工程建设提供依据。砂纹淤泥质土各物理力学指标间的决定系数（R^2）见表 4.5。

从表 4.5 中可知，部分物理力学指标间的相关性较好，决定系数大于 0.9，而有些指标间相关性却很小，决定系数只有 0.005 左右，甚至部分为负相关。砂纹淤泥质土物理力学指标中较显著的相关规律如下。

1. 孔隙比与天然含水率之间的关系

砂纹淤泥质土天然含水率和孔隙比的散点图和拟合曲线见图 4.19，回归方程为 e=0.421+0.018ω，R^2=0.941。

表 4.5　洞庭湖砂纹淤泥质土各物理力学指标间决定系数汇总表

R^2	ω	e	ρ	w_L	w_P	I_P	I_L	E_s	a_v	c	φ
ω	1	0.941	0.657	0.298	0.681	0.067	0.888	−0.016	0.599	−0.007	−0.010
e	0.941	1	0.637	0.297	0.578	0.089	0.876	−0.021	0.587	−0.009	−0.009
ρ	0.657	0.637	1	0.150	0.370	0.032	0.635	0.038	0.022	−0.002	0.016
w_L	0.298	0.297	0.150	1	0.288	0.402	0.157	0.007	0.011	0.151	−0.007
w_P	0.681	0.578	0.370	0.288	1	−0.023	0.353	−0.022	−0.020	0.058	−0.004
I_P	0.067	0.089	0.032	0.402	−0.023	1	0.102	−0.023	−0.022	−0.005	0.005
I_L	0.888	0.876	0.635	0.157	0.353	0.102	1	−0.011	−0.013	−0.023	−0.021
E_s	−0.016	−0.021	0.038	0.007	−0.022	−0.023	−0.011	1	0.858	−0.011	0.087
a_v	0.599	0.587	0.023	0.011	−0.020	−0.022	−0.013	0.858	1	−0.003	0.084
c	−0.007	0.009	−0.002	0.151	0.058	−0.005	−0.023	−0.011	−0.003	1	0.038
φ	−0.010	−0.009	0.016	−0.007	−0.004	0.005	−0.021	0.087	0.084	0.038	1

2. 湿密度与天然含水率、孔隙比之间的关系

砂纹淤泥质土湿密度与天然含水率、孔隙比的散点图和拟合曲线分别见图 4.20 和图 4.21，回归方程分别为 ρ=2.168−0.007ω、ρ=2.319−0.385e，R^2=0.657、R^2=0.637。

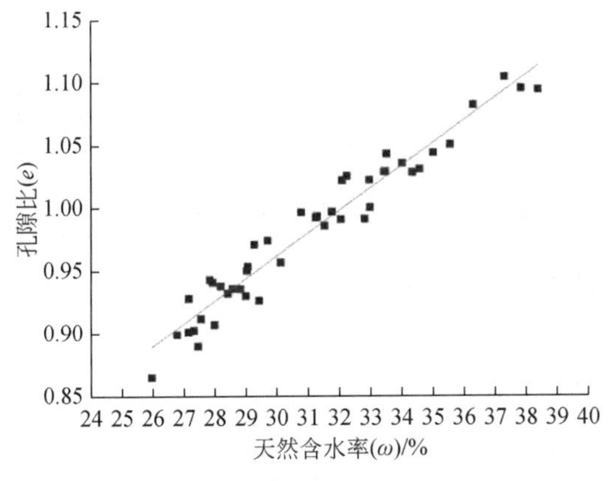

图 4.19　砂纹淤泥质土 e-ω 关系曲线

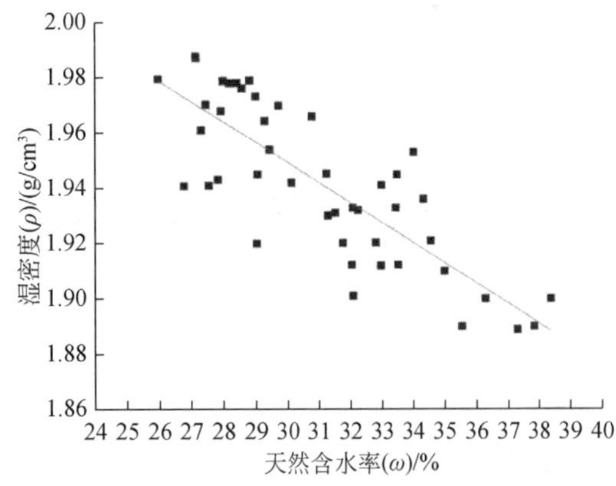

图 4.20　砂纹淤泥质土 ρ-ω 关系曲线

3. 塑限与天然含水率、孔隙比之间的关系

砂纹淤泥质土塑限与天然含水率、孔隙比的散点图和拟合曲线分别见图 4.22 和图 4.23，回归方程分别为 ω_P=15.413+0.362ω、ω_P=9.014+17.972e，R^2=0.681、R^2=0.578。

4. 液性指数与天然含水率、孔隙比、湿密度之间的关系

砂纹淤泥质土液性指数与天然含水率、孔隙比、湿密度的散点图和拟合曲线分别见图 4.24～图 4.26，回归方程分别为 I_L=−0.749+0.032ω、I_L=−1.447+1.707e、I_L=6.138−3.044ρ，R^2=0.888、R^2=0.876、R^2=0.635。

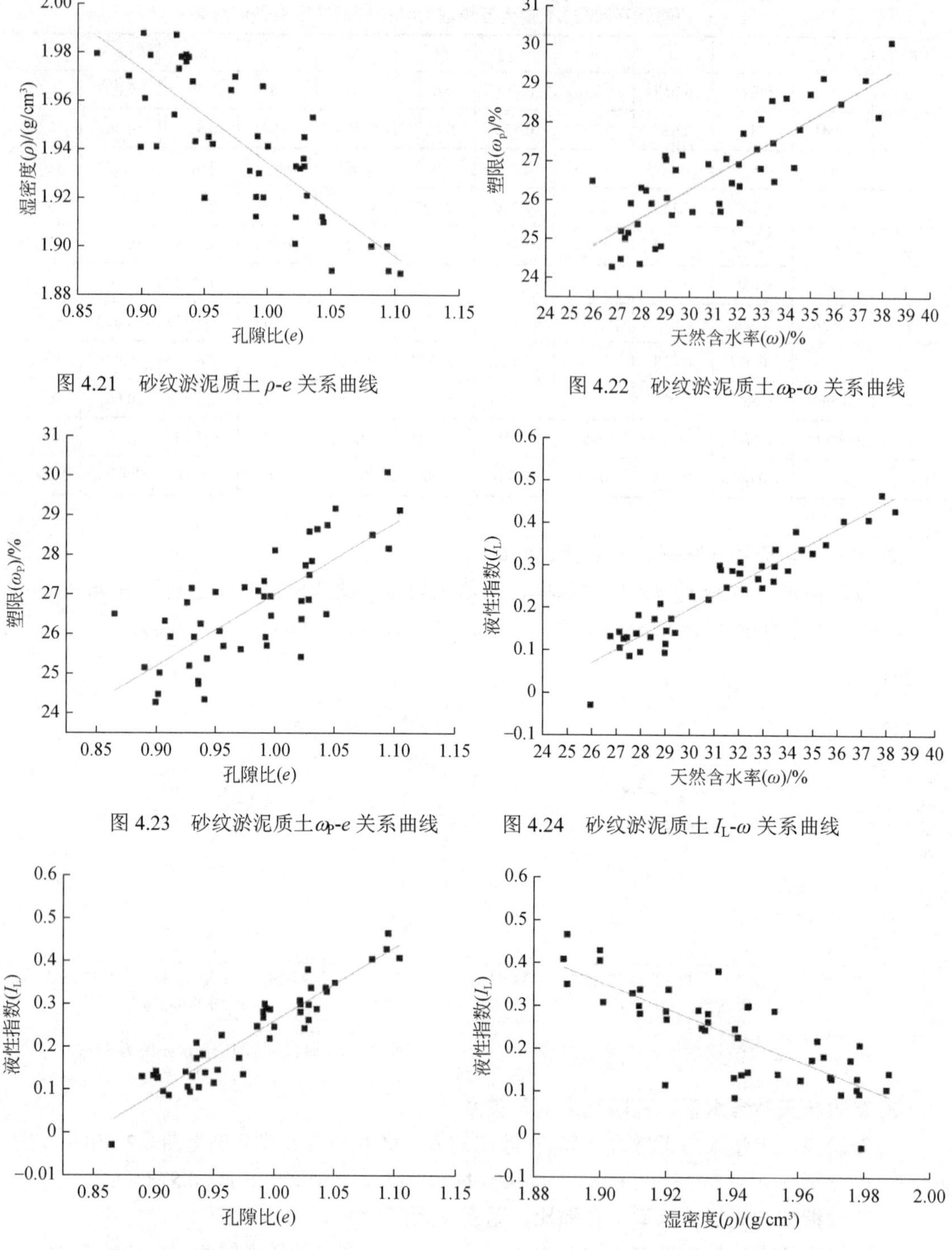

图 4.21　砂纹淤泥质土 ρ-e 关系曲线

图 4.22　砂纹淤泥质土 ω_P-ω 关系曲线

图 4.23　砂纹淤泥质土 ω_P-e 关系曲线

图 4.24　砂纹淤泥质土 I_L-ω 关系曲线

图 4.25　砂纹淤泥质土 I_L-e 关系曲线

图 4.26　砂纹淤泥质土 I_L-ρ 关系曲线

5. 压缩系数与天然含水率、孔隙比、压缩模量之间的关系

砂纹淤泥质土压缩系数与天然含水率、孔隙比、压缩模量的散点图和拟合曲线见图

4.27～图 4.29，回归方程分别为 $\omega=-2.178+39.664a_v$、$e=1.349+0.752a_v$、$E_s=3.977-1.916a_v$，$R^2=0.599$、$R^2=0.587$、$R^2=0.858$。

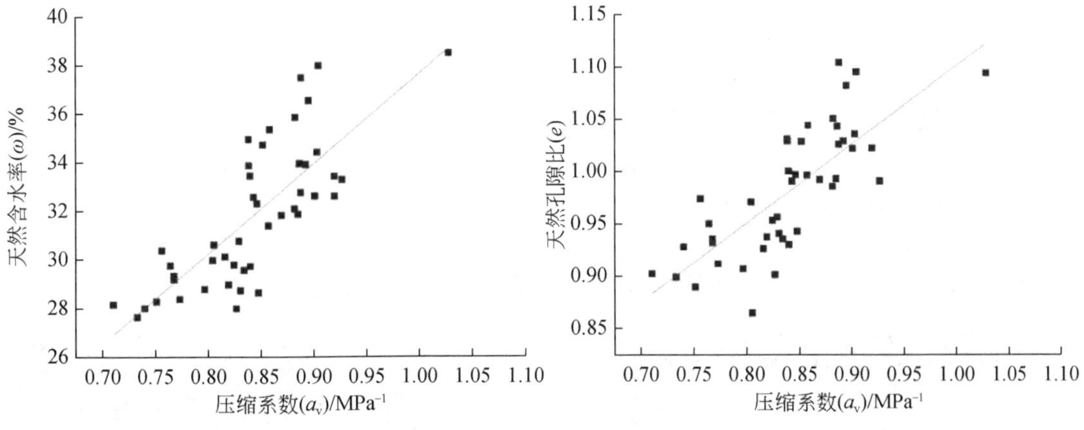

图 4.27　砂纹淤泥质土 a_v-ω 关系曲线　　图 4.28　砂纹淤泥质土 a_v-e 关系曲线

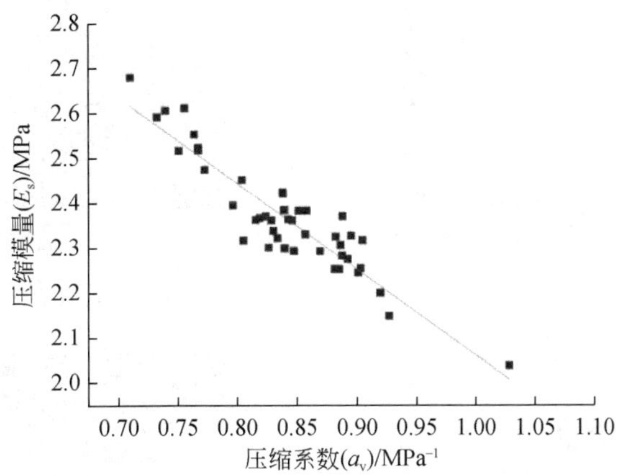

图 4.29　砂纹淤泥质土 a_v-E_s 关系曲线

4.1.6　砂纹淤泥质土土性指标不同试验方法间相关性分析

4.1.6.1　固结指标

对软土地基进行处理和变形分析时固结指标是需要考虑的一个重要参数，目前主要是通过室内标准固结试验测定固结系数，但在现场取样和室内制样过程中会对试样产生较大扰动，特别是对于夹砂土层影响颇大，导致所求得的固结系数与实际值存在较大差距，并且试验周期相对长。从 20 世纪 80 年代开始，由于孔压静力触探（CPTU）具有快速有效、测试结果准确等优点，被广泛地应用于测定软土固结系数。本书对砂纹淤泥质土进行了现场孔压静力触探试验，同时结合室内标准固结试验，研究两种试验方法所求取的固结系数之间的相关性。

4.1.6.1.1　CPTU 试验设备和试验过程

1. 试验设备

（1）数据采集仪：用于记录测量探头所受到的各种阻力（图 4.30、图 4.31）。

（2）贯入系统：包括触探主机和反力装置，贯入力一般不超过 20kN。二者共同承担了将探头压入土中的功能，触探主机借助探杆将装在其底端的探头压入土中，反力装置则在贯入探头的过程中为主机提供所需要的反力（图 4.32）。

（3）孔压静力触探头：包括摩擦筒、锥头、透水滤器三个部分；采用顶角为 60°、底面积为 $10cm^2$、侧壁摩擦筒表面积为 $150cm^2$ 的探头，可测锥尖阻力、侧壁摩擦阻力、孔隙水压力（图 4.33）。

（4）其他设备：与静力触探配套的探杆、电缆、角机等设备。

图 4.30　CPTU 数据采集仪

图 4.31　CPTU 试验数据记录过程

图 4.32　CPTU 贯入系统

图 4.33　CPTU 探头

2. 试验过程

1）探头饱和

为防止土粒进入透水滤器微孔堵塞渗水通道，保证探头拿在手里或经过不饱和土层时透水滤器不至于进空气，影响测试结果的准确程度，必须保持探头的饱水状态。若达不到饱和，测量孔压时会有一部分孔隙水压力在传递过程中消耗在压缩空气上，因而严重影响孔隙水压力的最大值及消散时间，使所测到的孔隙水压力值比实际的小且滞后。使探头达到饱和状态的方法为真空排气法，对充有水的透水滤器及空腔施加真空，同时施加振动，从而达到排气的目的，真空抽气正常需连续抽气 12h 左右。

2）野外操作

①根据地层情况和反力大小选择地锚，下锚深度为 1～1.5m，一般地层每根锚可提供 10～20kN 的反力，下锚 2～4 根；②将触探机就位，调平机座，使贯入压力保持竖直方向，贯入速率控制在 1～2cm/s；③孔压消散试验时，以连续 2h 内孔压值不变为稳定标准，一般当固结度达 60%～70%时，即可终止消散试验；④将探头拔出地面后，对探头进行检查、清理，当移位于第二个触探孔时，应对孔压探头的应变腔和滤水器重新进行脱气处理。

3）注意事项

遇下列情况之一时，应停止贯入：①触探主机负荷达到其额定荷载的 120%时；②贯入时探杆出现明显弯曲；③反力装置失效；④探头负荷达到额定荷载时；⑤记录仪器显示异常。

4.1.6.1.2　试验结果分析

为了研究砂纹淤泥质土孔压静力触探固结系数（C_h）的特点，另选取洞庭湖淤泥质粉质黏土、黏土作为对比，对三种土样进行孔压静力触探消散试验，选取有代表性的数据列于表 4.9 中，同一深度如有多个 C_h，则取其平均值，三种土样的 C_h 随深度的变化规律见图 4.35。

从表 4.6 和图 4.34 中可知，砂纹淤泥质土 C_h 随试验深度变化不大，平均值为 $130.043\times10^{-3}cm^2/s$，变化范围为 113.542×10^{-3}～$153.028\times10^{-3}cm^2/s$，而淤泥质粉质黏土和黏土 C_h 随深度分布相对于砂纹淤泥质土更加离散，其 C_h 平均值分别为 $67.614\times10^{-3}cm^2/s$ 和 $75.2145\times10^{-3}cm^2/s$。孔压静力触探试验结果进一步验证了砂纹淤泥质土中微薄层粉细砂对土体固结的影响，将为洞庭湖地区地基处理和施工提供准确的数据。

表 4.6　洞庭湖南部腹地三类土体 C_h 随试验深度变化规律表

土体类型	试验深度/m	$C_h/(10^{-3}cm^2/s)$
淤泥质粉质黏土	3	93.267
	5	82.485
	6	24.636
	7	79.649
	8	58.033
黏土	11	274.891
	12	6.255
	14	20.976
	15	37.575
	16	21.762
	18	89.828

续表

土体类型	试验深度/m	$C_h/(10^{-3}cm^2/s)$
砂纹淤泥质土	19	137.446
	20	113.542
	21	121.672
	22	137.446
	23	117.124
	24	153.028

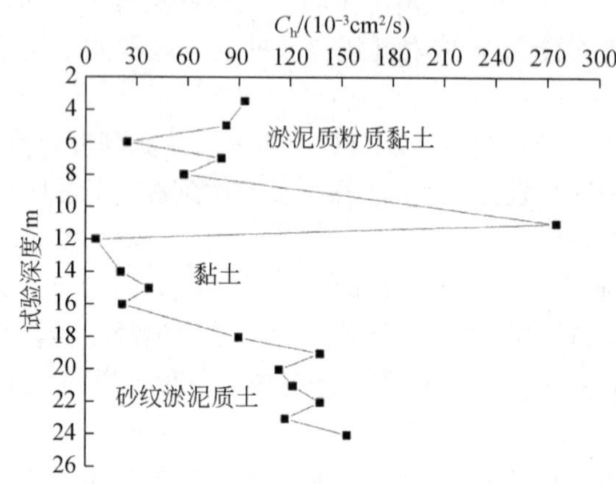

图 4.34　洞庭湖南部腹地三类土体 C_h 随试验深度变化曲线

本节采用式（4.6）和式（4.7）分别计算 CPTU 的 C_h 和室内标准固结试验的 C_v，C_v 选取上覆土层所对应的垂直固结系数，并研究两者之间的相关性，统计分析的结果见图 4.35 及表 4.7，回归方程为 $C_v=0.104+0.00975C_h$，$R^2=0.9055$，表明 C_v 和 C_h 具有明显的线性关系，且拟合程度较高。

$$C_h=\frac{T_{50}}{t_{50}}\cdot r_0^2 \tag{4.6}$$

式中，T_{50} 为孔压消散 50%的时间因子；t_{50} 为孔压消散 50%的时间，s；r_0 为探头半径。

$$C_v=\frac{T_vH^2}{t}=\frac{0.848}{t_{90}}H^2 \tag{4.7}$$

式中，T_v 为时间因子；t_{90} 为土样固结度达 90%所需时间，s；H 为土样垂直厚度。

从表 4.10 中可知，C_h 约为 C_v 的 100 倍，分析产生这种差异的原因主要有以下几点：①室内标准固结试验在取样和运输时受到扰动，且采用的是小样品，不能正确反映宏观特征；②两种试验方法计算固结系数的公式不一样，分别选取了土样固结度达到 50%和 90%所需时间；③室内标准固结试验时土样由于受到侧限，只能测得垂直向固结系数，而 CPTU 则可以测得水平向固结系数，并且砂纹的存在使得 C_h 远远大于 C_v。通过以上分析，CPTU 得到的固结系数更加准确，且更加节省时间，但是成本更高，可先进行室内试验，再采用经验公式分析论证原位土体的土性指标。本次试验所求得 CPTU 和室内标准固结试验的相关性公式具有地域特点，如在其他地方使用需进一步积累资料，并进行相关验证使之优化。

表 4.7　砂纹淤泥质土不同试验方法间固结系数

孔压静力触探固结系数（C_h）/($10^{-3}cm^2/s$)	室内标准固结试验固结系数（C_v）/($10^{-3}cm^2/s$)
100.441	1.1
113.542	1.166
137.4455	1.256
121.6719	1.321
117.1244	1.332
137.4455	1.463
168.4816	1.869
190.1628	1.92

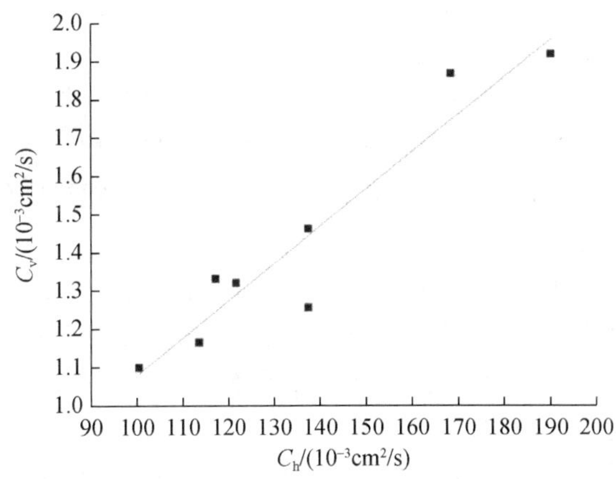

图 4.35　砂纹淤泥质土 C_v-C_h 关系曲线

4.1.6.2　渗透指标

目前，渗透系数的测定方法一般分为两种，一种是通过室内渗透试验确定，该方法的优点在于可较好地在试验过程中定义边界条件，但试样易受扰动且应力释放严重，试样尺寸小导致土体的非均质性无法完全体现；另一种方法是现场原位测试，可以较真实的反映土体的宏观与微观结构，但试验时边界条件又不太好控制。因此，本书针对洞庭湖砂纹淤泥质土的渗透特性，分别对其进行室内渗透试验、孔压静力触探和现场注水试验，研究不同试验方法间渗透系数的相关性。

4.1.6.2.1　现场钻孔降水头注水试验

由于砂纹淤泥质土位于洞庭湖地下水位以下且渗透系数较小，因此采用钻孔降水头注水试验（图 4.36），其主要设备包括秒表、栓塞、水泵和电测水位计（图 4.37），试验过程如下。

图 4.36　钻孔降水头注水试验

图 4.37　电测水位计

（1）用钻机造孔，至预定深度下套管，严禁使用泥浆钻进。孔底沉淀物厚度不得大于10cm，同时要防止试验土层被扰动。

（2）在进行注水试验前，进行地下水位观测，作为压力计算零线的依据。水位观测间隔为 5min，当连续两次观测数据变幅小于 5cm/min 时，即可结束水位观测。

（3）试段隔离后，向套管内注入清水，应使管中水位高出地下水位一定高度（初始水头值）或至套管顶部后，停止供水，开始记录管内水位高度随时间的变化。

（4）管内水位下降速度观测应符合下列规定：

①量测管中水位下降速度，开始间隔为 5min 观测五次，然后间隔为 10min 观测三次，最后根据水头下降速度决定观测间隔，一般可按 30min 间隔进行；

②应在现场，采用半对数坐标纸绘制水头下降比与时间［$\ln(h_t/h_0)$-t］的关系曲线。当水头比与时间关系呈直线时说明试验正确；

③当试验水头下降到初始试验水头的 0.3 倍或连续观测点达到 10 个以上时，即可结束试验。

（5）根据注水试验的边界条件和套管中水位下降速度与延续时间的关系，采用式（4.8）计算试验土层的渗透系数：

$$k = \frac{\pi r^2}{A} \frac{\ln(h_t / h_0)}{t_2 - t_1} \tag{4.8}$$

式中，h_1 是在时间 t_1 时的试验水头，cm；h_2 是在时间 t_2 时的试验水头，cm；r 是套管内径，cm；A 为形状系数，cm。

4.1.6.2.2　孔压静力触探和室内渗透试验

在孔压静力触探贯入停止时，探头可以量测到超孔隙水压力的消散过程，通过分析超孔隙水压力随时间的变化规律，估算砂纹淤泥质土的渗透性能。试验设备和过程与 4.1.6.1.1 节相同，根据孔压静力触探试验结果，采用经验公式计算砂纹淤泥质土的水平渗透系数：

$$k_{\text{h孔压}} = (251 t_{50})^{-1.25} \tag{4.9}$$

式中，$k_{\text{h孔压}}$ 为孔压静力触探水平向渗透系数，cm/s；t_{50} 为土样固结度达 50%所需时间，s。

室内渗透试验采用 4.1.3 节中的公式和计算结果，由于采用孔压静力触探对砂纹淤泥质土进行了八组试验，室内渗透试验和现场注水试验也需与之相对应，才能更好地讨论不同试验方法间的联系。

4.1.6.2.3　试验结果分析

从表 4.8 中可以看出，现场注水试验得到的渗透系数最大，数量级集中于 10^{-4}～10^{-3}cm/s，平均值为 1.618×10^{-3}cm/s；孔压静力触探测定的 $k_{h孔压}$ 值变化较大，从 7.85×10^{-7}cm/s 到 2.699×10^{-5}cm/s，相差了两个数量级，其平均值为 9.908×10^{-6}cm/s，可能是由于采用了经验公式进行计算，造成计算结果产生较大偏差。通过室内渗透试验分别得到了垂直向渗透系数和水平向渗透系数，垂直向渗透系数相对偏小，仅为 3.352×10^{-7}cm/s，而水平渗透系数的结果与孔压静力触探相近，平均值为 1.213×10^{-5}cm/s，但其变化没有孔压静力触探结果离散，这是因为室内试验较好地定义了边界条件，使计算结果更加平均，并且由于砂纹淤泥质土垂直向和水平向分别主要为淤泥质土和粉细砂，直接导致了 k_v 和 k_h 之间的差异。

表 4.8　砂纹淤泥质土不同试验方法间渗透系数

现场注水试验渗透系数（k）/(10^{-4}cm/s)	孔压静力触探水平向渗透系数（$k_{h孔压}$）/(10^{-7}cm/s)	室内渗透试验	
		k_v/(10^{-7}cm/s)	k_h/(10^{-7}cm/s)
2.21	7.85	0.97	73.24
5.14	10.54	1.04	98.87
5.35	71.68	1.31	103.14
9.17	83.55	4.22	109.75
11.96	106.09	4.68	116.64
12.51	106.09	4.73	121.32
23.83	136.83	4.79	131.58
59.27	269.97	5.08	215.83

通过数据分析软件 Origin 对三种试验方法所求得的渗透系数进行相关性分析，统计分析的结果见图 4.38，孔压静力触探水平向渗透系数、室内渗透试验水平向渗透系数、室内渗透试验垂直向渗透系数与现场注水试验渗透系数间的回归方程分别为 $k_{h孔压}=30.795+0.004k$、$k_h=85.553+0.002k$、$k_v=2.356+0.00006k$，$R^2=0.88777$、$R^2=0.95458$、$R^2=0.26925$；室内渗透试验水平向渗透系数、室内渗透试验垂直向渗透系数与孔压静力触探水平向渗透系数间回归方程分别为 $k_h=75.552+0.492k_{h孔压}$、$k_v=1.629+0.017k_{h孔压}$，$R^2=0.92915$、$R^2=0.51904$；室内渗透试验 k_v 和 k_h 之间的回归方程为 $k_v=-0.239+0.02961k_h$，$R^2=0.34517$。从分析结果可知，大部分参数之间拟合程度较高，但室内渗透试验垂直向渗透系数（k_v）与现场注水试验渗透系数（k）、孔压静力触探水平向渗透系数（$k_{h孔压}$）拟合程度并不高，在使用时应增加更多数据对公式进行补充和完善，以期达到通过室内渗透试验即可得到原位土体的渗透系数。

4.1.6.3　强度指标

土体强度特性是衡量其承载能力的一项重要指标，其中抗剪强度指标取值往往关系建筑物和构筑物建设时的安全。洞庭湖由于长期受地壳升降、气候、流水、泥沙淤积等因素的影响，其淤泥质土中夹有微薄层粉细砂，常规的直剪试验难以准确得到砂纹淤泥质土的抗剪强度，因此本书通过室内三轴试验、现场十字板剪切试验和孔压静力触探估算的结果，研究该类土的抗剪强度，为地基处理方案选择提供数据。

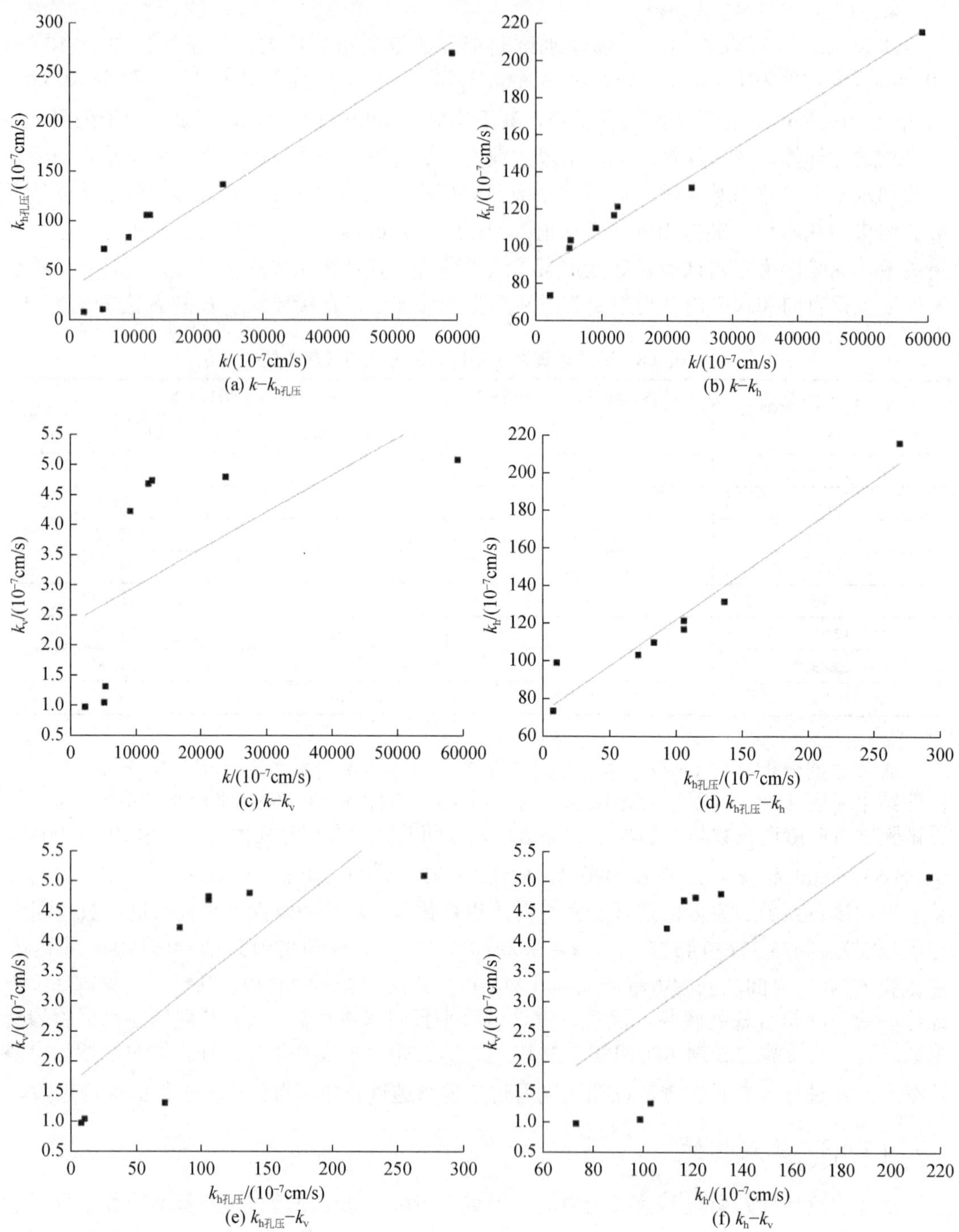

图 4.38 砂纹淤泥质土不同试验方法间渗透系数关系曲线

4.1.6.3.1　十字板剪切试验

十字板剪切试验是以一定的速率旋转插入软黏土中的十字板头，将测得的土的抵抗力矩换算为其抗剪强度，相当于内摩擦角为 0 时的黏聚力值；十字板剪切试验按力的传递方式分为电测式和机械式两类，本节现场试验所采用的是电测式，操作方便，试验时对土的结构扰动较小，所测定饱和软黏土的不排水总强度较真实可靠。

十字板剪切试验除了十字板头（图 4.39）和数据采集器（图 4.40）与孔压静力触探不同之外，其他的设备大致相同（图 4.41）。当准备工作完成后，顺时针方向转动扭力装置上的手摇柄（图 4.42），当量测仪表读数开始增大时，即开动秒表，以 0.1°/s 的速率旋转钻杆。每转测 1°记读数一次，应在 2min 内测得峰值。当读数出现峰值或稳定值后，再继续旋转 1min，测记峰值或稳定值作为原状土剪切破坏时的读数。当需要测记重塑土剪切破坏的读数时，松开钻杆夹具，用板手或管钳快速将钻杆顺时针方向旋转六圈，使十字板头周围的土充分扰动后，立即拧紧钻杆夹具，测记重塑土剪切破坏的读数，重塑土的抗剪强度试验视工程需要而定，一般情况下可酌情减少试验次数。

图 4.39　十字板头

图 4.40　数据采集器

图 4.41　十字板剪切试验设备

图 4.42　十字板剪切试验过程

本节假设十字板剪切试验过程中，土体产生圆柱状减损破坏面，且该圆柱面的上、下及侧面的抗剪强度值均相等。十字板试验抗剪强度值计算公式如下。

$$C_u = 10K'\xi R_y \tag{4.10}$$

$$C_u' = 10K'\xi R_e \tag{4.11}$$

$$K' = \frac{2}{\pi D^2 H\left(1+\dfrac{D}{3H}\right)} \tag{4.12}$$

$$S_t = C_u / C_u' \tag{4.13}$$

式中，C_u为不排水抗剪强度，kPa；C_u'为重塑土不排水抗剪强度，kPa；D为试验时十字板头直径，cm；H为试验时十字板头高度，cm；ξ为传感器率定系数，N（cm/με）；R_y为原状软土受剪切破坏时量测表的读数，με；R_e为重塑软土受剪切破坏时量测表的读数，με；K'为与试验时十字板头尺寸有关的常数，cm^{-3}；S_t为土体灵敏度。

4.1.6.3.2 静力触探和十字板剪切试验

不排水抗剪强度是反映软土特性的一个重要指标，目前工程上常用的测定不排水抗剪强度的方法有室内的快速直剪试验、三轴不固结不排水剪切试验、无侧限抗压试验，以及现场原位测试（如十字板剪切试验、扁铲侧胀试验）等。但软土层在采取土样过程中易受扰动，破坏了土的结构和原始应力，十字板剪切试验有试验深度浅、可重复性不高、离散性较大等缺点。考虑到静力触探相对应的优势，有必要建立静力触探锥尖阻力与十字板剪切试验不排水抗剪强度的估算关系。

根据《铁路工程地质原位测试规程》（TB 10018—2003），不排水抗剪强度（C_u）可按下式估算。

$$C_u=0.04p_s+2 \tag{4.14}$$

式中，$p_s=1.1q_c$，p_s为静力触探贯入阻力，q_c为静力触探锥尖阻力。

以南益路砂纹淤泥质土为研究对象，十字板孔与静力触探孔对应布设，一般偏离静力触探孔 5m。统计十字板孔与对比静力触探同一深度条件下的软土十字板试验的不排水抗剪强度及对应的静力触探锥尖阻力，然后汇总这些十字板试验的不排水抗剪强度和静力触探锥尖阻力。其后将各个工点相应的砂纹淤泥质土的指标汇总统计，得到南益软土地区软土不排水抗剪强度与静力触探数据的统计数据。

十字板试验的不排水抗剪强度（C_u）可按下式取值。

$$C_u=0.9S_u \tag{4.15}$$

式中，S_u为十字板试验的不排水抗剪强度。

本次统计中发现数据组异常的，如淤泥质粉质黏土不排水抗剪强度很大的数据，根据实际情况，将其判断为过度异常，进行人工剔除，同时大多数数据可能由于各种原因而存在误差，可以认为在大样本统计中，对统计结果影响不大，保留参加统计。

对南益路砂纹淤泥质土的试验结果进行统计并绘出不排水抗剪强度与静力触探锥尖阻力关系图，如图 4.43 所示。

南益路砂纹淤泥质土的不排水抗剪强度与静力触探锥尖阻力的回归方程

$$C_u=0.059q_c+5.0024 \tag{4.16}$$

$R^2=0.8091$。

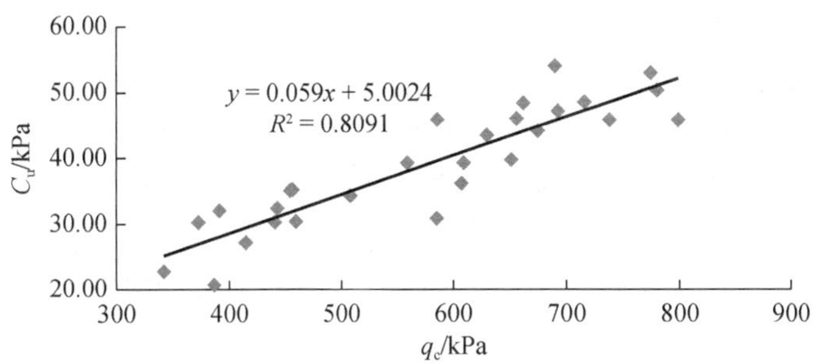

图 4.43　南益路砂纹淤泥质土不排水抗剪强度与静力触探锥尖阻力关系图

此回归方程与《铁路工程地质原位测试规程》（TB 10018—2003）提出的估算式（4.14）相比有一定的差距。

对于南益路砂纹淤泥质土来说，C_u估算值和规范估算值相差较大，具体原因是规范统计样本采用的是连云港软土和金温线软土，两种软土的性质有较大的区别，连云港软土和金温线软土属于海相沉积，具有低渗透性和高压缩性，固结速度慢、十字板强度低，而南益路软土属河湖相沉积，具有砂纹结构，相对海相沉积的软土来说，渗透性和压缩性要高一些，十字板强度也会高；这正是要对南益路砂纹淤泥质土的特性进行研究的原因。

南益路砂纹淤泥质土的排水抗剪强度与静力触探锥尖阻力的回归方程相关系数大，相关性较好，具有较好的统计意义，其回归方程可作为采用静力触探锥尖阻力估算不排水抗剪强度的公式。

4.1.6.3.3　孔压静力触探和室内三轴试验

上节通过静力触探试验求取饱和软黏土的不排水抗剪强度（C_u）时，利用静力触探成果与十字板剪切试验成果进行对比，建立 p_s和 C_u之间的相关关系，以求得 C_u。本节利用《铁路工程地质原位测试规程》（TB 10018—2003）规定对灵敏度S_t = 2～7、塑性指数I_P = 12～40 的轻黏土的不排水抗剪强度（C_u）按下式计算。

$$C_u = 0.9(p_s - \sigma_{v0}) / N_k \tag{4.17}$$

$$N_k = 25.81 - 0.75 S_t - 2.25 \ln I_P \tag{4.18}$$

式中，σ_{v0}为自重压力。

室内抗剪强度采用 4.1.4 节中固结不排水三轴试验的 c'和 φ'，并与现场十字板剪切和孔压静力触探得到的数据进行对比。

$$\tau' = c' + \sigma \tan\varphi' \tag{4.19}$$

式中，τ'为 CU 条件下土体的有效抗剪强度，kPa；c'为 CU 条件下土体的有效黏聚力，kPa；φ'为 CU 条件下土体的有效内摩擦角，(°)；σ 为作用在剪切面上的法向应力，kPa。

4.1.6.3.4　试验结果分析

从表 4.9 中可知，孔压静力触探试验不排水抗剪强度、十字板剪切试验不排水抗剪强度和室内三轴试验有效抗剪强度分别为 25.1～122.4kPa、20.3～120.6kPa 和 29.5～79.5kPa，平均值分别为 69.85kPa、61.775kPa 和 52.94kPa。数据显示现场原位测试得到的结果要大于室内试验，分析其原因主要有以下几点：①由于饱和软黏性具有强度低、灵敏度高等特点，即使采用薄壁取土器取样，也会对软土的天然结构产生影响，加之不易控制运输和切样过程，将对土体结构进行第二次扰动，导致土样在应力释放和再压缩条件下取得的强度指标失真，即室内三轴试验的指标一般低于现场原位测试；②十字板剪切试验时，其破坏面为带状，此时应力非均匀分布导致局部应力集中，且十字板厚度、间歇时间和扭住速率等也会使十字板抗剪强度试验值偏大；③试样中所含物质不同，现场试验时砂纹淤泥质土中不仅夹有粉细砂，同时还可能存在贝壳等物质，而室内三轴试验一般会根据土质情况，剔除包含物和较不均匀的土样，选取包含物相对单一的土样，因此现场原位测试得到的抗剪强度要大于室内三轴试验；④孔压静力触探的试验值是在十字板剪切试验的基础上通过经验公式估算得到，其抗剪强度理论上会随十字板剪切试验的结果而变化。

表 4.9　砂纹淤泥质土不同试验方法抗剪强度对比表

十字板剪切试验 $C_{u十字}$/kPa	孔压静力触探 $C_{u孔压}$/kPa	室内三轴试验 τ'/kPa
20.3	25.1	29.5
27.6	38.9	33.5
36.2	41.4	40.3
45.7	49.6	44.2
61.2	60.4	50.5
80.1	100.4	72.1
102.5	120.6	73.9
120.6	122.4	79.5

通过数据分析软件 Origin 对十字板剪切试验、孔压静力触探试验和室内三轴试验等方法所求得的抗剪强度进行相关性分析，统计分析的结果见图 4.44，孔压静力触探不排水抗剪强度、室内三轴试验有效抗剪强度与十字板剪切试验不排水抗剪强度的回归方程分别为 $C_{u孔压}$=5.175+1.047$C_{u十字}$、τ' =20.442+0.536$C_{u十字}$，R^2 =0.95633、R^2=0.94772；室内三轴试验有效抗剪强度与孔压静力触探不排水抗剪强度回归方程分别为 τ'=18.11+0.498$C_{u孔压}$，

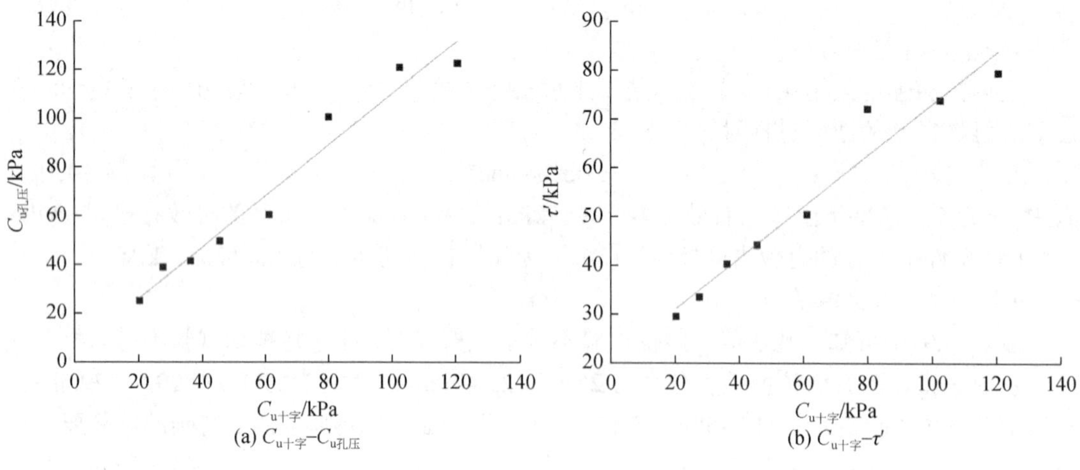

(a) $C_{u十字}$–$C_{u孔压}$　　(b) $C_{u十字}$–τ'

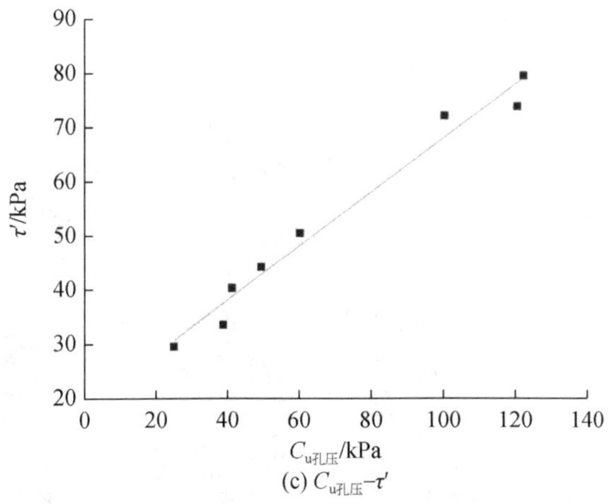

(c) $C_{u孔压}$–τ'

图 4.44　砂纹淤泥质土不同试验方法间强度指标关系曲线

R^2=0.97339。从分析结果可知，不同试验方法间强度指标的相关性要高于渗透指标，决定系数都在 0.9 以上，证明拟合程度较高，如需使用以上经验公式，应尽可能根据地域情况增加更多数据对其进行补充和完善。

4.2　微观结构研究

21 世纪，土力学的核心问题是研究土体结构的数学模型。因此，分析软土固结过程中的微观结构变化，不仅可以解释宏观的工程现象，而且还可以掌握土体变形的本质，从而更好地探讨软土本构模型。本章利用 X 射线微区衍射试验得到洞庭湖砂纹淤泥质土的矿物成分，同时结合固结试验和渗透试验以及扫描电子显微镜观测，从微观层面研究砂纹淤泥质土宏观变化特征。

4.2.1　微观试验方法

4.2.1.1　X 射线微区衍射试验

分别选取洞庭湖的粉质黏土、淤泥质粉质黏土、黏土、砂纹淤泥质土、粉细砂作为 X 射线微区衍射试验的研究对象，并对五类土体的矿物成分进行定量分析。

试验仪器为日本理学公司 D/max Rapid II 型 X 射线微区衍射仪（图 4.45），可以测量无法成型的微小、微量、薄膜、液体等样品。该仪器主要包括以下部分：

（1）18kW 转靶 X 射线发生器；

（2）X 射线聚焦准直系统（10～100μm）；

（3）二轴测角系统（phi：360°，omega：−15°～150°）；

（4）高灵敏度 X 光子成像板（圆柱形 IP 尺寸：470mm×256mm，IP 像素：4700×2560，相机直径：127.4mm）；

（5）样品定位系统（CCD 摄像头：30~~240 倍率）；

（6）冷却循环水（众合 12kW）；

（7）仪器控制系统（控制柜及 RINT XRD 控制软件）。

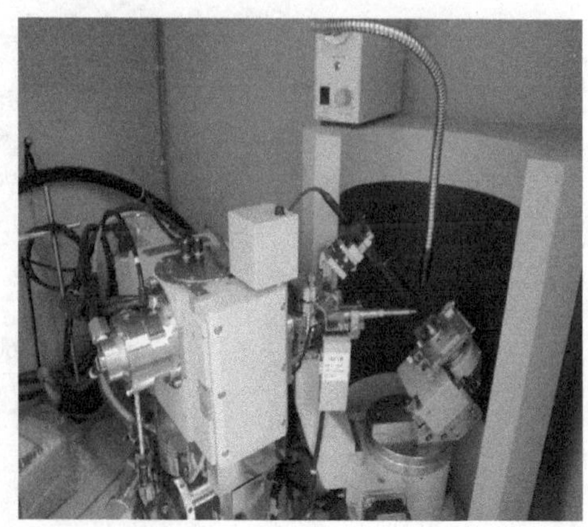

图 4.45　X 射线微区衍射仪构成

1. 试验原理

原子按照一定规则排列组成晶胞，当 X 射线与矿物中的晶胞相遇时会形成衍射现象，这是由于入射的 X 射线衍射与规则排列原子间的距离具有相同的数量级，并且由于不同原子散射的 X 射线相互干扰，造成某一方向上产生较强的 X 射线衍射，而这些衍射的分布方位和强度又与晶体结构有关。因此，X 射线微区衍射可以获得元素存在的化合物状态、原子间相互结合的方式，从而对本节中五类土体的物相进行鉴定。衍射线空间方位与晶体结构的关系可用布拉格（W. L. Bragg）方程表示。

$$2d\sin\theta = n\lambda \tag{4.20}$$

式中，λ 为 X 射线的波长，kPa/0.01mm；θ 为衍射角，0.01mm；d 为结晶面间隔，0.01mm；n 为整数。

满足布拉格方程的晶面（hkl）在成像板上形成的衍射斑点的像素坐标 X_p 和 Y_p 与该晶面 X 射线入射角（θ）及晶面方位角（β）的几何关系为

$$\tan\beta = Y/[R\mathrm{sqrt}(2[1-\cos(X/R)])] \tag{4.21}$$

$$\cos 2\theta = [2R^2+(1-1/\tan 2\beta)Y^2]/[2R\mathrm{sqrt}(Y^2+R^2)] \tag{4.22}$$

式中，R 为圆柱成像板的直径，127.4mm；

$$X=(X_p-335)/10,\quad Y=(Y_p-1285)/10 \tag{4.23}$$

单晶体样品在成像板上形成孤立的斑点，多晶样品形成断续分布的斑点，粉末样品在成像板上形成连续的环（德拜环），可将其转换为常见的 2θ-I-衍射曲线，并进行寻峰和物相匹配分析。

2. 试样制备

对于粉末样品，通常要求其颗粒的平均粒径控制在 0.05mm 左右，即过 300 目的筛子，还要求试样无择优取向。因此，通常应用玛瑙研钵对待测样品进行充分研磨后使用。对于块状样品应切割出合适的大小，即不超过铝制样品架的矩形孔洞的尺寸，另外还要用砂轮和砂纸将其测试面磨得平整光滑。按照试验设备要求，制成符合的块状或粉末状土样，进行 X 射线微区衍射试验。

3. 物相检索

由于每种矿物晶体存在唯一的 X 射线衍射现象，且其对应特征不会因为与多种物质混合而发生改变，学者利用该原理对物相进行分析。通过研究各种标准单相物质的衍射花样，然后将试验结果标准化，在分析待鉴定的物质时，可利用标准化的衍射花样与其的对应关系，对物相进行定性分析。当得到物质各个相后，根据各相花样的强度正比于各组分存在的量，从而定量分析各种组分。目前采用的方法是利用 MDI Jade 软件在计算机上进行粉末衍射数据（PDF 卡片）的自动检索，并判定唯一准确的 PDF 卡片。

4.2.1.2　扫描电子显微镜试验

扫描电镜（scanning electron microscope，SEM）是介于透射电镜和光学显微镜之间的一种微观性貌观察手段，可直接利用样品表面材料的物质性能进行微观成像。扫描电镜的优点是：①有较高的放大倍数，20～20 万倍之间连续可调；②有很大的景深，视野大，成像富有立体感，可直接观察各种试样凹凸不平表面的细微结构；③试样制备简单。因此，扫描电镜被广泛应用于研究软土微观结构。

本次试验采用的是 FEI 公司的 Quanta FEG 250 场发射扫描电子显微镜（图 4.46），高真空模式下分辨率为 1.0nm（30kV）和 3.0nm（1kV），低真空模式下分辨率为 1.4nm（30kV）和 3.0nm（3kV）；背散射电子成像模式下分辨率不足 2.5nm（30kV）；加速电压在 200V 至 30kV 范围内；最大电子束流可达 200nA；样品台移动范围为 $X=Y=50$mm。

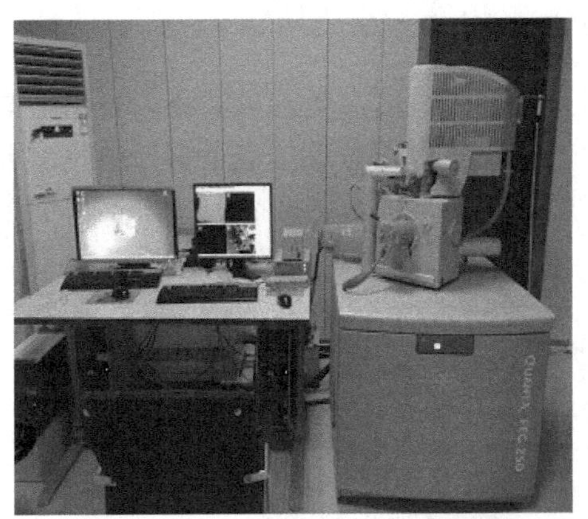

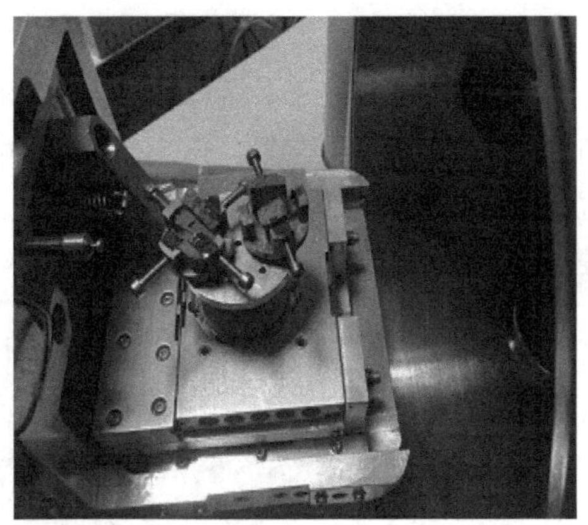

图 4.46　Quanta FEG 250 场发射扫描电子显微镜

1. 试验原理

扫描电子显微镜的制造依据是利用电子与物质的相互作用，即当一束极细的高能入射电子轰击扫描样品表面时，被激发的区域将产生二次电子、俄歇电子、特征 X 射线与连续谱 X 射线、背散射电子、透射电子，以及在可见、紫外、红外光区域产生的电磁辐射，同时可产生电子-空穴对、晶格振动（声子）、电子振荡（等离子体）。通过对这些信息的接受、放大和显示成像，获得试样表面形貌的观察结果。

2. 试验制备

（1）将原状土样和固结完成后的土样用涂有凡士林的钢丝锯切成 10mm×15mm× 10mm 的毛坯，再用双面刀片切掉毛坯四周 1.5mm 左右，根据试验方案用手小心地掰出水平向和竖直向的新鲜断面，得到一块较平整的天然结构面，用刀片把具有天然结构面的毛坯切成 4mm×8mm×4mm 左右的镜下观察样，小心放入铝盒并加以编号，最后将其放入保湿缸中养护一周以利于土结构的恢复。

（2）利用 Scientz-10ND 原位普通型（电加热）冷冻干燥机对试样进行冷冻干燥（图 4.47）。该试验仪器制冷迅速、冷阱温度低，采用 7 寸真彩触摸屏控制系统，功能强大，操作简单方便，升温曲线稳定平滑，系统可自动保存冻干数据，并能查看实时曲线和历史曲线，干燥室采用无色透明有机玻璃门，样品清晰直观，可观察冻干全过程。

图 4.47　Scientz-10ND 原位普通型冷冻干燥机

（3）由于软土试样不能导电，在观察图像时，会产生放电、电子束漂移、表面热损伤等现象，使图像无法聚焦。为了使试样表面导电，在试样表面蒸镀一层金的导电膜，镀膜后立即分析，以避免表面污染或导电膜脱落。一般形貌观察时，蒸镀小于 10nm 厚的金导电膜（图 4.48）。

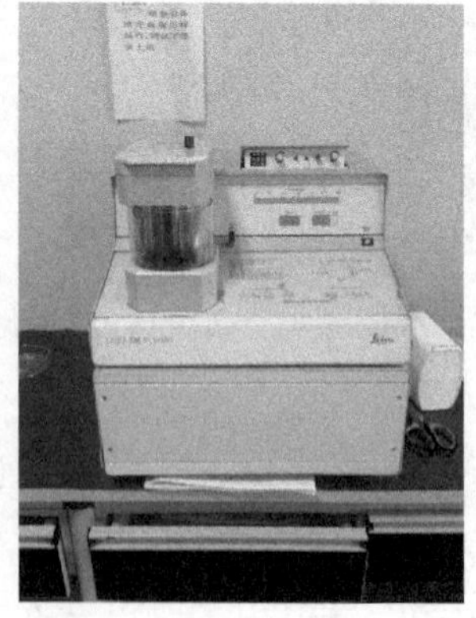

图 4.48　试样镀金导电膜

3. 试验过程

（1）首先分别对粉质黏土、淤泥质粉质黏土、黏土和砂纹淤泥质土进行不同固结压力（0kPa、25kPa、50kPa、100kPa、200kPa、300kPa、400kPa）下的固结试验，试验过程中采用慢速固结稳定的方法，即每隔 24h 加载，待土样变形完全稳定后再加下一级荷载。

（2）从水平方向和竖直方向切割固结完成后的试样，制成扫描电镜下的观察样，然后对其进行冷冻干燥，将冷冻干燥完成后的试样表面蒸镀一层导电膜，观察样放入显微镜样品室前先用橡皮球轻轻吹去浮动的颗粒，选取较平整的部位进行观察，样品室的温度控制在 5℃，电子显微镜的焦距控制在 6.5～8.5mm 范围以内，拍摄微观图片时先从高倍调节焦距并对中找到典型的结构单元体，再逐步降低放大倍数，从而保证图像的清晰度，最后选取 2000 倍和 5000 倍放大倍数进行分析。

4.2.2 砂纹淤泥质土矿物成分分析

研究表明，矿物成分对土体工程性质的影响是不容忽视的，然而目前的大量工程在其施工前期并未对土体进行微观层面的分析，以至于没有从本质上了解土体的宏观特征行为。倘若在施工前就对土体的矿物成分进行研究，以更充分、更完善的方式去了解土体的工程性质，这将为整个工程带来更大效益。

软土是三相体，由固相、液相和气相组成，而其中固相部分包含结晶质黏土矿物、非晶质黏土矿物、非黏土矿物、有机质以及盐类等，虽然土体中非黏土矿物含量要远远高于黏土矿物含量，但是软土的工程特征主要由黏土矿物决定，不同的矿物成分对土的变形、强度和渗透性的影响千差万别。本节分别对洞庭湖粉质黏土、淤泥质粉质黏土、黏土、砂纹淤泥质土和粉细砂的矿物成分进行 X 射线微区衍射试验，五类土体的具体数据见表 4.10，X 射线微区衍射图谱见图 4.49～图 4.53。

表 4.10 洞庭湖南部腹地五类土体矿物成分分析

土体	绿泥石含量/%	伊利石含量/%	石英含量/%	钠长石含量/%	方解石含量/%	白云石含量/%	赤铁矿含量/%	金红石含量/%
粉质黏土	7.7	24.6	42.6	6.6	10.6	4.5	3.4	—
淤泥质粉质黏土（安乡软土）	6.7	57.1	31.2	—	—	—	—	5
黏土	—	24.7	72.7	1.9	—	—	—	0.7
砂纹淤泥质土	7.6	28.9	63.5	—	—	—	—	—
粉细砂	—	20.1	77.6	—	—	—	—	2.3

从表 4.10 可知，洞庭湖南部腹地五类土体中伊利石和石英为主要的矿物成分，两种矿物成分所占的比例达到了 67.2%～97.7%，而其他矿物的含量则相对比较低，并且除了粉质黏土以外，其余四类土体中只含有 3～4 种矿物。洞庭湖砂纹淤泥质土中矿物成分为绿泥石 7.6%、伊利石 28.9%、石英 63.5%，其石英的含量要少于黏土和粉细砂的，多于淤泥质粉质黏土和粉质黏土的，伊利石的含量则少于淤泥质粉质黏土，多于另外三类土体，尽管绿泥石含量较少，但也在一定程度上决定了砂纹淤泥质土的工程特性。

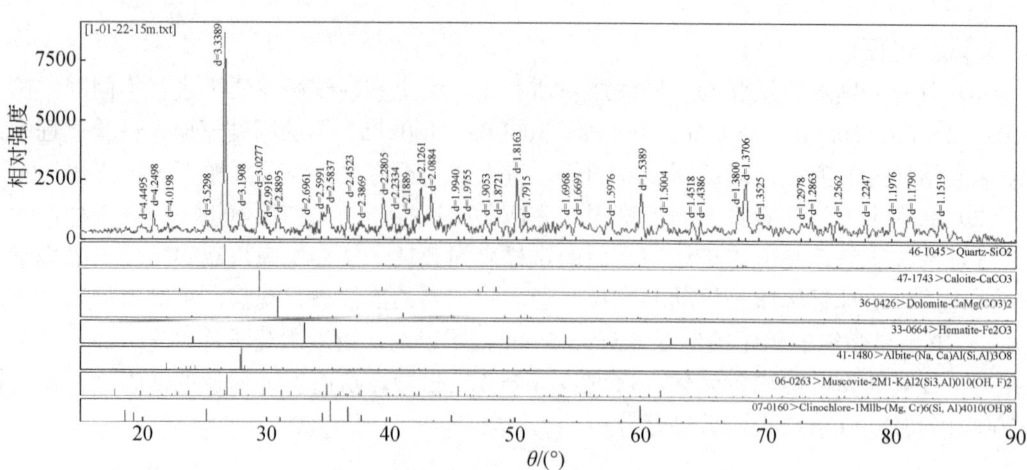

图 4.49 粉质黏土 X 射线微区衍射图谱

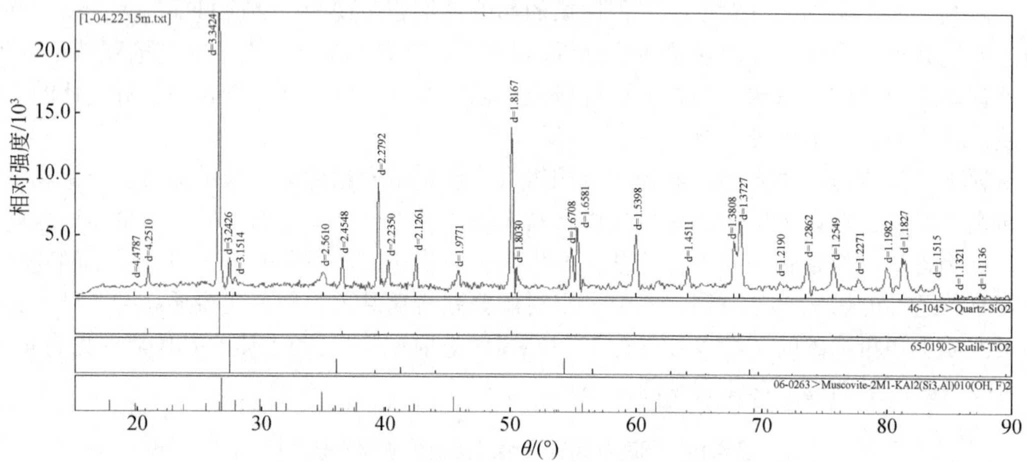

图 4.50 淤泥质粉质黏土 X 射线微区衍射图谱

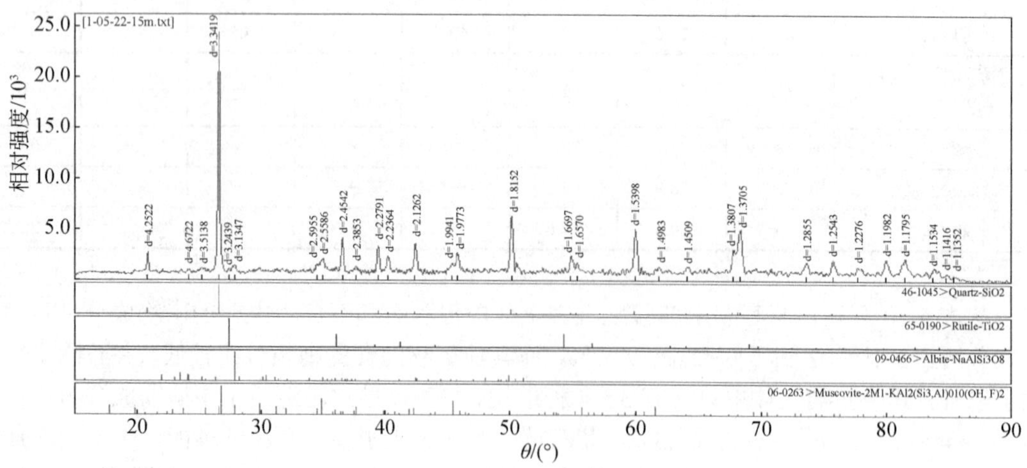

图 4.51 黏土 X 射线微区衍射图谱

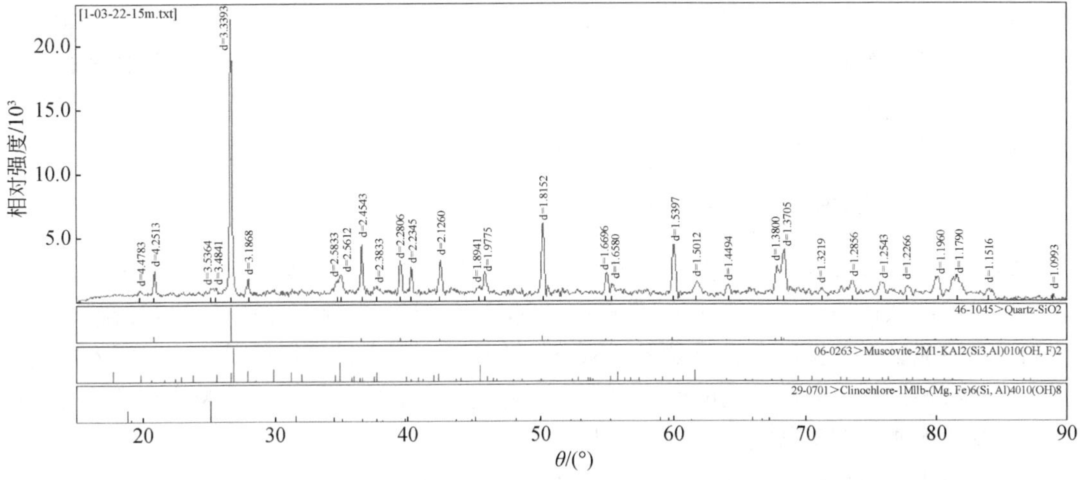

图 4.52　砂纹淤泥质土 X 射线微区衍射图谱

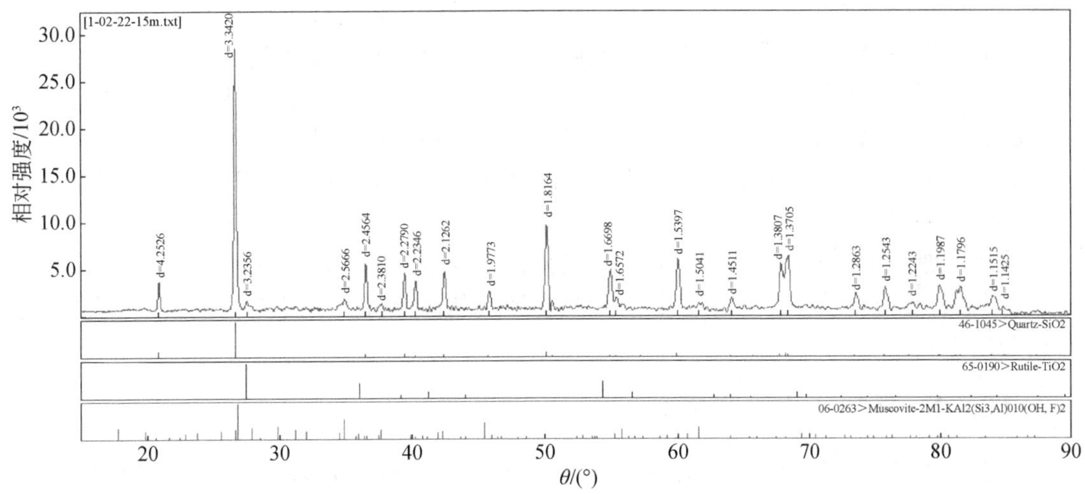

图 4.53　粉细砂 X 射线微区衍射图谱

结合 4.1 节的研究内容探讨矿物成分对砂纹淤泥质土工程特性的影响，通过物理力学试验可知，砂纹淤泥质土具有含水率高、液塑限小、塑性指数高，以及黏聚力低、内摩擦角高等特点。从矿物成分角度来分析，由于砂纹淤泥质土中夹有微薄层状的粉细砂，其主要成分是石英，属于非黏土矿物，由结合成螺旋式结构的硅氧四面体聚合群组成，具有很高的稳定性，该结构中无弱键结合的离子，因而具有很高的硬度，这些因素决定了石英具有很好的耐久性，且石英通常为粒状或针状，比表面积小，吸附结合水能力弱，结合水膜较薄，导致黏聚力较低，但由于颗粒之间的直接接触，又使得内摩擦角增加；而砂纹淤泥质土中黏土矿物主要是伊利石和绿泥石，伊利石是由硅氧晶片-水铝石晶片-硅氧晶片三层相间构成，每片硅氧晶片的所有四面体顶点都指向中心，并与八面体晶片中的离子共用，外比表面积为 65～100m^2/g，总比表面积高达 870m^2/g，物理力学性质介于高岭石和蒙脱石之间，从工程特性上表现为黏聚力高、内摩擦角低，与石英对抗剪强度的影响结果相反；

绿泥石则是由硅氧晶片与八面体晶体交替叠合而成，总比表面积高，力学性质与伊利石类似，当绿泥石含量越高，对应的天然含水率越大，液限越小、塑限越小、塑性指数越大，与物理力学试验得到的结果相符合。但是由于砂纹淤泥质土中石英的含量远远高于伊利石和绿泥石，使得其力学性质在总体上呈现出黏聚力低、内摩擦角高的特点。

4.2.3　微观结构图像处理技术

随着图像处理技术的飞速发展，很多学者将其用于分析软土微观结构，研究的主要内容包括微观孔隙特征和结构特征等两个方面。本章结合固结试验、渗透试验以及微观试验，将洞庭湖粉质黏土、淤泥质粉质黏土、黏土与砂纹淤泥质土进行对比研究，分析不同固结压力下砂纹淤泥质土微观结构的变化特征，并将其与宏观特性相联系，为建立基于微观层面的砂纹淤泥质土的弹黏塑模型提供有力依据。

土的微观孔隙特征包括孔隙数量、大小、形态、体积、定向性和分形维数等。研究表明软土的渗透性和压缩性很大程度上取决于土体微观结构的变化，高孔隙率是导致软土高含水率、低强度、高压缩性的直接因素，外力引起孔隙体积的减小从宏观上表现为软土的压缩，而软土渗透性则主要由孔隙率、孔隙尺度和连通性等特征所决定。

土的微观结构特征包括结构单元体的周长、粒径分布、几何特征（圆度、椭圆度等）、长短轴之比和单元体定向特征等。由于现有的各类土体本构模型是在扰动土和砂土的基础上发展起来的，缺乏对结构性软土的特征及其演化规律的描述，因而工程计算结果难以模拟土体的实际状态，往往会出现较大的计算误差。

因此，通过图像处理技术，将试验所得到的图像进行二值化处理，并追踪、标记、识别土体孔隙和结构单元体，统计其微观结构参数，从而分析不同固结压力作用下软土微观结构变化特征。

4.2.3.1　微观结构图像预处理

由于 SEM 所拍摄的照片是灰度图像，本节运用 Image pro-Plus6.0 软件对微观结构图像进行预处理。该软件首先把 SEM 得到的微观结构图像扫描成灰度范围为 0～255 的数字文件，然后对其进行亮度校正和二值化处理，能简单快速的获取软土微观结构参数。

由于试样表面的高低起伏和本身成分的复杂性，在对其进行微观拍摄时，会产生亮度的不均匀现象，对这类图像进行直接分析的话会造成统计结果的不准确。因此，运用 Photoshop 软件对不均匀的亮度进行先期处理，使图像更加清晰，且亮度均匀，减少计算统计时的误差，使得到的结果更加精确，预处理效果如图 4.54 所示。

4.2.3.2　选取图像阈值分割

图像分割的方法有很多，如区域生长法、人工神经网络法、阈值法、边缘检测法和可变模型法等。其中，在软土微观结构图像处理中运用最广泛的是阈值法，该方法的基本思路是在图像的灰度范围内选取一个阈值，将确定的阈值与组成图像所有像素的灰度值进行比较，以达到分割图像像素的目的，得到目标和背景对比明显的图像。设原始图像为 $Z(i,j)$，通过一定方法从 $Z(i,j)$ 选取一个分割阈值 T，分割后的二值图像为 $G(i,j)$，公式如下。

$$G(i, j)=\begin{cases}1, Z(i, j)\geqslant T\\0, Z(i, j)<T\end{cases} \tag{4.24}$$

(a) 处理前

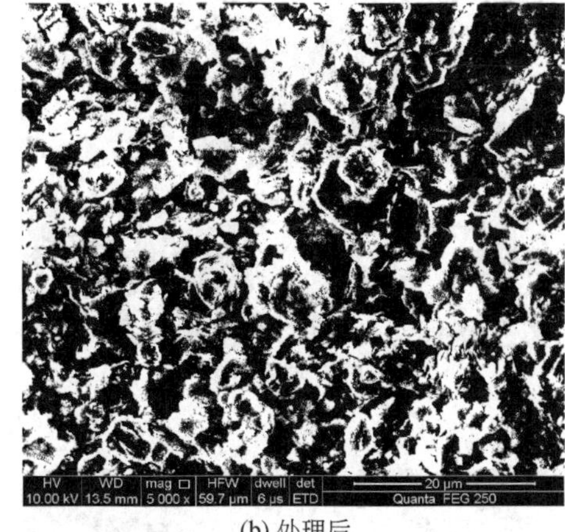

(b) 处理后

图 4.54　微观结构图像预处理对比图

二值化阈值法主要分为三类：整体阈值法、局部阈值法和动态阈值法。质量较好的图像在灰度直方图上会存在两个峰值，此时采用整体阈值法比较有效；当图像亮度不均匀或者成分较复杂时，应采用局部阈值法。本节由于对图像进行了预处理，选用了整体阈值法分析软土微观结构图像。

阈值分割的关键是确定一个合适的阈值，对于一幅 256 级的灰度图来说，将灰度在 0 至 T 间的像素认为是孔隙，将 T 至 255 间的像素认为是颗粒。当阈值选取过低时，颗粒所占的面积会增大，从而连成一片组成单一多边形，计算时就会容易将孔隙误认为是颗粒；而当阈值选取过高时，孔隙的面积则会增加，颗粒则会被孔隙分割成许多细小独立的多边形，又会将颗粒误认为是孔隙。只有当阈值最接近于图像的平均灰度值时，颗粒和孔隙图像的分布情况才最真实。

4.2.3.3　二值化图像编辑与形态学处理

在合理选取阈值后，应对二值化图像进行编辑，虽然图像阈值分割较准确的将孔隙和颗粒分开了，但是图像中还是会出现多个孔隙或者颗粒紧挨的现象。由于本节选用了整体阈值法，往往将二值化图像作为一个整体处理，如果只是认为同一种颜色代表同一颗粒或者孔隙，容易造成计算微观结构参数时的误差。

对二值化图像进行形态学处理（图 4.55），可以更准确地编辑阈值分割后的图像，使多个连在一起的孔隙或者颗粒分开（图 4.56）。但是在 SEM 图片中还是会存在少量独立的黑点和白点，将会影响微观结构参数的计算精度。因此，在不改变颗粒和孔隙形状的情况下应去掉这些独立的单点，而一些难处理的较大孤点（像素点在三个以上），可通过填充内孔过滤掉。

(a) 二值化图像

(b) 颗粒划分结果

图 4.55　编辑前二值化图像

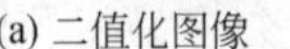
(a) 二值化图像

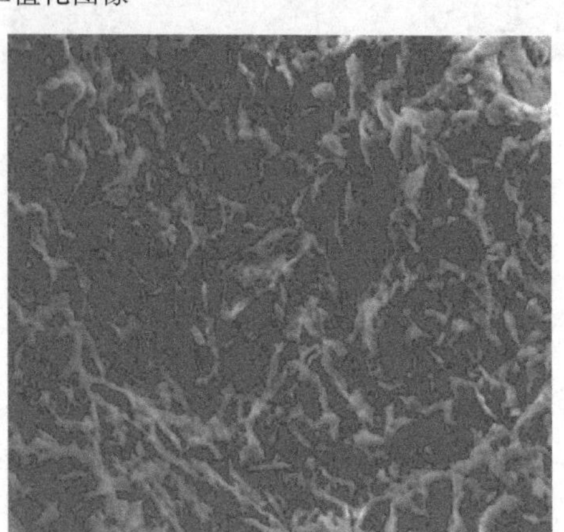

(b) 颗粒划分结果

图 4.56　编辑后二值化图像

4.2.3.4　微观结构定量分析参数

本节采用 Image pro-Plus6.0 图像处理软件对软土孔隙和结构单元体特征进行分析，通过提取孔隙面积、总观察面积、区域周长、长轴和短轴夹角等信息，计算面孔隙比、平均圆形度、平均形状系数、平均方向角、定向角和概率熵等参数，各参数的计算公式如下。

1. 面孔隙比（e_{m}）

即软土微结构图像中孔隙的总面积与颗粒的总面积之比，表示了土体微结构的松密程度，微观结构中的面孔隙比与土体宏观物理性质的孔隙比是相关的。

$$e_{\mathrm{m}}=\frac{A_{\mathrm{V}}}{A-A_{\mathrm{V}}}\tag{4.25}$$

式中，A 为孔隙所占面积；A_{V} 为总观察面积。

2. 平均圆形度（R）

$$R=\frac{1}{n}\sum_{i=1}^{n}R_i\tag{4.26}$$

$$R_i = 4\pi A_i / L_i^2 \tag{4.27}$$

式中，A_i 为区域面积；L_i 为区域周长。R 的取值范围在（0，1），R 值越大，则区域越接近圆形，当 R=1 时，区域为标准圆形。

3. 平均形状系数（F）

$$F = \frac{1}{n}\sum_{i=1}^{n} F_i \tag{4.28}$$

式中，F_i 为单个孔隙或颗粒的形状系数，F_i=C/S，C 为与颗粒或孔隙等面积的圆的周长，S 为颗粒或孔隙的实际周长。

4. 平均方向角（α）

平均方向角是将各级结构单元体的方向角累积之和除以样品中所出现的大小不等形状各异的结构单元体的个数。即

$$\alpha = \frac{1}{n}\sum_{i=1}^{n} \alpha_i \tag{4.29}$$

式中，α 为土样的平均方向角；α_i 为样品中第 i 个结构单元体长轴与 X 轴的夹角。

5. 定向角（$\overline{\alpha}$）

$$\overline{\alpha_i} = \frac{1}{n}\sum_{i=1}^{n} W_i \alpha_i \tag{4-30}$$

式中，$\overline{\alpha}$ 为定向角，为考虑权重后的平均方向；W_i 是第 i 个结构单元体的权重；α_i 为第 i 个结构单元体的长轴与 X 轴的夹角，此时当长轴与 X 轴夹角小于等于 90°时，直接取其值；当长轴与 X 轴夹角大于 90°时，则取 180°+α_i，α_i 为与 X 轴所夹的锐角，α_i 取负值，则 180°+α_i 的角度值变化范围在 90°～180°。

6. 概率熵（H_m）

$$H_m = \sum_{i=1}^{n} P_i \log_n P_i \tag{4.31}$$

式中，H_m 是软土结构单元体排列的概率熵；P_i 是结构单元体在某一方位区中呈现的概率；n 是单元体排列方向［0，N］中等分的方位区数。H_m 的取值为 0～1，当 H_m=0 时，表明所有的结构单元体排列方向均在同一方位，当 H_m=1 时，表明单元体完全随机排列，出现的概率完全相同。H_m 越大，说明结构单元体排列越混乱。

4.2.4　砂纹淤泥质土微观结构特性研究

4.2.4.1　微观结构类型

图 4.57～图 4.60 分别为洞庭湖粉质黏土、淤泥质粉质黏土、黏土和砂纹淤泥质土放大 2000 倍和 5000 倍的 SEM 照片。

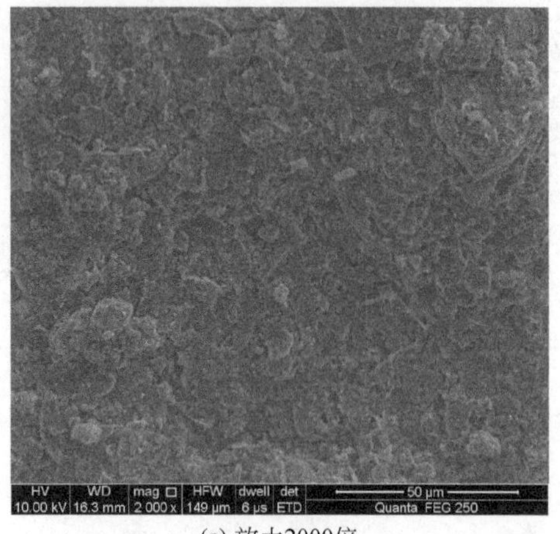

(a) 放大2000倍

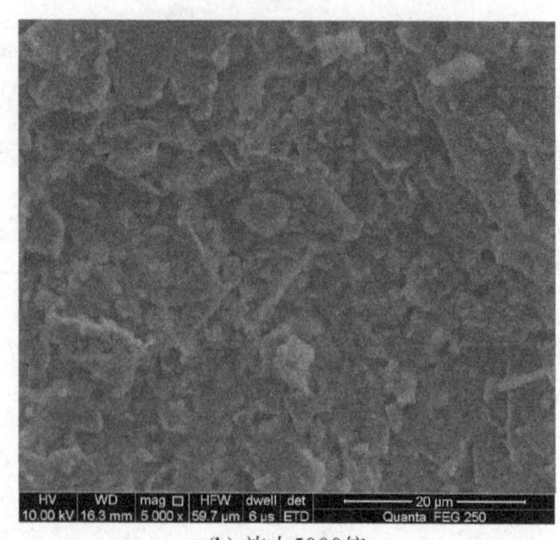

(b) 放大5000倍

图 4.57　粉质黏土微观结构 SEM 图片

(a) 放大2000倍

(b) 放大5000倍

图 4.58　淤泥质粉质黏土微观结构 SEM 图片

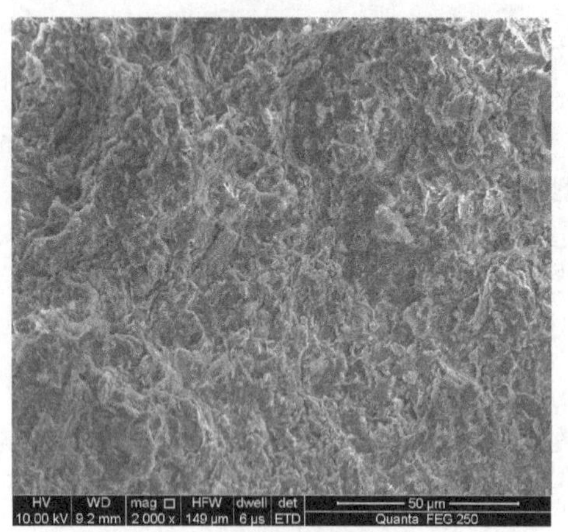

(a) 放大2000倍

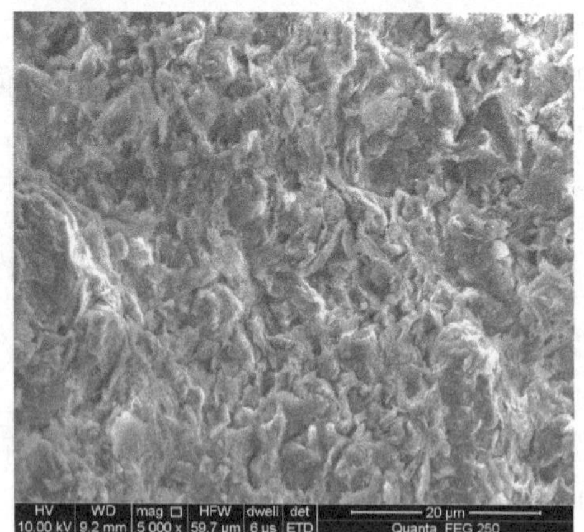

(b) 放大5000倍

图 4.59　黏土微观结构 SEM 图片

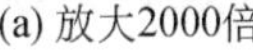
(a) 放大2000倍

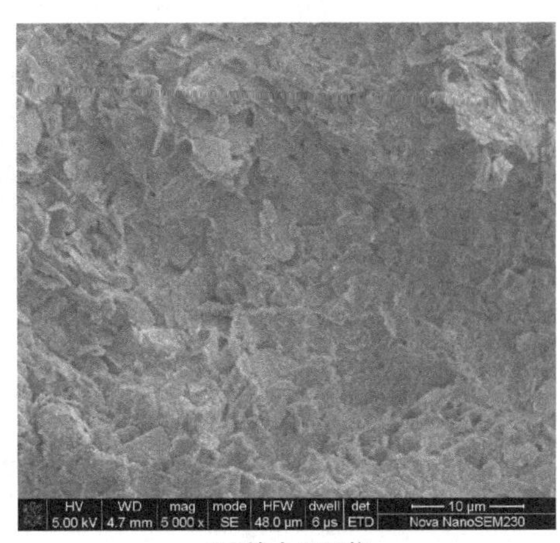

(b) 放大5000倍

图 4.60　砂纹淤泥质土微观结构 SEM 图片

从图 4.57～图 4.60 中可知，砂纹淤泥质土中含有大量的片状或板状聚体结构，这是由于该类土体在沉积过程中受到盐类影响较小，充分发挥了黏粒和黏粒集合体间的排斥力，使得颗粒骨架排列比较混乱和松散，存在很多架空的结构，单元体之间多半以面-边、边-边的方式接触，无明显的定向性，其存在的空间形式主要是团粒间的孔隙和颗粒间的孔隙为主。粉质黏土的微观结构主要以凝块状结构为主，颗粒连接比较紧密，形成了部分粒径大于 30μm 的团块，主要以边-边、边-面的方式接触，使得结构单元体之间经常发育有贯通各团块之间的无定向裂隙。淤泥质粉质黏土和黏土的微观结构以絮凝状结构为主，土颗粒中黏粒含量相对较多，颗粒间相互排列比较紧密且分布不均匀，孔隙发育比较明显，以中小孔隙分布为主，孔隙面积小，结构单元体主要以边-边、边-面的形式连接，分布着少量的团粒结构，土颗粒组成以集粒为主，也存在不规则的曲片状叠聚体，定向性排列不明显。

4.2.4.2　微观结构特征定量分析

4.2.4.2.1　等效粒径及尺度分布

图 4.61 和图 4.62 为不同固结压力下洞庭湖四类土体竖直切面结构单元体尺度分布和等

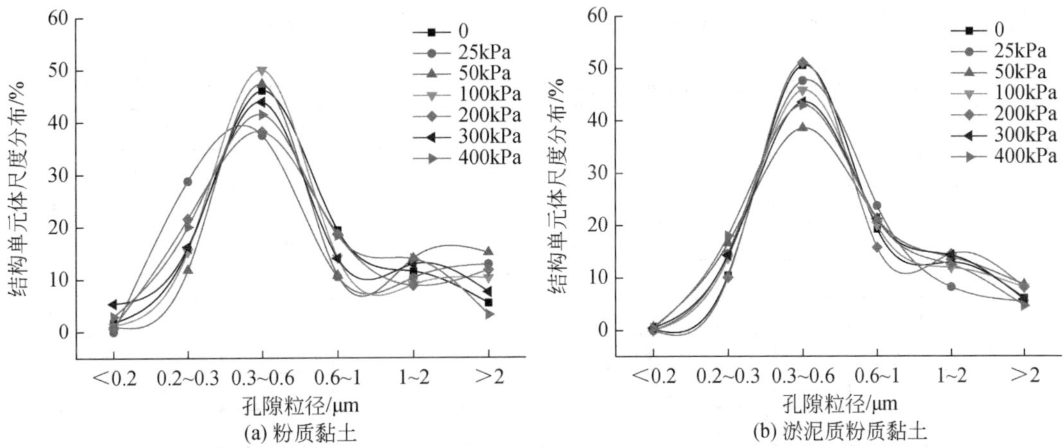

(a) 粉质黏土　　(b) 淤泥质粉质黏土

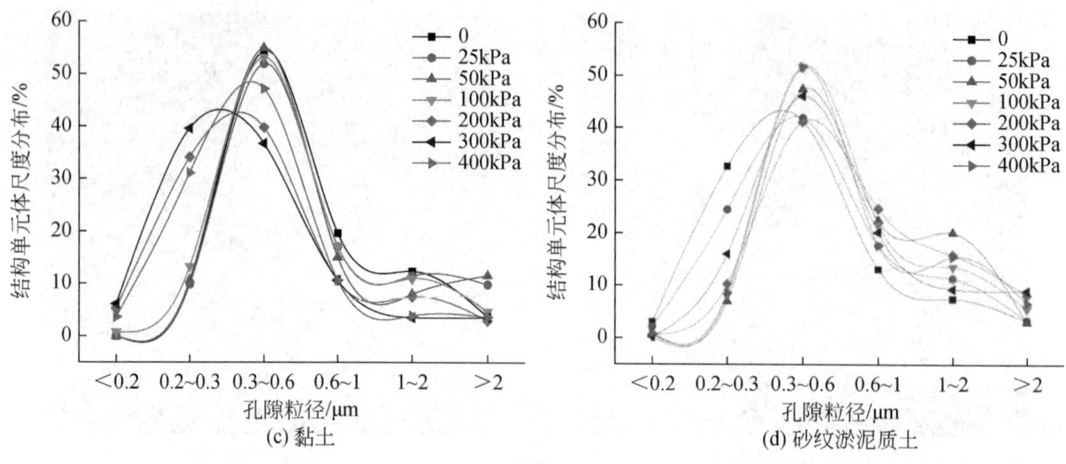

(c) 黏土　　(d) 砂纹淤泥质土

图 4.61　不同固结压力下洞庭湖南部腹地四类土体结构单元体尺度分布

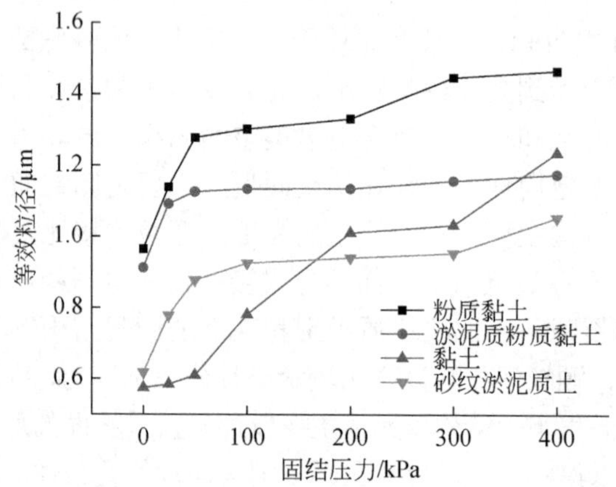

图 4.62　不同固结压力下洞庭湖南部腹地四类土体等效粒径分布

效粒径变化图，其具体数据见表 4.11。从表 4.11 和图 4.61 可以看出，随着固结压力从 0kPa 增加到 400kPa，砂纹淤泥质土粒径优势区间从 0.2～0.3μm 转变为 0.3～0.6μm，与黏土粒径优势区间随固结压力变化规律相同，但不同于粉质黏土和淤泥质粉质黏土，这两种土粒径优势区间并没有随着固结压力的增加而改变，一直保持在 0.3～0.6μm。

表 4.11　不同固结压力下洞庭湖南部腹地四类土体等效粒径及尺度分布（竖直切面）

土体类型	固结压力/kPa	等效粒径/μm	结构单元体尺度分布/%					
			<0.2μm	0.2～0.3μm	0.3～0.6μm	0.6～1μm	1～2μm	>2μm
粉质黏土	0	0.965	1.818	15.758	46.061	19.394	11.515	5.455
	25	1.138	0	28.815	37.545	10.485	10.303	12.852
	50	1.278	1.075	11.828	47.312	10.753	13.978	15.054
	100	1.302	1.282	15.385	50.000	14.103	8.974	10.256
	200	1.331	0.980	21.569	38.235	18.627	8.824	11.765
	300	1.447	5.421	16.243	43.892	13.997	12.873	7.574
	400	1.466	2.954	20.039	41.473	18.387	13.902	3.245

续表

土体类型	固结压力/kPa	等效粒径/μm	结构单元体尺度分布/%					
			<0.2μm	0.2～0.3μm	0.3～0.6μm	0.6～1μm	1～2μm	>2μm
淤泥质粉质黏土	0	0.912	0.253	10.544	50.728	19.369	12.982	6.124
	25	1.091	0	14.687	47.716	23.855	8.244	5.498
	50	1.125	0.675	16.634	38.676	21.345	13.993	8.677
	100	1.133	0	13.832	45.903	20.121	11.956	8.188
	200	1.134	0	10.136	51.273	15.827	14.563	8.201
	300	1.156	0.514	14.353	43.653	21.263	14.346	5.871
	400	1.174	0.435	18.053	43.073	21.245	12.521	4.673
黏土	0	0.574	0	10.000	54.333	19.667	12.333	3.667
	25	0.584	0	9.813	51.869	17.056	11.449	9.813
	50	0.609	0	10.619	54.867	15.044	7.965	11.504
	100	0.781	0.781	13.281	53.125	17.188	10.938	4.688
	200	1.010	5.212	34.039	39.739	10.586	7.492	2.932
	300	1.032	6.109	39.550	36.656	10.611	3.537	3.537
	400	1.235	3.627	31.088	47.150	10.622	3.886	3.627
砂纹淤泥质土	0	0.617	2.809	32.584	41.292	12.921	7.303	3.090
	25	0.778	1.901	24.375	41.823	17.535	11.132	3.234
	50	0.877	0.571	6.857	47.429	22.286	20.000	2.857
	100	0.925	0	7.904	51.546	21.649	13.402	5.498
	200	0.940	0.403	10.081	41.129	24.597	15.726	8.065
	300	0.953	0	15.845	46.127	20.070	9.155	8.803
	400	1.053	0.649	8.442	51.623	17.532	15.260	6.494

本节中等效粒径为经过 Image pro-Plus6.0 图像处理软件计算得到与实际颗粒直径相同或者相近的球形颗粒直径，由图 4.62 可知，砂纹淤泥质土的等效粒径为 0.617～1.053μm，粉质黏土的等效粒径为 0.965～1.466μm，淤泥质粉质黏土的等效粒径为 0.912～1.174μm，黏土的等效粒径为 0.574～1.235μm，砂纹淤泥质土的等效粒径小于另三类土体。此外，随着固结压力增加，砂纹淤泥质土的等效粒径增长趋势呈先快速后放缓的规律，当 $0\text{kPa}<p\leqslant 50\text{kPa}$ 时，砂纹淤泥质土的等效粒径增长最快，增幅为 42.1%，粉质黏土、淤泥质粉质黏土和黏土的等效粒径增长则相对缓慢，分别增长了 32.4%、23.4%、6.1%；当 $50\text{kPa}<p\leqslant 400\text{kPa}$ 时，砂纹淤泥质土的等效粒径增长明显减小，只提高了 0.176μm。分析其原因是由于砂纹淤泥质土中夹有微薄层状粉细砂，在固结初期，随着固结压力的增加，孔隙水压力消散相对于其他土体更快，土体骨架有效应力增加迅速，结构单元体间的结构连结遭到破坏，相对位置发生明显错动，结构单元体依靠结合水膜形成新的团聚体，等效粒径因此快速增长；固结后期随着有效应力进一步的增长，孔隙比逐渐减小，砂纹淤泥质土的结构相互连接的方式也由边-面接触转变为面-面接触，导致结构单元体等效粒径的增长幅度变

缓，与压缩量和固结压力关系曲线中所表现出的特性一致。

4.2.4.2.2　结构单元体形态参数

从表 4.12 可以看出，随着固结压力的增加，砂纹淤泥质土结构单元体形态参数一般呈先增大后减小的趋势，另外三类土体呈现类似的规律。砂纹淤泥质土和淤泥质粉质黏土在 $p = 25$kPa 时总颗粒面积最大，而粉质黏土和黏土结构单元体总颗粒面积则是在 $p = 100$kPa 时出现最大值；砂纹淤泥质土平均周长在 $p = 200$kPa 时出现峰值，粉质黏土、淤泥质粉质黏土、黏土平均周长则分别在固结压力 100kPa、300kPa、50kPa 时到达最大值；随着固结压力的增加四类土体最大长度和平均长度也逐渐增长，分别为 58.21～65.97μm 和 2.85～4.67μm、54.32～62.98μm 和 2.99～4.34μm、38.34～63.62μm 和 1.93～4.47μm、48.36～63.03μm 和 2.7～3.21μm，从数据可知，砂纹淤泥质土最大长度变化较大而平均长度增长却较小；四类土体最大宽度变化范围分别为 8.27μm、20.6μm、31.88μm、19.6μm，平均宽度变化范围为 0.79μm、0.51μm、1.05μm、0.39μm，由此可知固结压力对砂纹淤泥质土最大宽度和平均宽度的影响并不明显。

表 4.12　原状土及不同固结压力下洞庭湖南部腹地四类土体结构单元体形态参数（竖直切面）

土体类型	固结压力/kPa	总颗粒面积/μm^2	平均周长/μm	最大长度/μm	平均长度/μm	最大宽度/μm	平均宽度/μm
粉质黏土	0	1830.1	9.43	58.67	2.85	51.21	1.68
	25	1722.0	13.86	65.97	4.53	42.94	2.20
	50	1797.3	15.78	58.21	4.67	46.24	2.31
	100	1982.1	16.09	59.57	4.05	47.54	2.47
	200	1671.0	14.77	60.74	4.24	49.92	2.23
	300	1432.1	14.63	62.31	4.21	50.21	2.15
	400	1213.5	13.09	58.23	4.15	48.32	1.93
淤泥质粉质黏土	0	1630.1	9.89	59.52	2.99	30.32	1.41
	25	1772.3	13.28	57.43	3.50	46.29	1.87
	50	1767.3	14.32	62.98	3.75	29.80	1.92
	100	1737.9	14.49	58.78	3.71	44.41	1.86
	200	1429.0	14.51	61.37	4.34	25.69	1.65
	300	1230.1	14.87	58.73	4.29	41.15	1.54
	400	1196.8	14.68	54.32	4.12	28.63	1.49
黏土	0	1360.0	8.03	59.36	2.40	36.20	1.21
	25	1527.1	11.12	63.62	3.67	36.71	1.97
	50	1733.5	14.01	59.55	4.47	34.43	1.91
	100	2088.9	11.60	62.55	2.96	54.22	1.82
	200	1011.2	7.19	50.11	1.95	32.58	0.92
	300	1121.2	6.94	46.44	1.93	35.72	0.94
	400	962.9	6.99	38.34	2.03	22.34	0.94

续表

土体类型	固结压力/kPa	总颗粒面积/μm^2	平均周长/μm	最大长度/μm	平均长度/μm	最大宽度/μm	平均宽度/μm
砂纹淤泥质土	0	1822.3	7.23	63.03	2.96	44.78	1.61
	25	1932.5	9.42	62.01	2.90	40.32	1.52
	50	1240.6	11.79	62.99	2.88	25.18	1.41
	100	1258.4	12.24	57.84	2.72	35.78	1.32
	200	1745.8	13.84	54.24	3.21	30.17	1.71
	300	1435.5	12.24	54.62	3.09	28.45	1.55
	400	1209.4	11.69	48.36	2.70	35.04	1.43

分析其原因是砂纹淤泥质土本身具有结构性，固结前期，荷载的增加容易导致结构单元体快速调整，团聚体不断被破坏重组，加剧形状参数变化；固结后期，因为砂纹的存在加速了孔隙水排出，导致有效应力增长较快，颗粒之间距离变短且相互作用增强，结构单元体难以再发生明显的错动形成新的团聚体，从而使得形态参数变化幅度减小。

4.2.4.2.3　结构单元体形状变化

图 4.63、图 4.64 分别为洞庭湖四类土体竖直切面结构单元体平均圆形度、平均形状系数与固结压力的关系曲线，具体数值见表 4.13。从表 4.13 和图 4.63、图 4.64 中可以看出，平均圆形度和平均形状系数都随着固结压力的增加而降低，结构单元体形状逐渐变为相对狭长，其中砂纹淤泥质土平均圆形度为 0.451～0.749，平均形状系数为 0.471～0.536；砂纹淤泥质土平均圆形度变化最大，下降了39.8%，而粉质黏土、淤泥质粉质黏土和黏土分别下降了 34.7%、23.4%和 24.7%，说明固结压力对砂纹淤泥质土结构单元体形状的影响相对较大；此外，固结压力对洞庭湖四类土体平均形状系数的影响要小于平均圆形度，其中砂纹淤泥质土平均形状系数变化最小，只降低了12.1%，而粉质黏土、淤泥质粉质黏土和黏土则下降了15.1%、19.3%和 15.1%。

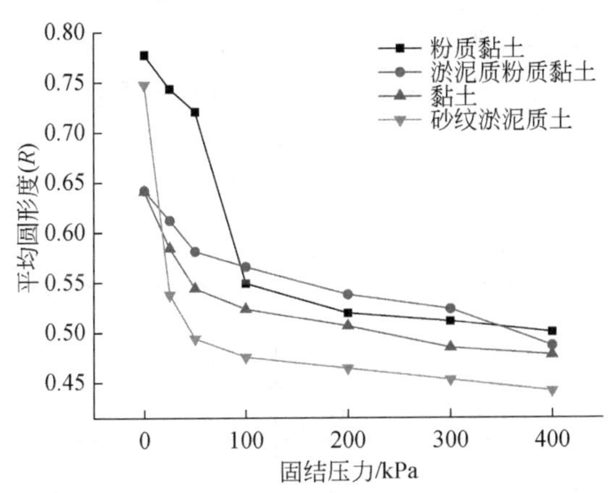

图 4.63　洞庭湖南部腹地四类土体平均圆形度与固结压力关系曲线

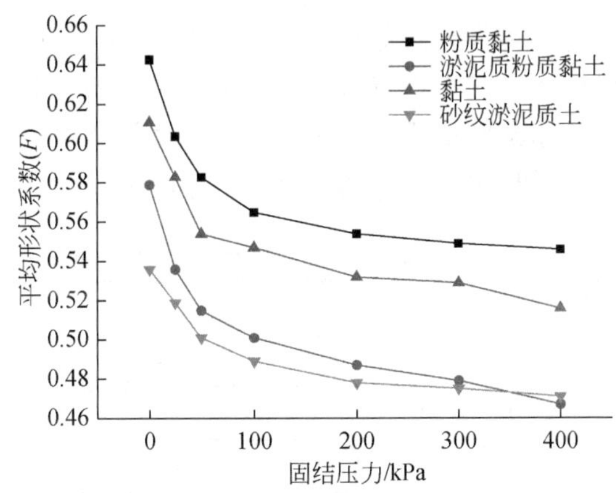

图 4.64　洞庭湖南部腹地四类土体平均形状系数与固结压力关系曲线

表 4.13　不同固结压力下洞庭湖南部腹地四类土体结构单元体形状参数表（竖直切面）

形状参数	土体类型	固结压力						
		0kPa	25kPa	50kPa	100kPa	200kPa	300kPa	400kPa
平均圆形度	粉质黏土	0.778	0.745	0.723	0.556	0.527	0.519	0.508
	淤泥质粉质黏土	0.646	0.617	0.587	0.572	0.545	0.531	0.495
	黏土	0.645	0.59	0.551	0.531	0.514	0.493	0.486
	砂纹淤泥质土	0.749	0.545	0.502	0.484	0.473	0.462	0.451
平均形状系数	粉质黏土	0.643	0.604	0.583	0.565	0.554	0.549	0.546
	淤泥质粉质黏土	0.579	0.536	0.515	0.501	0.487	0.479	0.467
	黏土	0.611	0.583	0.554	0.547	0.532	0.529	0.516
	砂纹淤泥质土	0.536	0.519	0.501	0.489	0.478	0.475	0.471

分析砂纹淤泥质土平均圆形度和平均形状系数随着固结压力变化规律可知，固结初期由于砂纹的存在，有效应力增长较快，孔隙比迅速减小，当固结压力超过结构单元体屈服应力时，土体自身结构遭到破坏，导致团聚体不断破碎重组，应力不均匀分布也加剧了结构单元体形状复杂程度，使得结构单元体平均圆形度和平均形状系数不断降低，加之竖向施加荷载导致结构单元体变得狭长；固结后期平均圆形度和平均形状系数逐渐放缓并稳定是因为持续提高的有效应力缩短了颗粒之间的距离，增强了结构单元体相互作用，产生了新的团聚体，减弱了其对固结压力的反应，这与 a_V-p 和 E_s-p 关系曲线中所表现出的特性相符合，从微观层面反映出了砂纹淤泥质土在压缩过程中的竖向状态变化。

4.2.4.2.4　结构单元体定向性

表 4.14～表 4.17 和图 4.65 反映了不同固结压力对洞庭湖四类土体结构单元体竖直切面定向性的影响。由此可知，竖直切面上四类土体原状样颗粒排列杂乱无序，都不存在明显的定向角度，随着固结压力增加，砂纹淤泥质土定向性变化相对较小，各角度分布比较平均，而其他三类土体定向性明显增强，粉质黏土最优方向主要集中在 70°～150°，淤泥质粉质黏土最优方向主要集中在 40°～100°，黏土最优方向主要集中在 20°～80°、140°～180°。结合 4.2.4.2.1 小节与 4.2.4.2.3 小节可知，固结初期由于砂纹淤泥质土中夹有微薄层粉细砂，孔隙水能较快排出，其结构单元体骨架重组将比另三类土体更快，而固结后期洞庭湖四类土体结构单元体排列已经较密实，难以再进行较大调整，故其定向性变化不明显。

表 4.14　不同固结压力下粉质黏土结构单元体方向角分布（竖直切面）

方向角	固结压力						
	0kPa	25kPa	50kPa	100kPa	200kPa	300kPa	400kPa
0°～10°	6.667	3.311	4.301	2.564	3.804	1.291	5.468
10°～20°	4.242	3.311	1.075	5.128	0.980	5.713	6.275
20°～30°	3.030	5.960	1.075	4.974	0.980	1.112	2.081

续表

方向角	固结压力						
	0kPa	25kPa	50kPa	100kPa	200kPa	300kPa	400kPa
30°～40°	4.242	3.974	3.226	2.564	1.961	7.268	6.264
40°～50°	3.030	5.960	0.000	2.564	3.922	6.944	5.214
50°～60°	4.848	2.649	1.075	3.846	4.902	5.428	3.812
60°～70°	6.061	4.636	1.075	6.410	1.961	1.307	1.129
70°～80°	4.242	5.298	0.000	6.410	4.902	3.116	6.395
80°～90°	4.848	7.285	5.376	6.410	4.902	9.144	12.477
90°～100°	8.485	8.609	7.527	1.282	6.863	1.620	2.530
100°～110°	6.667	13.907	2.151	3.846	5.882	7.209	6.165
110°～120°	5.455	7.285	12.903	11.538	11.882	6.679	5.218
120°～130°	6.667	4.636	11.828	10.410	10.784	9.304	12.808
130°～140°	6.061	3.974	11.828	6.410	6.863	4.156	5.831
140°～150°	6.061	5.960	12.903	7.692	7.843	11.053	3.887
150°～160°	7.273	6.623	8.602	6.410	8.824	6.558	6.549
160°～170°	5.454	3.311	5.376	6.410	3.922	10.572	2.516
170°～180°	6.667	3.311	9.679	5.132	8.823	1.526	5.381

表 4.15　不同固结压力下淤泥质粉质黏土结构单元体方向角分布（竖直切面）

方向角	固结压力						
	0kPa	25kPa	50kPa	100kPa	200kPa	300kPa	400kPa
0°～10°	5.888	3.670	2.000	6.289	4.430	3.266	0.495
10°～20°	7.108	3.670	2.667	7.547	3.165	4.336	1.259
20°～30°	6.373	8.257	4.667	9.434	1.899	10.533	2.972
30°～40°	7.412	6.422	1.333	5.031	4.266	7.199	10.927
40°～50°	6.902	7.339	8.000	7.547	5.532	6.224	8.279
50°～60°	5.696	11.927	6.000	8.806	6.962	5.740	10.461
60°～70°	7.902	6.422	9.333	2.516	12.658	3.518	4.808
70°～80°	1.676	7.339	12.000	2.516	5.063	7.423	4.903
80°～90°	2.941	5.505	9.333	7.547	9.494	4.449	8.585
90°～100°	3.676	9.174	10.667	6.289	9.391	8.061	6.537
100°～110°	5.412	4.587	4.667	4.403	8.025	7.763	2.158
110°～120°	4.108	2.752	1.333	0.629	6.962	2.567	3.193
120°～130°	5.623	1.835	7.333	1.258	1.899	3.829	5.784
130°～140°	5.294	4.587	2.667	5.031	6.962	6.468	6.029
140°～150°	7.108	2.752	3.333	5.660	3.165	3.491	4.993
150°～160°	6.606	4.587	3.333	8.176	1.266	5.628	6.314
160°～170°	4.902	5.505	6.001	3.774	5.696	6.421	5.079
170°～180°	5.373	3.670	5.333	7.547	3.165	3.084	7.224

表 4.16　不同固结压力下黏土结构单元体方向角分布（竖直切面）

方向角	固结压力						
	0kPa	25kPa	50kPa	100kPa	200kPa	300kPa	400kPa
0°～10°	5.888	3.670	2.000	6.289	4.430	3.266	0.495
10°～20°	7.108	9.670	9.667	7.547	3.165	4.336	1.259
20°～30°	9.373	10.257	6.667	9.434	1.899	10.533	7.972
30°～40°	7.412	12.422	6.333	7.031	4.266	7.199	10.927
40°～50°	8.902	9.339	12.000	9.547	5.532	6.224	8.279
50°～60°	5.696	8.927	9.000	10.806	6.962	5.740	10.461
60°～70°	2.902	6.422	9.333	2.516	12.658	3.518	4.808
70°～80°	1.676	4.339	8.000	2.516	5.063	7.423	4.903
80°～90°	2.941	3.505	4.333	3.547	4.494	4.449	5.585
90°～100°	3.676	3.174	3.667	4.289	5.391	2.061	4.537
100°～110°	5.412	2.587	4.667	4.403	3.025	3.763	2.158
110°～120°	4.108	2.752	1.333	0.629	4.962	2.567	3.193
120°～130°	5.623	1.835	2.333	1.258	1.899	3.829	5.784
130°～140°	5.294	4.587	2.667	5.031	6.962	6.468	6.029
140°～150°	7.108	2.752	3.333	5.660	4.165	9.491	4.993
150°～160°	6.606	4.587	3.333	8.176	9.266	7.628	6.314
160°～170°	4.902	5.505	6.001	3.774	8.696	6.421	5.079
170°～180°	5.373	3.670	5.333	7.547	7.165	5.084	7.224

表 4.17　不同固结压力下砂纹淤泥质土结构单元体方向角分布（竖直切面）

方向角	固结压力						
	0kPa	25kPa	50kPa	100kPa	200kPa	300kPa	400kPa
0°～10°	6.180	8.909	12.571	3.436	5.242	10.915	6.494
10°～20°	3.371	8.145	4.571	8.935	6.855	9.507	7.468
20°～30°	5.056	6.436	5.714	6.873	6.048	5.634	5.844
30°～40°	3.652	3.688	5.714	6.186	7.661	9.155	5.844
40°～50°	4.966	2.927	5.143	7.904	3.226	5.282	6.169
50°～60°	3.371	1.398	7.429	5.155	7.258	3.521	4.870
60°～70°	3.652	5.234	5.714	6.529	6.855	5.634	5.844
70°～80°	6.180	8.539	3.429	5.842	5.242	3.408	4.545
80°～90°	5.618	4.577	4.571	4.124	5.645	2.817	6.169
90°～100°	4.494	5.022	4.571	7.560	4.839	4.930	5.519
100°～110°	5.618	1.953	2.286	4.467	1.613	1.408	3.571
110°～120°	8.146	6.118	5.143	4.811	4.032	4.225	6.818

续表

方向角	固结压力						
	0kPa	25kPa	50kPa	100kPa	200kPa	300kPa	400kPa
120°～130°	7.303	10.093	8.000	5.842	4.032	2.817	3.247
130°～140°	8.146	1.669	4.571	4.124	6.048	4.930	4.221
140°～150°	7.112	2.721	3.429	3.436	4.839	3.873	6.818
150°～160°	5.618	5.613	5.714	3.436	6.452	5.986	6.818
160°～170°	5.618	5.975	4.571	5.155	8.468	6.338	5.195
170°～180°	5.899	10.983	6.859	6.185	5.645	9.620	4.546

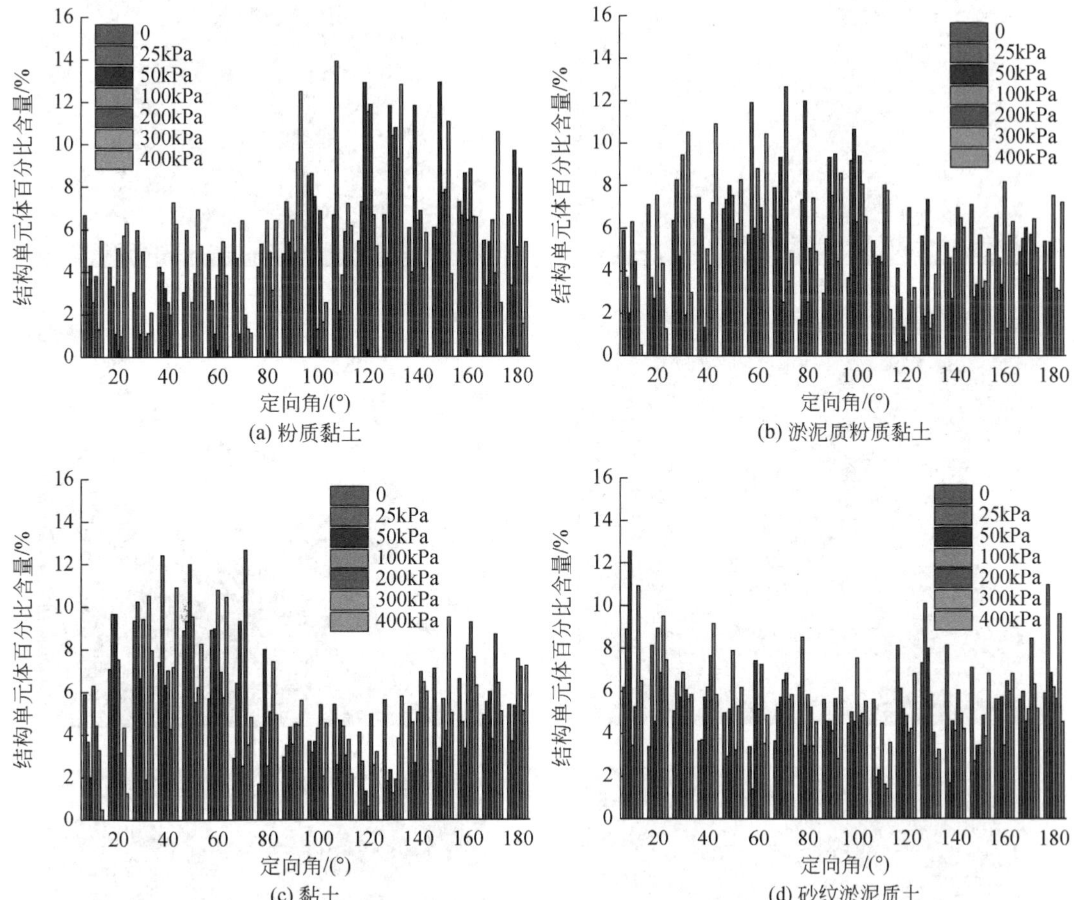

图 4.65　不同固结压力下洞庭湖南部腹地四类土体竖直切面结构单元体定向角分布

每组柱子从左至右依次为 0kPa、25kPa、50kPa、100kPa、200kPa、300kPa 和 400kPa

4.2.4.3　微观结构参数与宏观特性关联性分析

研究表明，软土微观结构参数变化将导致土体强度特性、渗透特性和变形特性的改变。本节探讨了面孔隙比（e_m）与固结压力（p），概率熵（H_m）与压缩系数（a_v）、概率熵（H_m）与渗透系数（k）的关联性。

4.2.4.3.1　面孔隙比与固结压力关系

根据二值化图片和式（4.25）对洞庭湖四类土体面孔隙比（e_m）进行计算，图 4.66 为砂纹淤泥质土在不同固结压力下的 SEM 图片和二值化图片，表 4.18～表 4.21 分别为不同固结压力下粉质黏土、淤泥质粉质黏土、黏土和砂纹淤泥质土结构单元体竖直切面由 Image pro-Plus6.0 进行分析的结果。

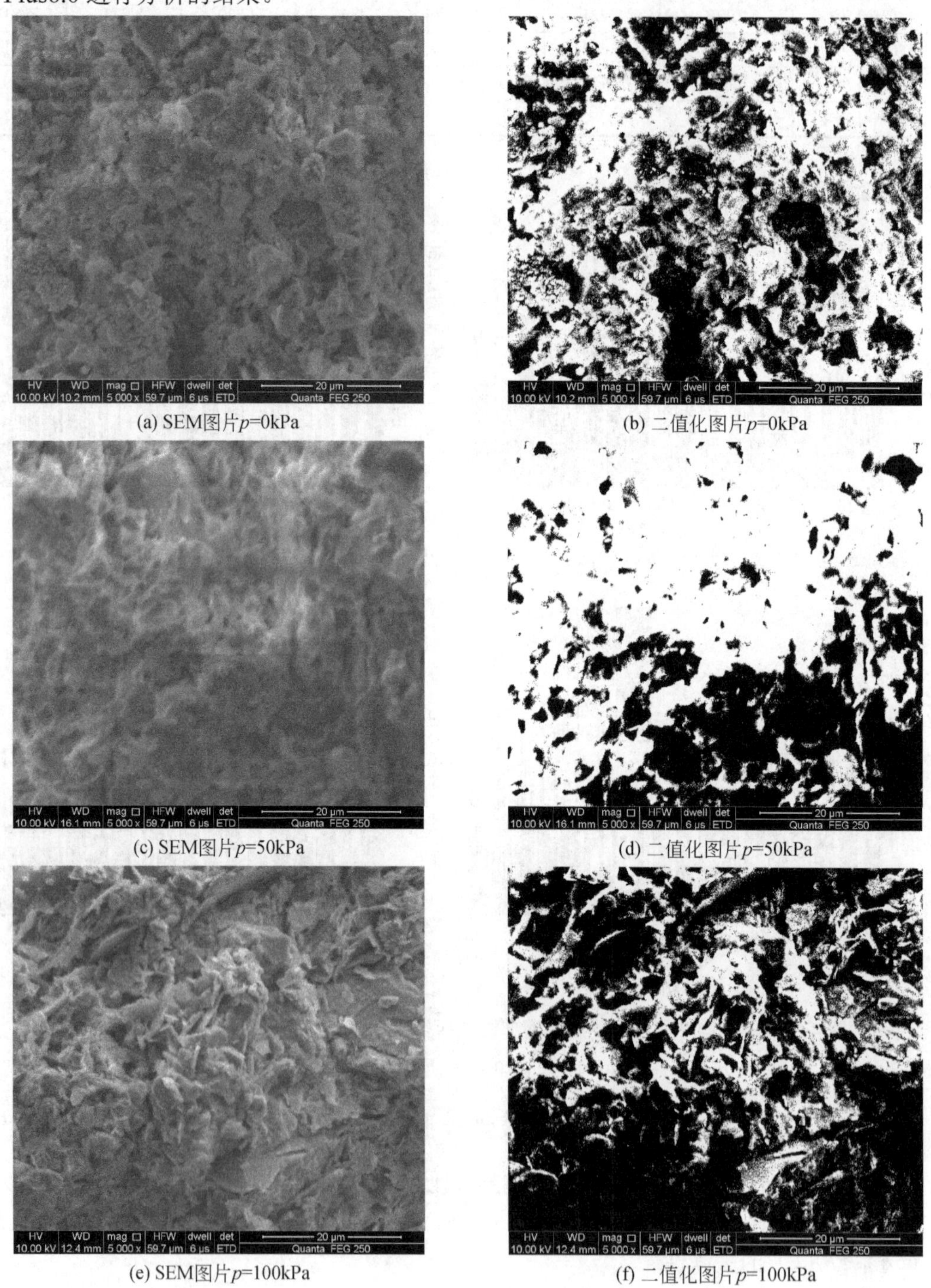

(a) SEM图片p=0kPa　(b) 二值化图片p=0kPa

(c) SEM图片p=50kPa　(d) 二值化图片p=50kPa

(e) SEM图片p=100kPa　(f) 二值化图片p=100kPa

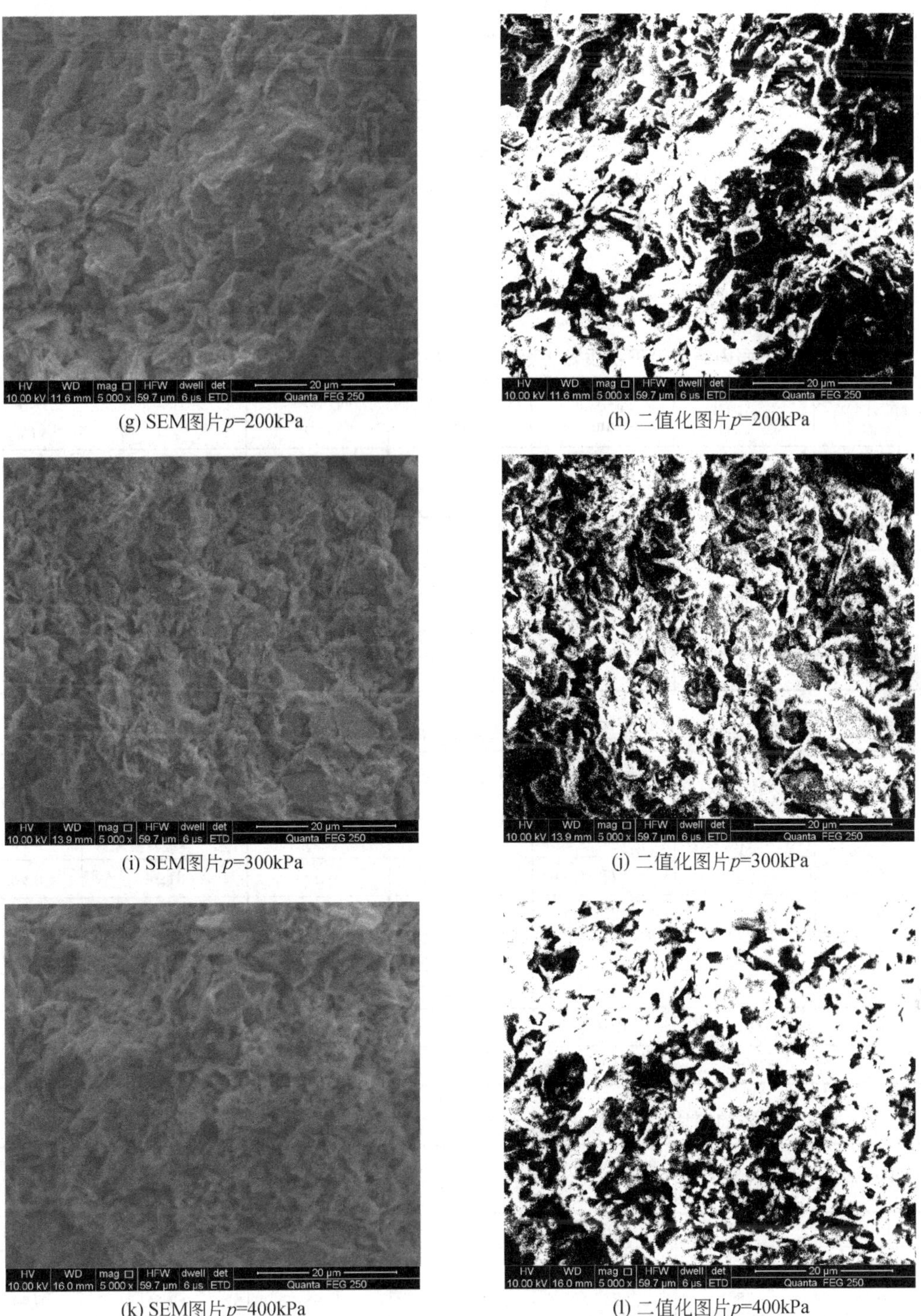

(g) SEM图片p=200kPa　(h) 二值化图片p=200kPa

(i) SEM图片p=300kPa　(j) 二值化图片p=300kPa

(k) SEM图片p=400kPa　(l) 二值化图片p=400kPa

图 4.66　不同固结压力下砂纹淤泥质土 SEM 和二值化图片（×5000）

由表 4.18～表 4.21 可知，随着固结压力的增大，洞庭湖四类土体黑色区域面积（孔隙）不断减小，而白色区域面积（结构单元体）不断增加。对于砂纹淤泥质土而言，其原状土体中存在大量孔隙以及不规则的曲片状叠聚体，分布不均匀且大小不一，渗透性相对较好，概率熵在 $p = 0\text{kPa}$ 时最大，则表明结构单元体分布比较混乱；随着荷载增加孔隙水被排出，孔隙比随之减小，土体变得更加密实，结合水膜变薄，结构单元体逐渐团聚且定向性增强，颗粒间接触由以边-面、边-边组合为主转化为面-面组合。从图 4.67 还可以看出，面孔隙比随着固结压力的增加不断降低，说明砂纹淤泥质土中、大孔隙在荷载影响下逐渐转变为多且小的微孔隙，导致压缩性和渗透性明显降低，这些特征与固结压缩曲线的特征相一致，曲线的后半段表现较为平缓，表明压缩速率在逐渐降低。因此，微观颗粒的变化状态可以反映软土的宏观固结性质。

表 4.18　不同固结压力下粉质黏土竖直切面结构单元体 Image pro-Plus6.0 分析结果表

固结压力/kPa	分割阈值	黑色区域面积/μm²	白色区域面积/μm²	面孔隙比（e_m）	结构单元体最优势方向	概率熵（H_m）
0	85	1830.1	1251.1	1.80	96.32	0.970
25	76	1722.0	1359.2	1.46	94.31	0.964
50	83	1797.3	1283.9	1.40	120.48	0.951
100	82	1982.1	1099.1	1.27	97.38	0.948
200	69	1671.0	1410.2	1.18	104.43	0.936
300	73	1432.1	1649.1	0.87	98.21	0.930
400	79	1213.5	1867.7	0.65	92.18	0.922

表 4.19　不同固结压力下淤泥质粉质黏土竖直切面结构单元体 Image pro-Plus6.0 分析结果表

固结压力/kPa	分割阈值	黑色区域面积/μm²	白色区域面积/μm²	面孔隙比（e_m）	结构单元体最优势方向	概率熵（H_m）
0	69	1630.1	1451.1	1.57	93.81	0.981
25	73	1772.3	1308.9	1.35	81.34	0.962
50	75	1767.3	1313.9	1.29	90.80	0.924
100	82	1737.9	1343.3	1.12	83.78	0.910
200	83	1429.0	1652.2	0.86	91.29	0.904
300	81	1230.1	1851.1	0.66	90.23	0.878
400	79	1196.8	1884.4	0.64	88.35	0.873

表 4.20　不同固结压力下黏土竖直切面结构单元体 Image pro-Plus6.0 分析结果表

固结压力/kPa	分割阈值	黑色区域面积/μm²	白色区域面积/μm²	面孔隙比（e_m）	结构单元体最优势方向	概率熵（H_m）
0	78	1360.0	1721.2	2.11	82.07	0.975
25	82	1527.1	1554.1	1.29	88.55	0.971
50	75	1733.5	1347.7	0.98	67.61	0.937
100	93	2088.9	992.3	0.79	87.23	0.928
200	73	1011.2	2070.0	0.57	103.85	0.919
300	86	1121.2	1960.0	0.49	103.90	0.907
400	81	962.9	2118.3	0.45	102.08	0.878

表 4.21 不同固结压力下砂纹淤泥质土竖直切面结构单元体 Image pro-Plus6.0 分析结果表

固结压力/kPa	分割阈值	黑色区域面积/μm²	白色区域面积/μm²	面孔隙比（e_m）	结构单元体最优势方向	概率熵（H_m）
0	75	1822.3	1258.9	1.68	98.55	0.970
25	76	1932.5	1148.7	1.45	98.72	0.956
50	76	1240.6	1840.6	1.31	83.53	0.950
100	81	1258.4	1822.8	0.87	83.77	0.942
200	83	1745.8	1335.4	0.69	89.38	0.922
300	72	1435.5	1645.7	0.67	85.06	0.899
400	75	1209.4	1871.8	0.65	86.36	0.886

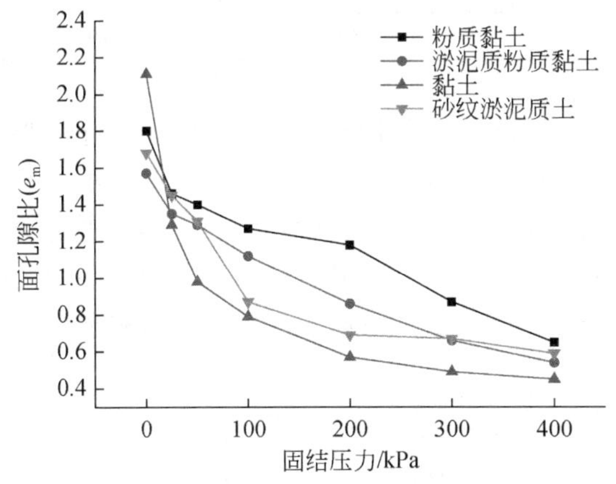

图 4.67 不同固结压力下洞庭湖南部腹地四类土体 e_m-p 关系曲线

4.2.4.3.2 概率熵与压缩系数关系

压缩系数是表征土体压缩特性的一个重要指标，概率熵则代表了结构单元体排列的规则程度。因此，本小节选取洞庭湖粉质黏土、淤泥质粉质黏土、黏土、砂纹淤泥质土等原状样各四个，并结合 4.1.2 节中固结特性的相关研究内容，研究压缩系数（a_v）与结构单元体竖直切面和水平切面概率熵（H_m）的相关关系，具体数值见表 4.22。

表 4.22 洞庭湖四类土体压缩系数（a_v）与结构单元体概率熵（H_m）关系

土体类型	试样编号	压缩系数（a_v）/MPa^{-1}	概率熵（H_m）	
			水平切面	竖直切面
粉质黏土	1	0.894	0.939	0.963
	2	0.902	0.901	0.899
	3	0.931	0.981	0.907
	4	0.876	0.919	0.896
淤泥质粉质黏土	1	0.687	0.982	0.947
	2	0.892	0.860	0.944
	3	0.823	0.910	0.887
	4	0.818	0.902	0.936

续表

土体类型	试样编号	压缩系数（a_v）/MPa^{-1}	概率熵（H_m）	
			水平切面	竖直切面
黏土	1	1.077	0.985	0.947
	2	0.912	0.968	0.984
	3	1.177	0.952	0.933
	4	1.013	0.866	0.958
砂纹淤泥质土	1	0.582	0.978	0.951
	2	0.663	0.919	0.893
	3	0.618	0.856	0.986
	4	0.642	0.967	0.932

从图 4.68（a）、（b）可以看出，水平切面和竖直切面上洞庭湖四类土体的压缩系数（a_v）与结构单元体概率熵的相关性之间存在较大差异，砂纹淤泥质土甚至呈现明显的负相关关系，说明土体的排列方向越混乱，压缩性能就越低。究其原因是结构单元体在固结压力作用下趋于在竖直方向定向排列，需消耗部分能量用以颗粒转动，因此施加的应力难以再使颗粒在竖直向产生位移，土体的抗压性能提高，导致了压缩系数的降低。

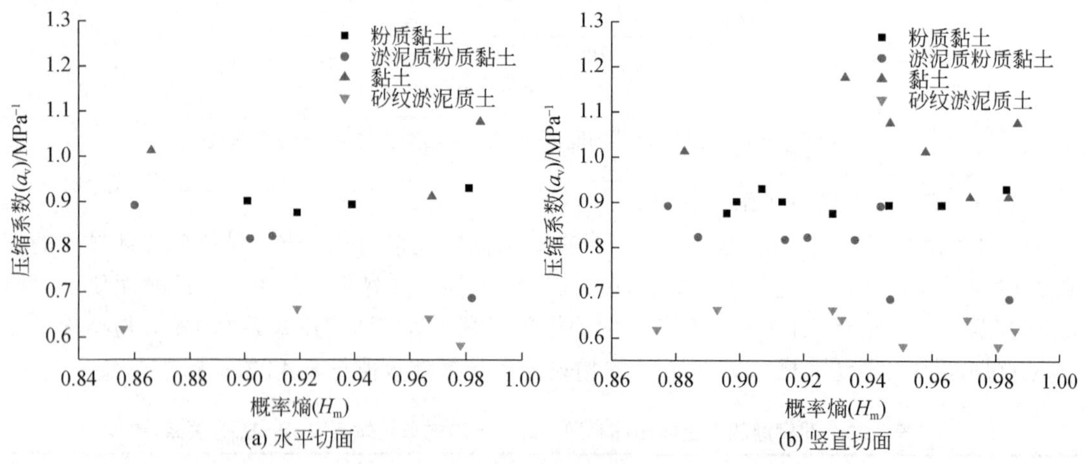

图 4.68 洞庭湖南部腹地四类土体压缩系数 a_v-H_m 关系曲线

4.2.4.3.3 概率熵与渗透特性关系

由 4.1.3 节中砂纹淤泥质土的渗透特性可知，洞庭湖粉质黏土、淤泥质粉质黏土和黏土的 k_v 和 k_h 相差并不大，但是由于砂纹淤泥质土夹有微薄层状粉细砂，导致其垂直向渗透系数远远小于水平向渗透系数，而概率熵又是决定软土渗透特性的微观参数之一，反映了结构单元体排列的有序性，因此，本小节对概率熵（H_m）和渗透系数（k）的相关性进行探讨。

具体数据见表 4.23～表 4.26，从图 4.69、图 4.70 可以看出，无论是竖直方向还是水平方向，四类土体渗透系数都随着概率熵的降低而降低，且 k 与 H_m 呈较好地正相关性。与原状土相比，p=400kPa 时粉质黏土、淤泥质粉质黏土、黏土和砂纹淤泥质土竖直切面向概率熵分别降低了 10.44%、8.85%、7.74%、4.03%，水平切面概率熵则分别下降了 16.82%、14.64%、14.62%、18.02%，由此可知固结压力对砂纹淤泥质土竖直切面概率熵影响最小但却对水平切面概率熵影响最大。同时由于砂纹淤泥质土的水平向渗透系数要超过其他三类土体一两个数量级，导致图 4.69（a）中另三类土体的 k_h-H_m 曲线呈近似水平直线，将该三条曲线局部放大后见图 4.69（b），除了粉质黏土的 k_h-H_m 曲线近乎水平外，淤泥质粉质黏土和黏土的 k_h-H_m 曲线起伏较大。

表 4.23　不同固结压力下粉质黏土渗透系数（k）与结构单元体概率熵（H_m）关系

固结压力/kPa	竖直切面概率熵	水平切面概率熵	渗透系数（k）/(10^{-7}cm/s)	
			垂直向（k_v）	水平向（k_h）
0	0.967	0.975	1.49	1.24
25	0.965	0.974	1.37	1.15
50	0.948	0.963	1.23	1.13
100	0.942	0.924	1.10	1.07
200	0.939	0.920	1.09	0.96
300	0.921	0.898	0.98	0.91
400	0.866	0.811	0.92	0.85

表 4.24　不同固结压力下淤泥质粉质黏土渗透系数（k）与结构单元体概率熵（H_m）关系

固结压力/kPa	竖直切面概率熵	水平切面概率熵	渗透系数（k）/(10^{-7}cm/s)	
			水平向（k_h）	水平向（k_h）
0	0.982	0.997	3.85	3.24
25	0.966	0.947	3.52	3.15
50	0.957	0.933	3.11	2.64
100	0.942	0.900	2.41	2.08
200	0.927	0.859	1.33	1.91
300	0.921	0.856	1.09	1.37
400	0.895	0.851	0.97	1.08

表 4.25　不同固结压力下黏土渗透系数（k）与结构单元体概率熵（H_m）关系

固结压力/kPa	竖直切面概率熵	水平切面概率熵	渗透系数（k）/(10^{-7}cm/s)	
			水平向（k_h）	水平向（k_h）
0	0.995	0.992	3.68	4.55
25	0.982	0.956	3.53	3.88
50	0.971	0.952	2.81	3.11
100	0.967	0.947	1.89	2.40
200	0.966	0.885	1.42	1.99
300	0.941	0.853	1.03	1.34
400	0.918	0.848	0.92	0.97

表 4.26 不同固结压力下砂纹淤泥质土渗透系数（k）与结构单元体概率熵（H_m）关系

固结压力/kPa	竖直切面概率熵	水平切面概率熵	渗透系数（k）/(10^{-7}cm/s)	
			水平向（k_h）	水平向（k_h）
0	0.992	0.988	4.69	116.29
25	0.986	0.951	4.17	93.25
50	0.984	0.933	3.13	88.51
100	0.982	0.863	2.62	84.18
200	0.978	0.826	1.67	50.23
300	0.976	0.825	1.24	44.17
400	0.952	0.810	1.13	36.10

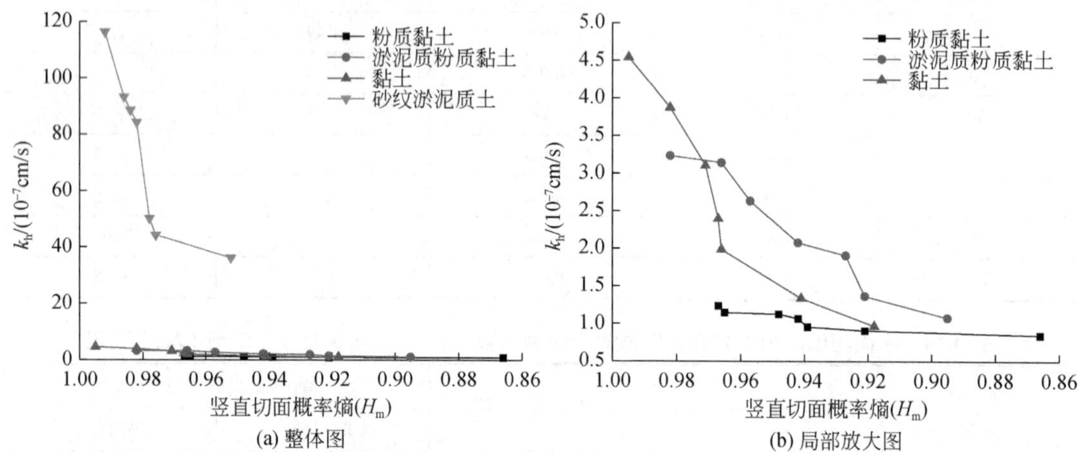

图 4.69 洞庭湖南部腹地四类土体竖直切面 k_h-H_m 关系曲线

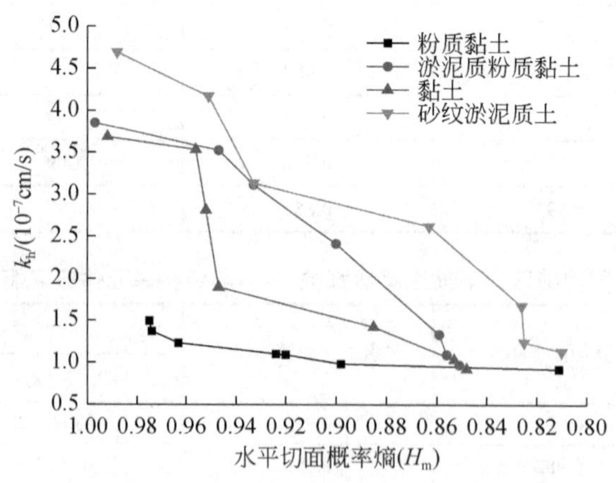

图 4.70 洞庭湖南部腹地四类土体水平切面 k_v-H_m 关系曲线

结合 4.2.4.1 小节可知，砂纹淤泥质土中存在大量片状结构，由于荷载的影响导致片状结构转变为片架或者片堆结构，加之孔隙水的不断排出，导致水平向渗透通道迅速减少，概率熵随之大幅度降低；此外，固结压力从竖直方向施加，使得土体密实度增加，但是由于垂直向渗透系数本身较小，其概率熵降低幅度并不大；总体上而言，概率熵呈逐渐减小的趋势，说明了结构单元体定向性有所增强。

4.3　微观结构分形分析

4.3.1　微观结构分形维计算方法

本节采用计盒维数分析结构单元体分布分维、粒度分维、表面起伏分维和孔隙分布分维、孔隙孔径等。即，设 F 是 R^n 上的任意非零有界数集，$N_\delta(F)$ 是直径，最大为 δ ，即可以覆盖 F 的集的最少个数，则 F 的下、上盒维数分别定义为

$$\underline{\mathrm{Dim}}_B F=\underline{\lim}_{\delta\to 0}\frac{\log N_\delta(F)}{-\log\delta} \tag{4.32}$$

$$\overline{\mathrm{Dim}}_B F=\overline{\lim}_{\delta\to 0}\frac{\log N_\delta(F)}{-\log\delta} \tag{4.33}$$

当上、下盒维数相等时，则称 F 为计盒维数，记为

$$\mathrm{Dim}_B F=\lim_{\delta\to 0}\frac{\log N_\delta(F)}{-\log\delta} \tag{4.34}$$

当对平面集 F 计算盒维数时，构造边长为 δ 的正方形盒子与 F 相交，相交的个数即为盒维数 $N_\delta(F)$，对正方形盒子进行分割使其变得更小，即 δ 趋近于 0 时，$N_\delta(F)$ 增加的对数速率，或者 $\log N_\delta(F)$ 与 $\log\delta$ 的斜率负值为盒维数。

通过 Matlab 软件对图形进行处理，统计不同边长的矩形盒子，将得到的盒维数 $N_\delta(F)$ 与所用盒子尺寸 δ 的对数值在图中表示出来。剔除 $\lg N_\delta(F)$-$\lg\delta$ 散点图中与周围散点偏移程度较大的点位，并运用直线拟合的手段得到所得分形维数（图 4.71）。

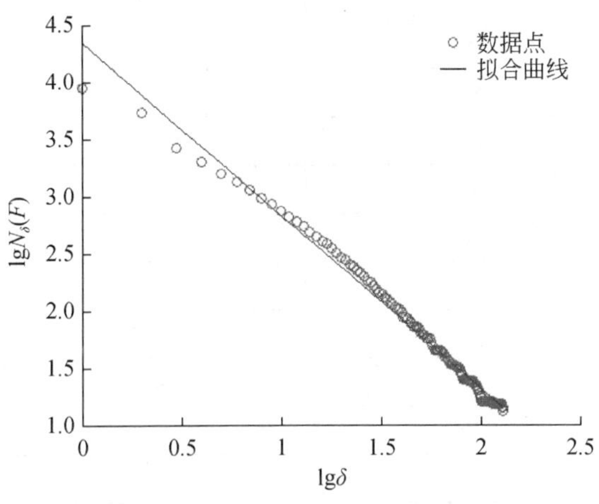

图 4.71　Matlab 拟合图像

研究表明，使用的盒子尺寸 δ 越小，覆盖分形图像的效果越好，求取分形维的结果也越接近实际情况，但是考虑在计算机对图像识别和盒子统计过程中的误差，采取在合理范

围内对盒子散点进行线性拟合的方式来获得分形维更为准确。

4.3.2 固结过程中结构单元体分形特征变化

本节从微观角度探讨了不同固结压力（0kPa、25kPa、50kPa、100kPa、200kPa、300kPa、400kPa）下洞庭湖粉质黏土、淤泥质粉质黏土、黏土和砂纹淤泥质土结构单元体在竖直切面和水平切面上的粒度分维（D_{ps}）、分布分维（D_{pd}）和表面起伏分维（D_{pr}）的变化规律。

4.3.2.1 结构单元体粒度分维（D_{ps}）与固结压力关系

从表 4.27 和图 4.72、图 4.73 可以看出，四类土体结构单元体粒度分维（D_{ps}）随固结压力的增加而减小。竖直切面粒度分维值在 1.203～1.549，变化范围为 0.346，水平切面粒度分维值在 1.217～1.534，变化范围是 0.317，说明土体粒度分维值变异性较明显，并且竖直方向上施加的固结压力，导致了竖直切面粒度分维调整要大于水平切面。

表 4.27 不同固结压力下洞庭湖南部腹地四类土体结构单元体粒度分维（D_{ps}）

土体类型	固结压力/kPa	竖直切面粒度分维	水平切面粒度分维
粉质黏土	0	1.451	1.472
	25	1.458	1.534
	50	1.442	1.458
	100	1.388	1.410
	200	1.360	1.393
	300	1.355	1.337
	400	1.242	1.315
淤泥质粉质黏土	0	1.524	1.534
	25	1.506	1.535
	50	1.463	1.522
	100	1.380	1.427
	200	1.350	1.330
	300	1.332	1.262
	400	1.302	1.253
黏土	0	1.549	1.515
	25	1.525	1.453
	50	1.470	1.380
	100	1.337	1.323
	200	1.336	1.301
	300	1.239	1.246
	400	1.229	1.217

续表

土体类型	固结压力/kPa	竖直切面粒度分维	水平切面粒度分维
砂纹淤泥质土	0	1.510	1.418
	25	1.512	1.406
	50	1.495	1.386
	100	1.308	1.378
	200	1.304	1.247
	300	1.214	1.238
	400	1.203	1.291

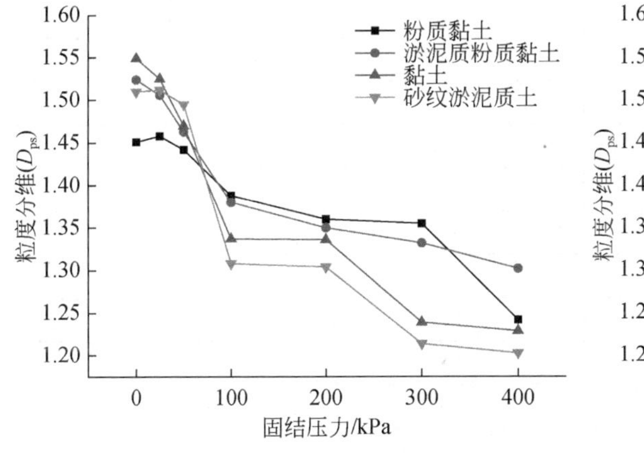

图 4.72　土体竖直切面 D_{ps}-p 关系

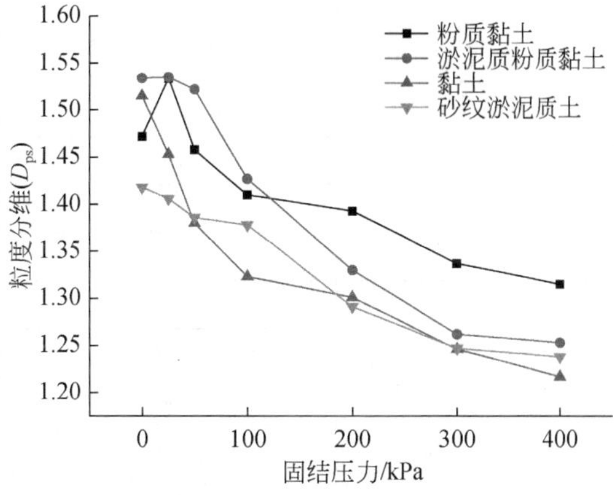

图 4.73　土体水平切面 D_{ps}-p 关系

在竖直切面上，固结初期（$p\leqslant50$kPa），由于土体本身存在结构性，四类软土粒度分维（D_{ps}）变化不大，砂纹淤泥质土的 D_{ps}-p 曲线随固结压力增加呈先增大后减小的趋势，和粉质黏土相同，与淤泥质粉质黏土和黏土的变化趋势则稍有不同；50kPa<$p\leqslant$100kPa 时砂纹淤泥质土 D_{ps} 下降明显，降低了 0.187，而 100kPa<$p\leqslant$200kPa 时粒度分维却只下降了 0.004，说明由于孔隙水压力的排出使得有效应力增加，砂纹淤泥质土结构单元体不断聚集和破碎，导致粒度分维下降趋势变化较大；200kPa<$p\leqslant$400kPa 时，砂纹淤泥质土粒度分维下降趋势呈先快速后平缓，这是因为土颗粒再次进行了自我调整，以一种稳定状态向另一种稳定状态转变。

在水平切面上，当 $p\leqslant$100kPa 时砂纹淤泥质土和黏土变化趋势相同，粒度分维随着固结压力增加呈逐渐减小趋势，而粉质黏土和淤泥质粉质黏土则随固结压力增加呈先增大再减小的趋势。当 100kPa<$p\leqslant$400kPa 时，砂纹淤泥质土和淤泥质粉质黏土的变化趋势类似，300kPa 之前曲线下降迅速，之后逐渐平缓，而粉质黏土和黏土的 D_{ps} 随着固结压力的增加呈折线下降。

4.3.2.2　结构单元体分布分维（D_{pd}）与固结压力关系

从表 4.28 和图 4.74、图 4.75 可以得出不同固结压力下洞庭湖四类土体结构单元体分布分维的变化规律，竖直切面和水平切面分布分维分别为 1.727～1.950 和 1.804～1.948，说明固结压力对结构单元体分布虽有影响，但由于分布分维值较高，土体结构仍比较复杂。当 $p \leqslant 200$kPa 时，外力作用使得结构单元体分布重新调整，无论是竖直切面还是水平切面，四类土体分布分维值波动都较明显，之后随着固结压力的增加分布分维逐渐趋于稳定。

表 4.28　不同固结压力下洞庭湖南部腹地四类土体结构单元体分布分维（D_{pd}）

土体类型	固结压力/kPa	竖直切面分布分维	水平切面分布分维
粉质黏土	0	1.727	1.804
	25	1.825	1.833
	50	1.841	1.874
	100	1.880	1.882
	200	1.883	1.881
	300	1.911	1.909
	400	1.943	1.920
淤泥质粉质黏土	0	1.822	1.804
	25	1.814	1.811
	50	1.834	1.813
	100	1.852	1.815
	200	1.915	1.901
	300	1.927	1.909
	400	1.943	1.916
黏土	0	1.812	1.825
	25	1.873	1.868
	50	1.898	1.886
	100	1.919	1.888
	200	1.923	1.903
	300	1.94	1.928
	400	1.945	1.948
砂纹淤泥质土	0	1.906	1.833
	25	1.901	1.859
	50	1.914	1.862
	100	1.928	1.884
	200	1.934	1.925
	300	1.945	1.934
	400	1.950	1.939

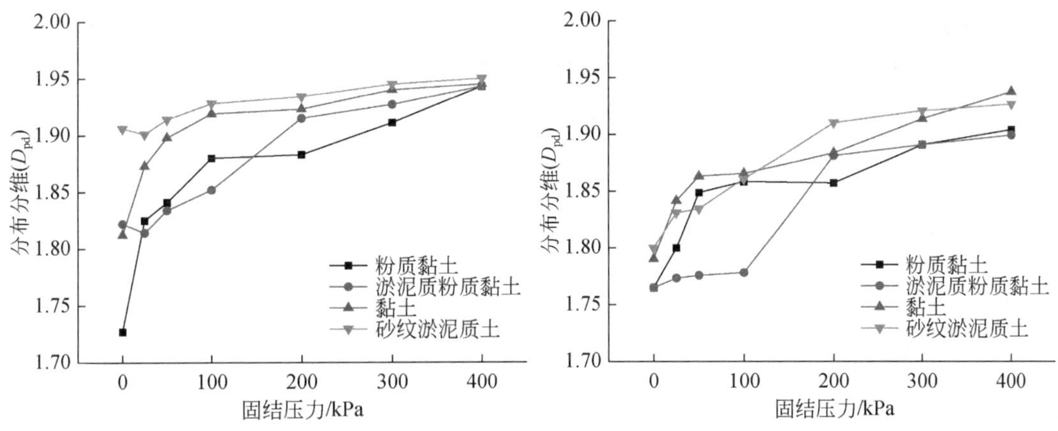

图 4.74　土体竖直切面 D_{pd}-p 关系图　　图 4.75　土体水平切面 D_{pd}-p 关系图

此外，相比于原状土，固结压力为 25kPa 时砂纹淤泥质土和淤泥质粉质黏土在竖直切面上分布分维分别下降了 0.008 和 0.005，与总体增长的趋势相反，当 $p>25$kPa 时两种软土分布分维才随固结压力逐渐增大，并且从图 4.74 可以看出，随着固结压力增加砂纹淤泥质土结构单元体竖直切面上分布分维相对于其他三类土体而言增幅最小，究其原因是竖向施加的压力使土体中的粉细砂填充了一部分孔隙，加上粉细砂较难被压缩，导致分布分维变化较小。随着固结压力增加砂纹淤泥质土水平切面上分布分维前期增长迅速后期逐渐趋于稳定，当 p=100kPa 时，砂纹淤泥质土与粉质黏土和黏土的分布分维值十分接近，只相差 0.006，且超过了淤泥质粉质黏土 0.069；当 100kPa$<p\leqslant$400kPa 时，四类土体分布分维逐渐趋于稳定，分析其原因是固结压力使结构单元体聚集，土体密度增加，后期荷载对结构单元体分布的影响已不大。

4.3.2.3　结构单元体表面起伏分维（D_{pr}）与固结压力关系

图 4.76、图 4.77 分别为洞庭湖四类土体竖直切面和水平切面表面起伏分维（D_{pr}）与固结压力（p）的关系曲线，其具体数据见表 4.29。对比图 4.76 和图 4.77 可以看出，由于荷载从竖直方向施加，洞庭湖四类土体结构单元体水平切面表面起伏分维受固结压力影响要大于竖直切面，表面起伏分维的下降说明荷载使得结构单元体表面趋于平整，与固结试验结果相符合。

从图 4.76 可知，固结初期（p =50kPa）砂纹淤泥质土、粉质黏土、淤泥质粉质黏土和黏土结构单元体竖直切面的表面起伏分维比原状土分别下降了 13.5%、4.1%、3.2%、5.2%，砂纹淤泥质土受到的影响最大，分析其原因是砂纹淤泥质土中粉细砂含量较多，容易产生不均匀受力，导致结构单元体不断地聚合、分散，破坏了其表面的完整程度；当 50kPa$<p\leqslant$400kPa 时，洞庭湖四类土体竖直切面表面起伏分维随着固结压力的增加呈逐渐减小的趋势，但是变化稍有不同，如砂纹淤泥质土在固结压力从 100kPa 增加到 200kPa 时，其 D_{pr} 呈近水平增加，到了 300kPa 时又快速下降，400kPa 时 D_{pr}-p 曲线已近乎水平；此外，从图 4.77 可知，洞庭湖四类土体水平切面表面起伏分维受荷载影响也比较明显，其 D_{pr}-p 曲线变化趋势与竖直切面大致相同，但砂纹淤泥质土 D_{pr}-p 曲线却与总体趋势略有区别，呈先降低

后增加再降低的趋势。D_{pr}-p 曲线的不断变化，表明了固结压力对表面起伏分维的影响是非常明显的，不断增加的固结压力导致孔隙水被排出，结合水膜变薄，粒间距离减小，结构单元体相互作用增强，使颗粒表面逐渐圆滑，故从微观上表现为表面起伏分维的降低。

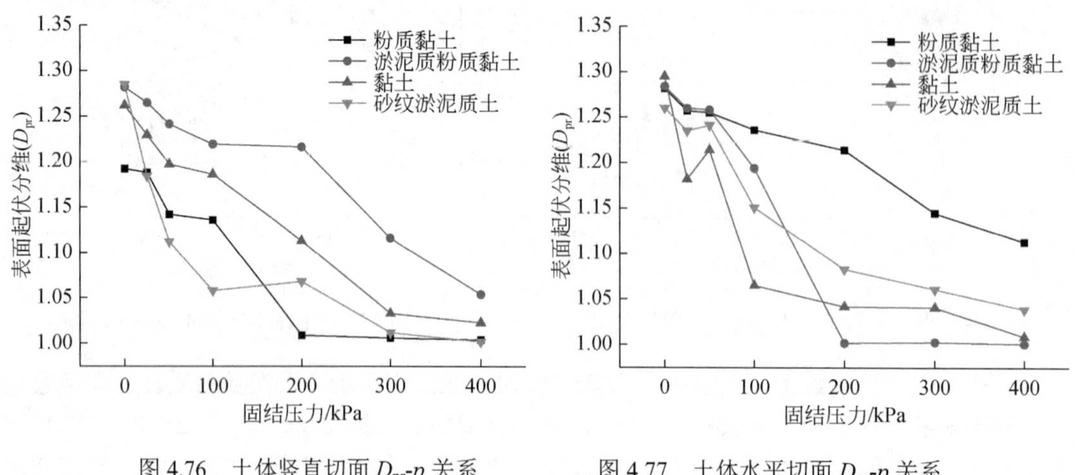

图 4.76 土体竖直切面 D_{pr}-p 关系　　图 4.77 土体水平切面 D_{pr}-p 关系

表 4.29 不同固结压力下洞庭湖南部腹地四类土体结构单元体表面起伏分维（D_{pr}）

土体类型	固结压力/kPa	竖直切面表明起伏分维	水平切面表明起伏分维
粉质黏土	0	1.192	1.282
	25	1.188	1.257
	50	1.142	1.255
	100	1.136	1.236
	200	1.009	1.214
	300	1.006	1.145
	400	1.004	1.113
淤泥质粉质黏土	0	1.282	1.284
	25	1.265	1.260
	50	1.241	1.258
	100	1.219	1.194
	200	1.216	1.002
	300	1.116	1.003
	400	1.054	1.001
黏土	0	1.262	1.182
	25	1.229	1.295
	50	1.197	1.214
	100	1.186	1.065
	200	1.113	1.042
	300	1.033	1.041
	400	1.023	1.009

续表

土体类型	固结压力/kPa	竖直切面表明起伏分维	水平切面表明起伏分维
砂纹淤泥质土	0	1.285	1.260
	25	1.184	1.235
	50	1.112	1.241
	100	1.058	1.151
	200	1.068	1.083
	300	1.012	1.061
	400	1.002	1.039

4.3.3　固结过程中孔隙分形特征变化

4.3.2 节研究了固结过程中结构单元体的分形特征变化，本节将探讨洞庭湖四类土体在不同固结压力作用下孔径分维（D_{bs}）和孔隙分布分维（D_{bd}）的变化情况。

4.3.3.1　孔径分维（D_{bs}）与固结压力关系

表 4.30 和图 4.78、图 4.79 反映地是洞庭湖四类土体竖直切面和水平切面孔径分维(D_{bs})与固结压力的关系。从总体上来看，D_{bs}-p 曲线随着固结压力的增加呈逐渐减小的趋势，说明荷载使土体孔隙进行不断调整，以到达最佳稳定状态。D_{bs} 越小，孔隙的均一化程度越高，孔隙尺寸相差越小，土体整体性越好。

表 4.30　不同固结压力下洞庭湖南部腹地四类土体孔径分维（D_{bs}）

土体类型	固结压力/kPa	竖直切面孔径分维	水平切面孔径分维
粉质黏土	0	1.178	1.198
	25	1.173	1.195
	50	1.167	1.149
	100	1.144	1.140
	200	1.129	1.135
	300	1.126	1.133
	400	1.119	1.105
淤泥质粉质黏土	0	1.153	1.197
	25	1.149	1.170
	50	1.144	1.168
	100	1.137	1.157
	200	1.130	1.138
	300	1.125	1.121
	400	1.116	1.114
黏土	0	1.163	1.179
	25	1.161	1.168
	50	1.140	1.167
	100	1.139	1.165
	200	1.138	1.160
	300	1.134	1.145
	400	1.126	1.112

续表

土体类型	固结压力/kPa	竖直切面孔径分维	水平切面孔径分维
砂纹淤泥质土	0	1.160	1.197
	25	1.145	1.193
	50	1.144	1.192
	100	1.137	1.170
	200	1.131	1.151
	300	1.128	1.150
	400	1.111	1.123

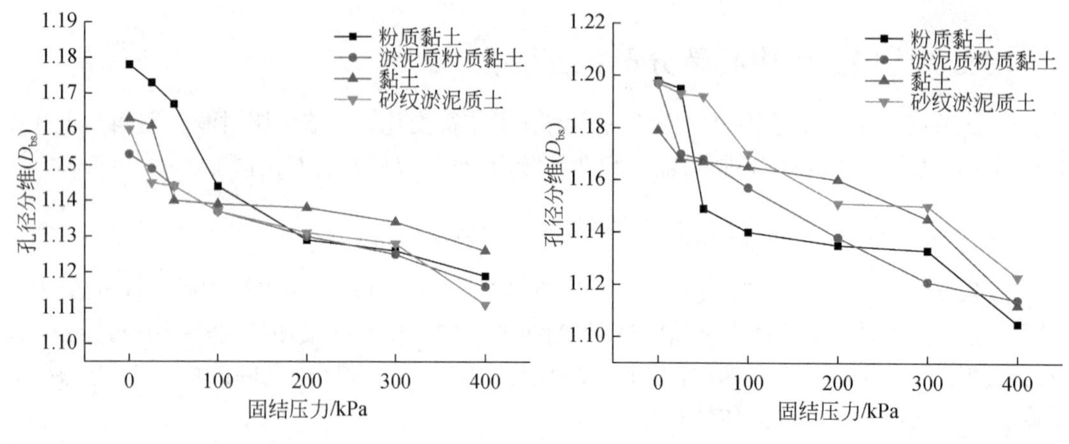

图 4.78 土体竖直切面 D_{bs}-p 关系

图 4.79 土体水平切面 D_{bs}-p 关系

从图 4.78 可知，p≤25kPa 时，砂纹淤泥质土竖直切面孔径分维下降幅度较大，25kPa<p≤300kPa 时，孔径分维降幅较平稳，当 300kPa<p≤400kPa 时，D_{bs}-p 曲线又快速下降，究其原因是固结压力首先使砂纹淤泥质土中淤泥质土的孔隙被压缩，之后才是将粉细砂压入淤泥质土的过程。

从图 4.79 可知，水平切面上洞庭湖四类土体孔径分维 D_{bs} 的变化趋势与竖直切面基本类似，但是水平切面的变化幅度明显较高，说明固结压力对水平切面的影响要远远超过竖直切面；对于砂纹淤泥质土而言，固结初期（p≤100kPa）砂纹淤泥质土的孔径分维存在一个急剧下降的阶段，p=100～300kPa 时，孔径分维下降了 0.02，而 p=300～400kPa 时，孔径分维降低了 0.027，分析其原因可能是固结压力使得土体内本来存在的大孔隙破碎重组成多个小孔隙，土体逐渐密实，从而导致孔径分维不断下降，与固结特性的研究相符合，表明孔径分维可以反映土体的宏观变化。

4.3.3.2 孔隙分布分维（D_{bd}）与固结压力关系

从表 4.31 和图 4.80、图 4.81 可以得出无论是竖直切面还是水平切面，洞庭湖四类土体孔隙分布分维在固结过程中都呈逐渐减小的趋势，竖直切面 D_{pd} 为 1.355～1.784，相差 0.429，水平切面 D_{pd} 为 1.369～1.795，相差 0.426，说明固结压力对孔隙形态影响比较大。当 p≤200kPa 时，无论是竖直切面还是水平切面，荷载都使得砂纹淤泥质土孔隙分布分维快速下降，降幅分别为 16.93%和 15.06%，说明竖直方向对固结压力的敏感程度更高；当 200kPa＜p≤400kPa 时，砂纹淤泥质土孔隙分布分维在竖直切面和水平切面分别降低了 7.42%和 5.03%，可知固结后期砂纹淤泥质土孔隙形态逐渐趋于稳定。

表 4.31　不同固结压力下洞庭湖南部腹地四类土体孔隙分布分维（D_{bd}）

土体类型	固结压力/kPa	竖直切面孔隙分布分维	水平切面孔隙分布分维
粉质黏土	0	1.690	1.770
	25	1.552	1.724
	50	1.501	1.722
	100	1.495	1.719
	200	1.490	1.542
	300	1.438	1.481
	400	1.393	1.369
淤泥质粉质黏土	0	1.658	1.795
	25	1.643	1.763
	50	1.627	1.699
	100	1.593	1.673
	200	1.521	1.513
	300	1.503	1.519
	400	1.355	1.434
黏土	0	1.743	1.719
	25	1.724	1.699
	50	1.694	1.572
	100	1.600	1.558
	200	1.514	1.519
	300	1.484	1.518
	400	1.389	1.453
砂纹淤泥质土	0	1.784	1.707
	25	1.779	1.544
	50	1.722	1.539
	100	1.611	1.481
	200	1.482	1.450
	300	1.412	1.402
	400	1.372	1.377

分析洞庭湖四类土体 D_{pd}-p 曲线产生的原因是由于固结初期荷载超过了土体的屈服应力，使得大孔隙不断分解为中、小孔隙，土体密实度增加、孔隙比降低、土颗粒之间接触变得更加紧密，到了后期，孔隙的调整越来越困难，很难再向超微孔隙结构发展，致使土体结构达到一种新的平衡，孔隙分布分维逐渐趋于稳定。

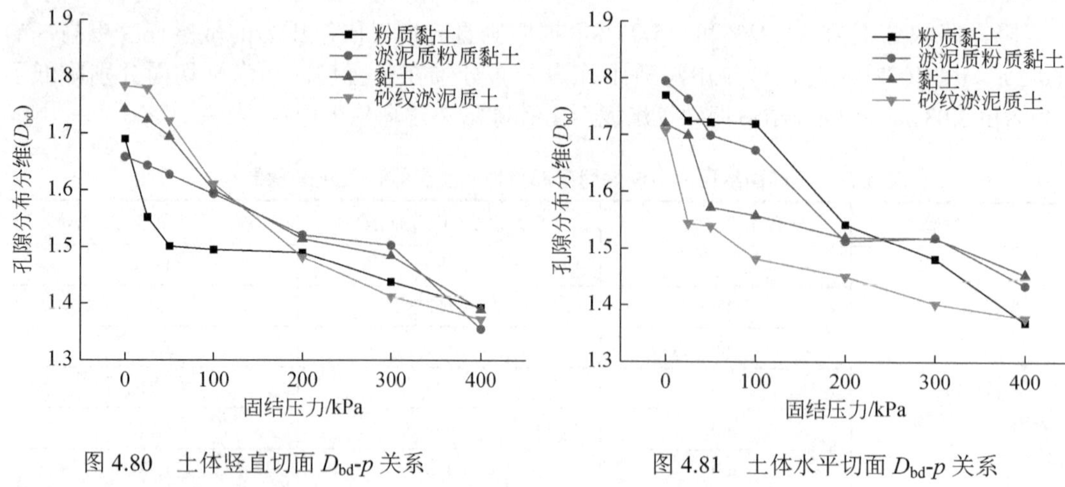

图 4.80　土体竖直切面 D_{bd}-p 关系　　　图 4.81　土体水平切面 D_{bd}-p 关系

4.3.4　孔隙分形特征与渗透性的关联性分析

研究表明，软土的孔隙特性对其渗透性影响较大，孔隙的变化会使得软土的强度和变形等工程特性发生巨大改变，本节探讨了孔径分维（D_{bs}）和孔隙分布分维（D_{bd}）与渗透系数的关系。

4.3.4.1　孔径分维（D_{bs}）与渗透系数关系

图 4.82 和图 4.83 反映了竖直切面和水平切面洞庭湖四类土体孔径分维与渗透系数的关系，其具体数值见表 4.32。

表 4.32　洞庭湖南部腹地四类土体渗透系数（k）与孔径分维（D_{bs}）

土体类型	固结压力/kPa	孔径分维（D_{bs}）		渗透系数（k）/(10^{-7}cm/s)	
		竖直切面	水平切面	k_v	k_h
粉质黏土	0	1.178	1.198	1.49	1.24
	25	1.173	1.195	1.37	1.15
	50	1.167	1.149	1.23	1.13
	100	1.144	1.140	1.10	1.07
	200	1.129	1.135	1.09	0.96
	300	1.126	1.133	0.98	0.91
	400	1.119	1.105	0.92	0.85
淤泥质粉质黏土	0	1.153	1.197	3.85	3.24
	25	1.149	1.170	3.52	3.15
	50	1.144	1.168	3.11	2.64
	100	1.137	1.157	2.41	2.08
	200	1.130	1.138	1.33	1.91
	300	1.125	1.121	1.09	1.37
	400	1.116	1.114	0.97	1.08

续表

土体类型	固结压力/kPa	孔径分维（D_{bs}）		渗透系数（k）/(10^{-7}cm/s)	
		竖直切面	水平切面	k_v	k_h
黏土	0	1.163	1.179	3.68	4.55
	25	1.161	1.168	3.53	3.88
	50	1.140	1.167	2.81	3.11
	100	1.139	1.165	1.89	2.40
	200	1.138	1.160	1.42	1.99
	300	1.134	1.145	1.03	1.34
	400	1.126	1.112	0.92	0.97
砂纹淤泥质土	0	1.160	1.197	4.69	116.29
	25	1.145	1.193	4.17	93.25
	50	1.144	1.192	3.13	88.51
	100	1.137	1.170	2.62	84.18
	200	1.131	1.151	1.67	50.23
	300	1.128	1.150	1.24	44.17
	400	1.103	1.123	1.13	36.10

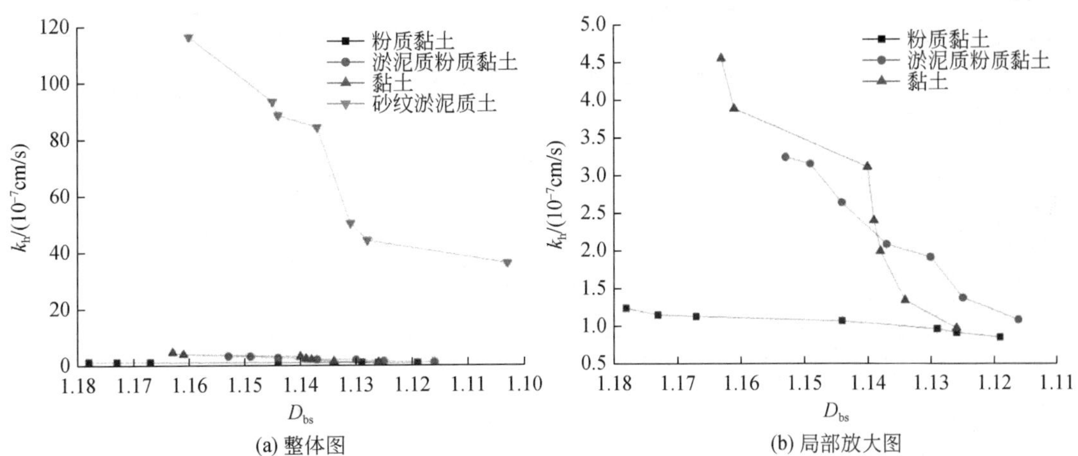

(a) 整体图　　(b) 局部放大图

图 4.82　洞庭湖南部腹地四类土体竖直切面 k_h-D_{bs} 关系曲线

由图 4.82（a）、（b）可以看出，四类土体水平向渗透系数随着竖直切面孔径分维的降低而降低，k_h 与竖直切面 D_{bs} 呈明显正相关性，由于砂纹淤泥质土的水平向渗透系数要远超过其他三种软土，导致图 4.82（a）中其他三类软土的 k_h-D_{bs} 曲线看似十分接近，将该区域局部放大后见图 4.82（b），可知三条曲线的变化规律还是存在较明显差异，说明了固结压力使孔隙体积逐渐减小，颗粒之间距离缩短，渗流通道变窄，导致孔隙水难以流动，从宏观上表现为渗透系数降低。从图 4.83 可知，四类土体垂直向渗透系数也随着水平切面孔径分维的减小而减小，且 k_v 与水平切面 D_{bs} 也存在线性正相关关系。

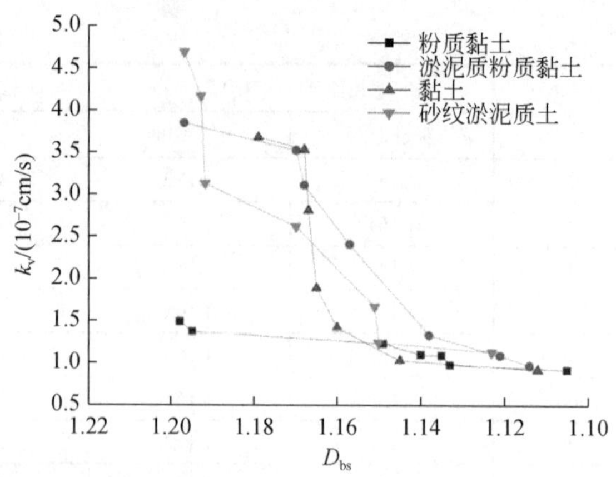

图 4.83 洞庭湖南部腹地四类土体水平切面 k_v-D_{bs} 关系曲线

4.3.4.2 孔隙分布分维（D_{bd}）与渗透系数关系

图 4.84、图 4.85 反映了洞庭湖四类土体竖直切面和水平切面土体孔隙分布分维与渗透系数的关系，其具体数值见表 4.33。

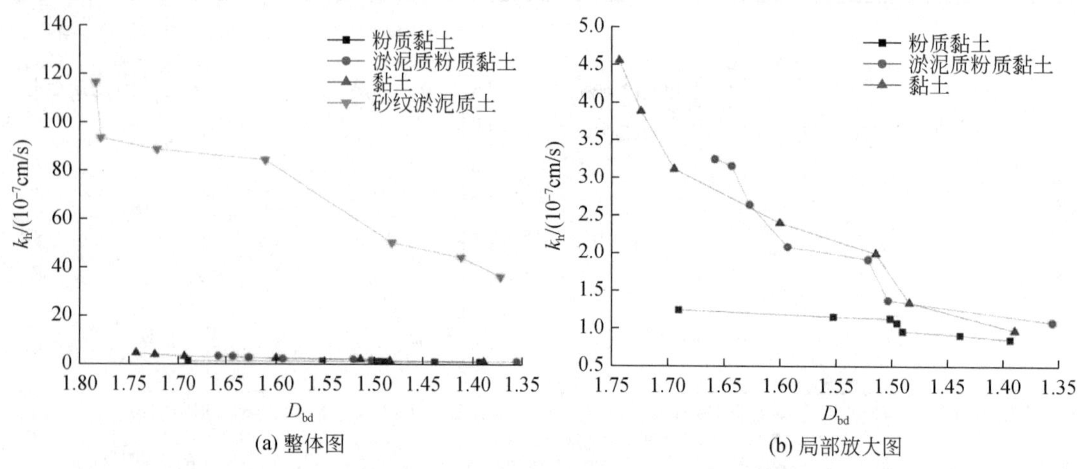

(a) 整体图　　(b) 局部放大图

图 4.84 洞庭湖南部腹地四类土体竖直切面 k_h-D_{bd} 关系曲线

从图 4.84 和图 4.85 可以看出，洞庭湖四类土体水平向渗透系数（k_v）与竖直切面孔隙分布分维（D_{bd}），垂直向渗透系数（k_h）与水平切面孔隙分布分维（D_{bd}）均存在明显的线性正相关性，即土体渗透系数随着孔隙分布分维的降低而降低，究其原因是固结压力使竖直切面和水平切面上的孔隙分布面积减小，同时使结构单元体接触面积增加，从而导致了渗透性降低。此外，由图 4.84（a）、（b）可以得出与 4.3.4.1 小节类似的结论，砂纹淤泥质土的水平向渗透系数要远远超过其他三类软土，局部放大之后可知粉质黏土、淤泥质粉质黏土和黏土的 k_h-D_{bd} 曲线关系还是存在较大差异。

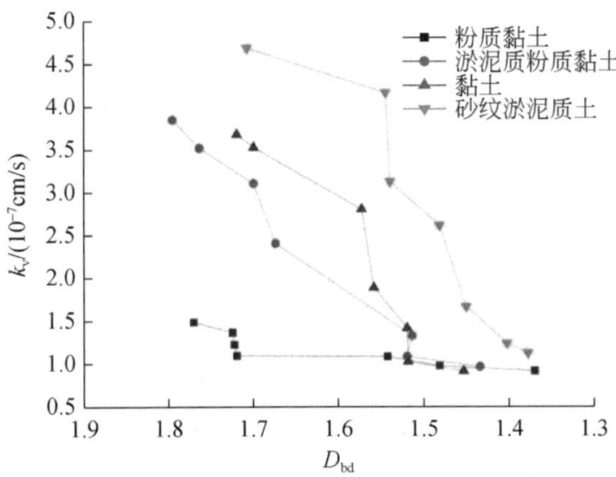

图 4.85　洞庭湖南部腹地四类土体水平切面 k_v-D_{bd} 关系曲线

表 4.33　洞庭湖南部腹地四类土体渗透系数（*k*）与孔隙分布分维（D_{bd}）

土体类型	固结压力/kPa	孔隙分布分维（D_{bd}）		渗透系数（*k*）/(10^{-7}cm/s)	
		竖直切面	水平切面	k_v	k_h
粉质黏土	0	1.690	1.770	1.49	1.24
	25	1.552	1.724	1.37	1.15
	50	1.501	1.722	1.23	1.13
	100	1.495	1.719	1.10	1.07
	200	1.490	1.542	1.09	0.96
	300	1.438	1.481	0.98	0.91
	400	1.393	1.369	0.92	0.85
淤泥质粉质黏土	0	1.658	1.795	3.85	3.24
	25	1.643	1.763	3.52	3.15
	50	1.627	1.699	3.11	2.64
	100	1.593	1.673	2.41	2.08
	200	1.521	1.513	1.33	1.91
	300	1.503	1.519	1.09	1.37
	400	1.355	1.434	0.97	1.08
黏土	0	1.743	1.719	3.68	4.55
	25	1.724	1.699	3.53	3.88
	50	1.694	1.572	2.81	3.11
	100	1.600	1.558	1.89	2.40
	200	1.514	1.519	1.42	1.99
	300	1.484	1.518	1.03	1.34
	400	1.389	1.453	0.92	0.97

续表

土体类型	固结压力/kPa	孔隙分布分维（D_{bd}）		渗透系数（k）/(10^{-7}cm/s)	
		竖直切面	水平切面	k_v	k_h
砂纹淤泥质土	0	1.784	1.707	4.69	116.29
	25	1.779	1.544	4.17	93.25
	50	1.722	1.539	3.13	88.51
	100	1.611	1.481	2.62	84.18
	200	1.482	1.450	1.67	50.23
	300	1.412	1.402	1.24	44.17
	400	1.372	1.377	1.13	36.10

4.4 一维固结蠕变模型研究

砂纹淤泥质土相比于质地较纯的软土具有湿密度较高、孔隙比较小、塑性指数较小等特点，也表现出一定的蠕变特性。软土地基在长期荷载作用下因土体蠕变引起的工后沉降，极易损害湖区软土工程长期营运的安全性，给地区经济发展和城市建设带来严重影响。因此，建立反映洞庭湖区特有的砂纹淤泥质土蠕变特性的本构模型，对控制湖区软土工程的工后沉降、确保其长期安全营运具有重要的工程意义。

目前，用来描述软土蠕变特性的本构模型大致有两类，分别是元件模型和经验模型。元件模型常使用相关的力学模型元件的组合来描述软土的力学特性，基本力学模型元件有Hooke弹性体、Newton黏滞体和St. Venant塑性体。对于复杂的力学模型，可结合上述三种基本力学模型元件的特性，对三种基本元件进行合理的组合，使其形成能反映软土弹塑性特性的力学模型。此类模型概念直观、物理意义相对明确，但要准确地描述软土蠕变特征需采用多元件组合，易导致本构方程相对复杂、模型参数增多，不便于工程应用。元件模型能较好地描述软土线性蠕变特征，对于具有非线性蠕变特征的软土，模型的适用性较差。经验模型基于试验数据，利用常用的数学函数，如指数函数、对数函数等对软土蠕变数据进行拟合，得到应力-应变-时间关系的函数表达式，以此来描述软土的蠕变特性。目前，较为常用的经验模型主要有Mesri模型和Singh-Mitchell模型。该类模型的参数较少且易求得，同时拟合结果较精确，通常能很好地预测土体的长期变形特性而被经常应用于实际工程中。虽然经验蠕变模型不具备完善的理论意义，但是能较好地描述软土的非线性蠕变特征并能预测土体的长期变形。

4.4.1 一维固结蠕变试验及结果分析

1. 试验方法

用高度为2cm、截面积为30cm^{2}的环刀截取试样，置入真空缸内，抽气至真空表读数达到−0.1MPa左右后，继续保持抽气1h，之后轻微开启注水管阀门，让自来水徐徐注入，注水过程中控制注水速率，确保真空表读数维持不变，直至水面完全覆盖饱和器，停止抽气，土样静置 24 h 后即可开始试验。

试验在南京土壤仪器厂有限公司生产的 WG 型单杠杆三联高压固结仪上进行，试验过程中试样双面排水。采用分级加载方式，第 1 级为 12.5kPa，后续加载每级增加 1 倍，直至达到最大加载 3200kPa。每级荷载加荷后停歇 7d，再加下一级荷载。加荷后的前 24h 内，参照《土工试验方法标准》(GBT 50213－2019) 规定的时间顺序测记百分表读数，以后每隔 1d 在同一时间测记一次，直至加载下一级荷载。

2. 应变-时间双对数关系曲线

图 4.86 为洞庭湖砂纹淤泥质土在不同固结应力作用下的应变-时间双对数关系曲线。受篇幅所限，本节只列举 1#、3#土样的应变-时间双对数关系曲线，以下依此类推。图 4.86

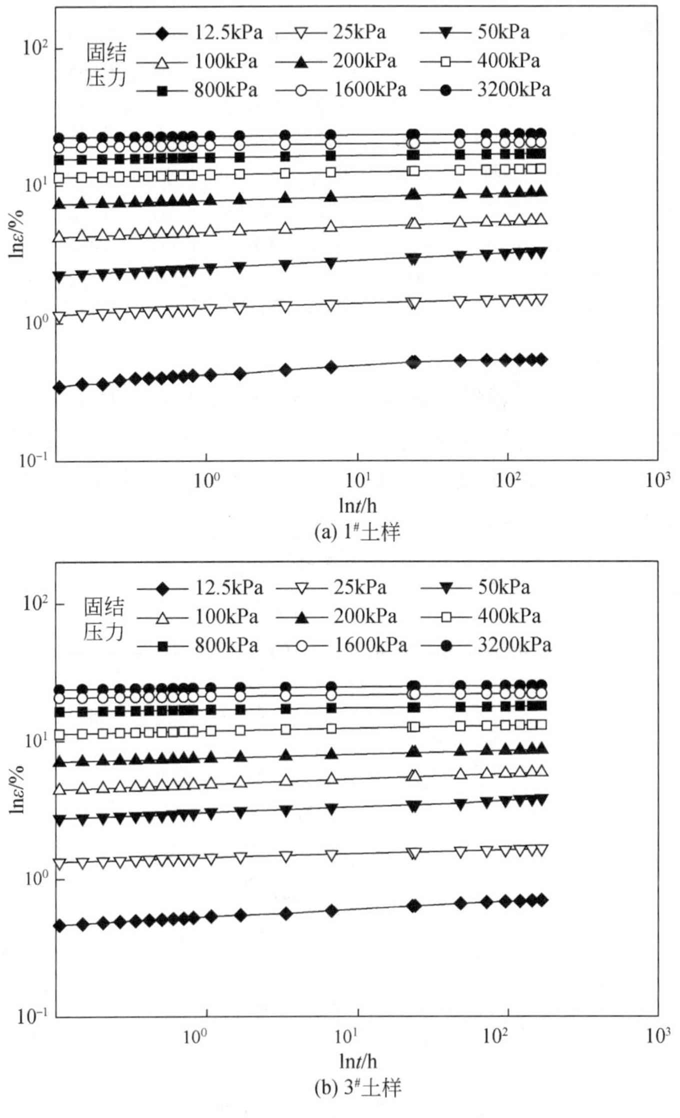

(a) 1#土样

(b) 3#土样

图 4.86　lhε-ln$t$ 关系曲线

显示，轴向应变（ε）与时间（t）在双对数坐标系中呈良好的线性递增关系，随着固结应力的增加，相邻两级荷载作用下 $\ln\varepsilon$-$\ln t$ 关系曲线的间距逐渐缩小。在高应力水平下，曲线逐渐趋于水平。应变-时间双对数关系随固结应力的变化规律与文献对上海海相软土进行一维固结蠕变试验得到的结论完全相反。

将图 4.86 中 $\ln\varepsilon$-$\ln t$ 关系曲线自 t=1h 后的后段视为直线，采用线性函数耦合拟合得到不同固结应力下的直线的斜率（λ），见表 4.34。

表 4.34 λ值

固结应力（σ）/kPa	1#土样		2#土样		3#土样		4#土样		5#土样		6#土样	
	λ	R^2	λ	R^2	λ	R^2	λ	R^2	λ	R^2	λ	R^2
12.5	0.0812	0.8362	0.0985	0.8068	0.0813	0.8141	0.0842	0.8896	0.0795	0.8821	0.0800	0.8007
25.0	0.0677	0.8598	0.0780	0.8302	0.0697	0.8906	0.0676	0.8874	0.0645	0.8438	0.0649	0.8022
50.0	0.0662	0.9607	0.0614	0.9690	0.0678	0.9149	0.0688	0.9590	0.0662	0.9597	0.0677	0.9069
100.0	0.0338	0.9271	0.0391	0.9766	0.0323	0.9564	0.0330	0.9669	0.0323	0.9312	0.0350	0.9150
200.0	0.0244	0.9396	0.0302	0.9805	0.0232	0.9409	0.0245	0.9109	0.0255	0.9792	0.0236	0.9800
400.0	0.0195	0.9619	0.0224	0.9482	0.0194	0.9608	0.0196	0.9311	0.0189	0.9630	0.0203	0.9525
800.0	0.0156	0.9454	0.0179	0.9877	0.0148	0.9720	0.0158	0.9089	0.0155	0.9162	0.0156	0.9109
1600.0	0.0127	0.9415	0.0143	0.9053	0.0132	0.9482	0.0131	0.9033	0.0121	0.9605	0.0129	0.9279
3200.0	0.0104	0.9277	0.0121	0.9393	0.0099	0.9131	0.0104	0.9744	0.0104	0.9245	0.0103	0.9077

注：R^2 为决定系数。

表 4.34 显示，在固结应力较低时，同一试样在不同固结应力作用下的λ值相差较大，λ值随着固结应力（σ）的增加而显著减小；在固结应力较大时，λ的值减小的速率会明显降低。λ值与固结应力（σ）的关系见图 4.87，其函数关系可用下式拟合。

$$\lambda=\frac{1+c\sigma}{d+e\sigma} \tag{4.35}$$

式中，c、d、e 分为拟合参数，见表 4.35。

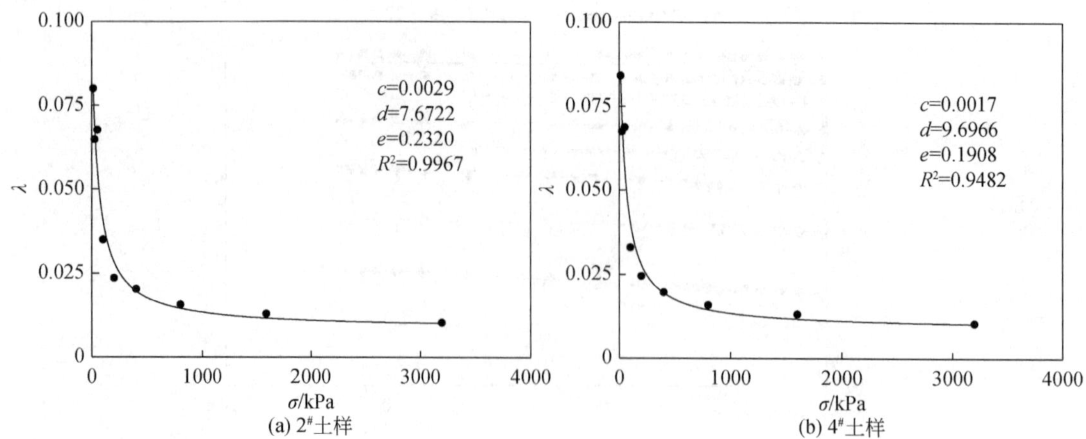

(a) 2#土样 (b) 4#土样

图 4.87 λ与固结应力（σ）的关系

表 4.35　*c*、*d*、*e* 拟合值一览表

土样编号	c	d	e	R^2
1#	0.0016	10.0776	0.1872	0.9602
2#	0.0029	7.6722	0.2320	0.9967
3#	0.0015	9.8889	0.1873	0.9500
4#	0.0017	9.6966	0.1908	0.9482
5#	0.0016	10.4470	0.1869	0.9491
6#	0.0015	10.4698	0.1774	0.9474

3. 应变-应力等时曲线

图 4.88 为试验得到的部分土样应变-应力等时曲线，从图中可以发现，历时不同的曲线存在一定差异，但差异较小，整体呈一簇相似的曲线，且历时越长应变越大，不同历时曲线之间间距较小；相邻历时曲线形状大致一致，无明显差异，与谢新宇等（2012）、杨超等（2015，2018）分别对宁波软土和上海海相软土进行一维固结试验得到的应变-应力关系一致。

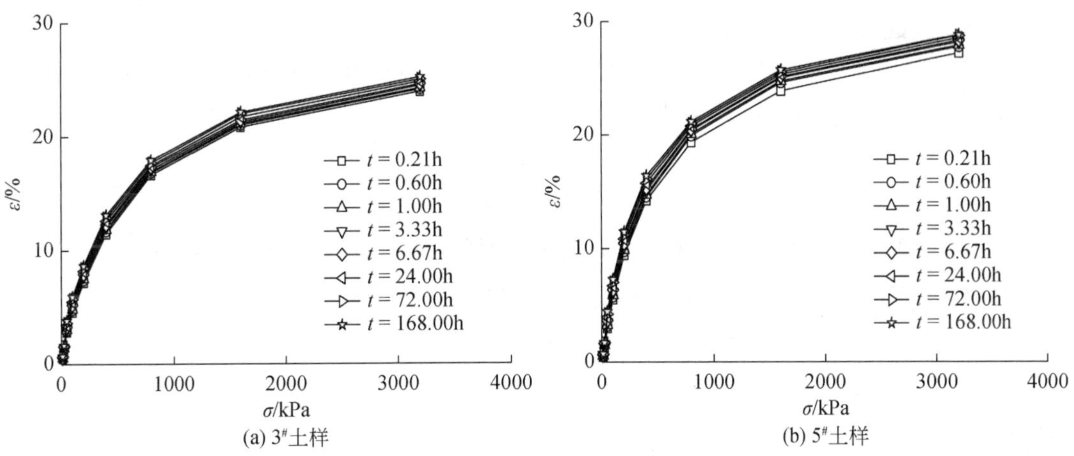

图 4.88　应变-应力等时曲线

对图 4.88 中的应变-应力等时曲线采用双曲线函数进行拟合。

$$\varepsilon = \frac{\sigma}{a + b\sigma} \tag{4.36}$$

式中，a、b 均为拟合参数，见表 4.36。表 4.36 数据显示，双曲线函数拟合不同时刻洞庭湖软土的应变-应力关系，精度极高。

表 4.36　*a*、*b* 值一览表

时间（t）/h	1#土样			2#土样			3#土样		
	a	b	R^2	a	b	R^2	a	b	R^2
0.20	20.816	0.0380	0.9973	16.517	0.0371	0.9947	19.904	0.0383	0.9928
0.50	20.117	0.0378	0.9946	15.935	0.0369	0.9980	19.206	0.0382	0.9928
1.00	19.730	0.0378	0.9937	15.620	0.0369	0.9980	18.821	0.0382	0.9968
3.00	19.023	0.0376	0.9943	15.014	0.0368	0.9939	18.107	0.0382	0.9946
8.00	18.535	0.0376	0.9914	14.621	0.0367	0.9959	17.604	0.0381	0.9909
24.00	17.736	0.0376	0.9930	14.013	0.0366	0.9911	16.845	0.0381	0.9957
72.00	17.057	0.0375	0.9962	13.434	0.0364	0.9913	16.124	0.0380	0.9945
168.00	16.527	0.0375	0.9972	12.895	0.0364	0.9921	15.566	0.0380	0.9973

续表

时间（t）/h	4#土样			5#土样			6#土样		
	a	b	R^2	a	b	R^2	a	b	R^2
0.20	19.738	0.0356	0.9912	16.261	0.0322	0.9923	20.535	0.0322	0.9918
0.50	19.018	0.0350	0.9924	15.652	0.0315	0.9951	19.881	0.0320	0.9939
1.00	18.640	0.0349	0.9963	15.304	0.0315	0.9924	19.519	0.0319	0.9991
3.00	17.899	0.0349	0.9976	14.662	0.0314	0.9964	18.846	0.0316	0.9958
8.00	17.465	0.0349	0.9919	14.280	0.0315	0.9912	18.437	0.0315	0.9929
24.00	16.596	0.0350	0.9974	13.539	0.0315	0.9927	17.707	0.0312	0.9915
72.00	15.895	0.0352	0.9977	12.942	0.0316	0.9919	17.072	0.0310	0.9952
168.00	15.320	0.0353	0.9937	12.446	0.0316	0.9964	16.586	0.0309	0.9954

4.4.2 洞庭湖砂纹淤泥质土经验蠕变模型

1. 模型构建

在描述软土蠕变特性的经验模型中，最典型的属 Singh 和 Mitchell 于 1968 年通过三轴蠕变试验得到的 Singh-Mitchell 经验模型，即

$$\dot{\varepsilon} = A\mathrm{e}^{\alpha D}\left(\frac{t_1}{t}\right)^m \tag{4.37}$$

式中，$\dot{\varepsilon}$ 为应变率；D 为剪应力水平；t_1 为参考时间；A、α、m 均为常量参数。

当 $m \neq 1$ 时，对式（4.37）积分并进行整理可得

$$\varepsilon = \varepsilon_0 + \frac{At_1}{1-m}\mathrm{e}^{\alpha D}\left(\frac{t}{t_1}\right)^{1-m} \tag{4.38}$$

式中，ε_0 为瞬时弹塑性应变。

不考虑初始应变时，$\varepsilon_0 = 0$，式（4.38）简化为

$$\varepsilon = B_1\mathrm{e}^{\alpha D}\left(\frac{t}{t_1}\right)^{\lambda} \tag{4.39}$$

式中，$B_1 = At_1/(1-m)$；$\lambda = 1-m$，为图 4.86 中 $\ln\varepsilon$ - $\ln t$ 关系曲线的斜率。

当时间（t）为一定值，应变-应力关系呈指数型，与本书一维固结蠕变试验结果不符。为了与试验结果吻合，将式（4.39）中的应变-应力关系由指数型改为双曲线型，可得

$$\varepsilon = \frac{B_1\sigma}{a+b\sigma}\left(\frac{t}{t_1}\right)^{\lambda} \tag{4.40}$$

令 $\overline{a} = a/B_1$、$\overline{b} = b/B_1$，式（4.40）变为

$$\varepsilon = \frac{\sigma}{\overline{a}+\overline{b}\sigma}\left(\frac{t}{t_1}\right)^{\lambda} \tag{4.41}$$

令 $t = t_1$，则有

$$\frac{\sigma}{\varepsilon} = \overline{a} + \overline{b}\sigma \tag{4.42}$$

式中，$\overline{a}$、$\overline{b}$ 为归一化的双曲线拟合参数，$\overline{a}$、$\overline{b}$ 值可由 $t = t_1$ 时归一化的应变-应力等时曲

线中得到。如图 4.89 所示，将一维固结蠕变试验的结果按 (σ/ε)-σ 的关系进行整理（σ/ε 的单位为 10^2kPa，σ 的单位为 kPa），两者近似呈直线关系，$\bar{a}$ 、$\bar{b}$ 值分别为图中直线的截距和斜率，土样在不同固结应力下的 $\bar{a}$ 、$\bar{b}$ 值见表 4.40。

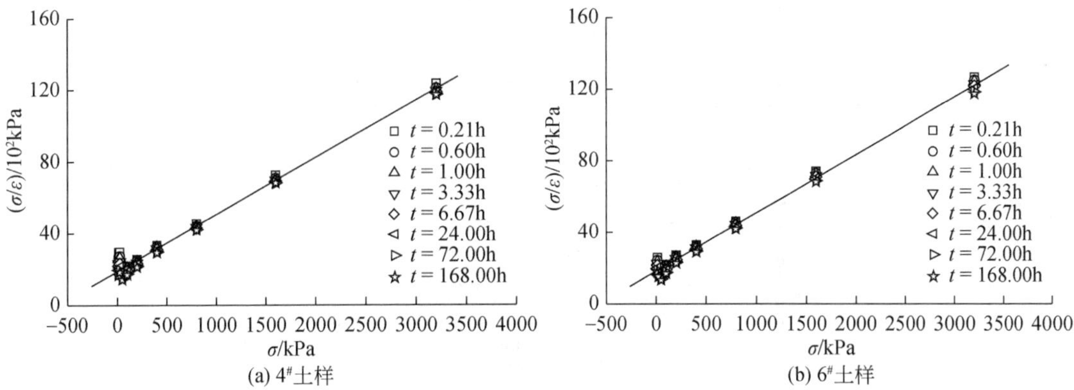

图 4.89　应变-应力等时曲线归一化

表 4.37　$\bar{a}$ 、$\bar{b}$ 拟合值一览表

土样编号	$\bar{a}$	$\bar{b}$	R^2
1#	18.7427	0.0376	0.9832
2#	17.3771	0.0364	0.9876
3#	18.2511	0.0374	0.9856
4#	18.5062	0.0374	0.9785
5#	18.8440	0.0382	0.9936
6#	19.2286	0.0378	0.9905

将式（4.35）代入式（4.41）得

$$\varepsilon = \frac{\sigma}{\bar{a}+\bar{b}\sigma}\left(\frac{t}{t_1}\right)^{\frac{1+c\sigma}{d+e\sigma}} \tag{4.43}$$

因参数 λ 为每级荷载作用 1h 后蠕变曲线的近似直线的斜率，可取 $t_1=1\text{h}$，洞庭湖砂纹淤泥质土在不同固结应力 σ 作用下的经验蠕变模型为

$$\varepsilon = \frac{\sigma}{\bar{a}+\bar{b}\sigma}t^{\frac{1+c\sigma}{d+e\sigma}} \tag{4.44}$$

2. 模型验证

利用式（4.44）对试验数据进行拟合，部分土样的模型计算值与试验值对比见图 4.90。对比结果表明，模型计算值与试验结果总体吻合良好；固结应力小于 400.0kPa 时，模型计算值与试验值基本一致，拟合精度高；固结应力大于 400.0kPa 时，模型计算值较试验值偏高，但相关系数基本上在 0.8 以上；说明所建经验模型能较好地描述洞庭湖砂纹淤泥质土

的一维固结蠕变行为，且固结应力在 400.0kPa 以下时效果相对较好。

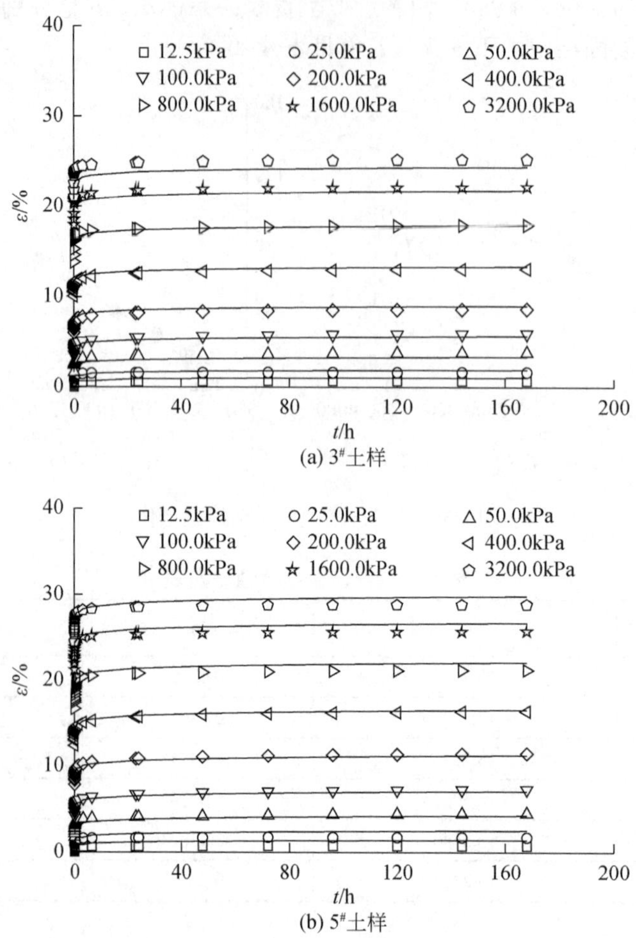

(a) 3#土样

(b) 5#土样

图 4.90 模型计算值（点）与试验值（线）对比图

3. 与其他蠕变模型对比

利用 Merchant 蠕变模型、Burgers 蠕变模型、西原模型以及本书模型拟合得到的蠕变曲线如图 4.91 所示。受篇幅所限，此处仅列举了在常见工程应力水平下部分土样的蠕变曲线。

由图 4.91 可见，上述四种模型的计算结果与试验结果之间大致吻合，说明四种模型均能较好地描述洞庭湖砂纹淤泥质土的蠕变特性。本书模型的决定系数 R^2 均大于 Burgers 蠕变模型和 Merchant 蠕变模型，说明本书模型的拟合精度更高，且能更好地描述不同固结应力作用下洞庭湖砂纹淤泥质土的应力-应变-时间关系，虽部分荷载下本书模型的相关系数低于西原模型，但本书模型考虑了不同固结应力的作用并进行了归一化处理，不同于传统模型需要在不同应力水平下确定不同的模型参数，本书模型更简易，具有更强的适用性。

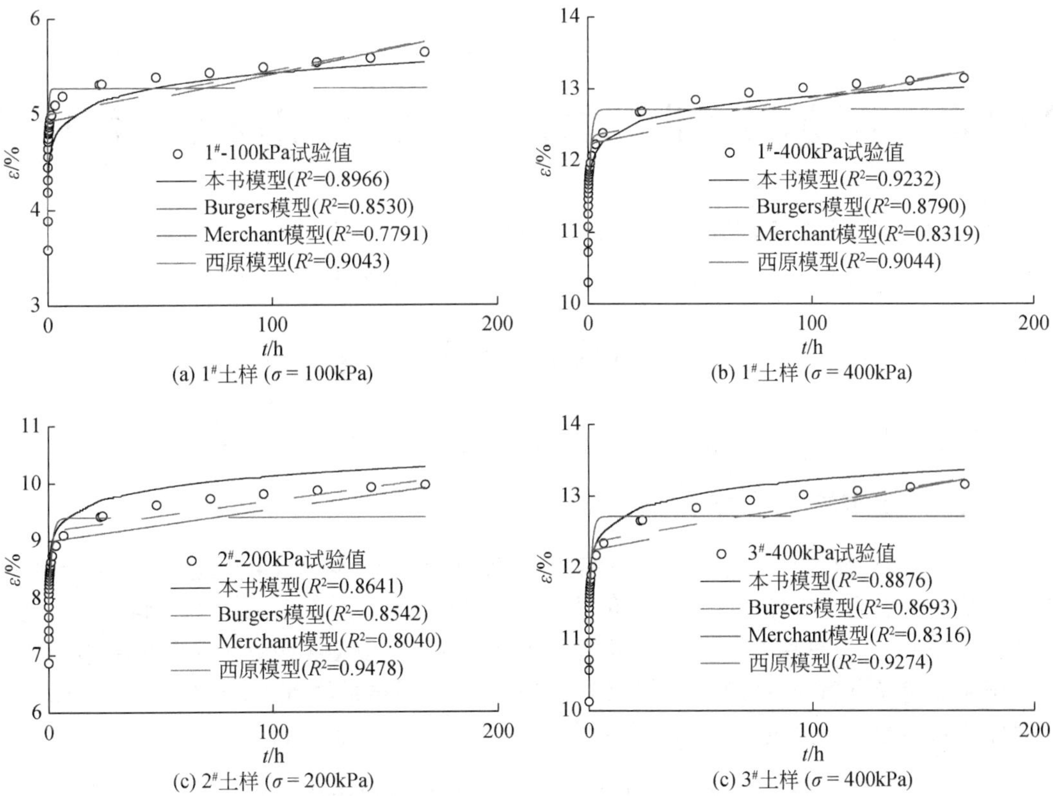

(a) 1#土样 (σ = 100kPa)　(b) 1#土样 (σ = 400kPa)

(c) 2#土样 (σ = 200kPa)　(c) 3#土样 (σ = 400kPa)

图 4.91　本书模型与其他蠕变模型计算结果对比图

第5章　洞庭湖区北部君山软土特征组成和工程特性

君山软土主要分布于洞庭湖区北部，包括湖北松滋、石首，湖南华容、岳阳市区，北部以长江为界，南部以藕池河东支为界，软土以夹薄层粉砂为表观特征。

5.1　室内试验成果分析

本次试验土样全部采用薄壁取土器取得，并在运输过程中尽量避免扰动。

5.1.1　基本物理力学指标

根据双桥静力触探、十字板试验、扁铲侧胀试验等原位测试结果、室内试验成果判断，本段软基的特点为：①厚度大，最大可达 29m；②天然含水率大（30.5%～44.2%）；③孔隙比大（0.882～1.273）；④强度低（天然十字板抗剪强度 19kPa，c、φ 值均小）；⑤压缩性高（压缩模量最小为 3.38MPa）；⑥固结时间长（垂直固结系数为 4.03×10^{-4}～4.77×10^{-3}）；⑦厚度分布不均；⑧灵敏度高，结构性强。

表 5.1　君山软土物理力学试验成果统计表

项目指标		最大值	最小值	平均值	标准值
天然状态下物理性质指标	含水率（ω）/%	57.6	30.5	39.2	—
	湿密度/(g/cm^3)	1.97	1.74	1.84	—
	孔隙比（e）	1.36	0.79	1.05	—
	饱和度（S）	99.94	91.76	97.03	—
	土粒比重（G_s）	2.76	2.7	2.71	—
液限（ω_{L-17}）/%		57.2	35.6	41.33	—
塑限（ω_P）/%		35.5	22.1	28.7	—
压缩系数（a_{1-2}）/MPa^{-1}		1.08	0.3	0.62	0.66
压缩模量（E_s）/MPa		7.06	2.01	3.53	3.29
固结系数（C_v）/(cm^2/s)		4.77×10^{-3}	4.03×10^{-4}	2.72×10^{-3}	2.37×10^{-3}
抗剪强度（快剪）	黏聚力/kPa	25.6	0.11	9.3	8.02
	内摩擦角/(°)	24.4	3	10.68	9.35
抗剪强度（固结快剪）	黏聚力/kPa	21.82	1.9	9.02	6.53
	内摩擦角/(°)	30.69	11.01	19.86	18.22

5.1.2　相关性分析

相关分析散点图见图 5.1～图 5.6，其相关关系归结为表 5.2。

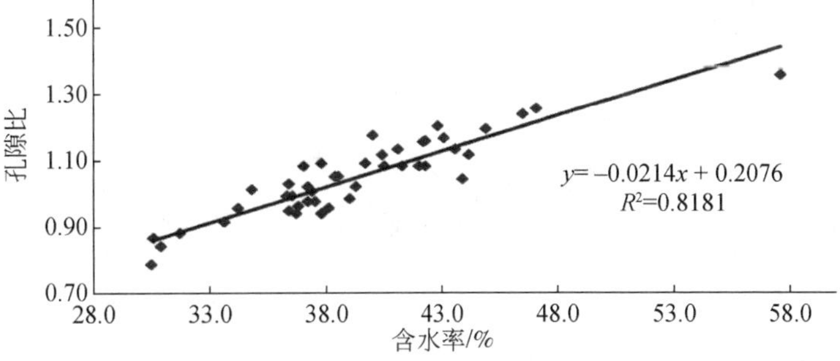

图 5.1　君山软土含水率与孔隙比关系图

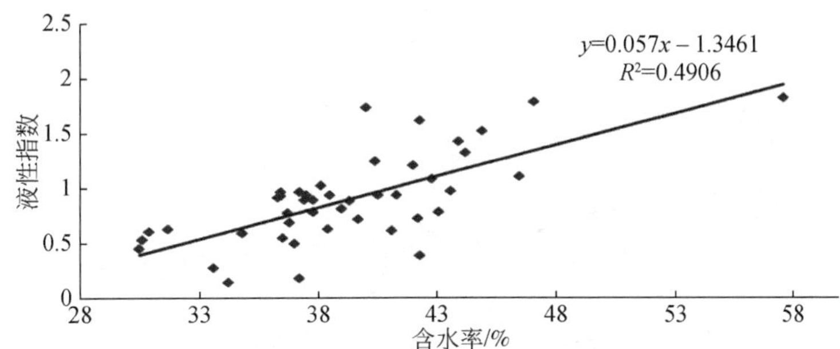

图 5.2　君山软土含水率与液性指数关系图

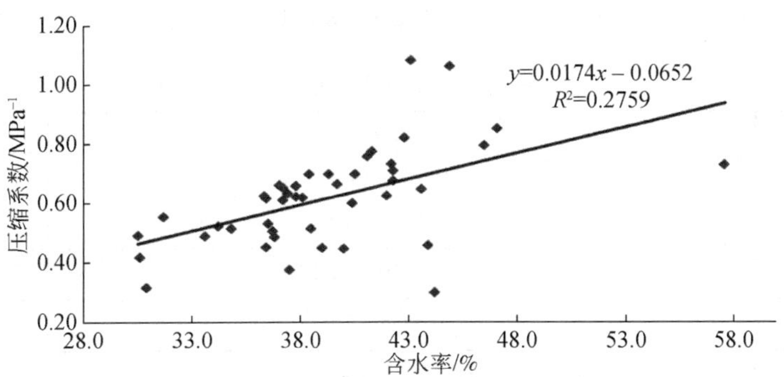

图 5.3　君山软土含水率与压缩系数关系图

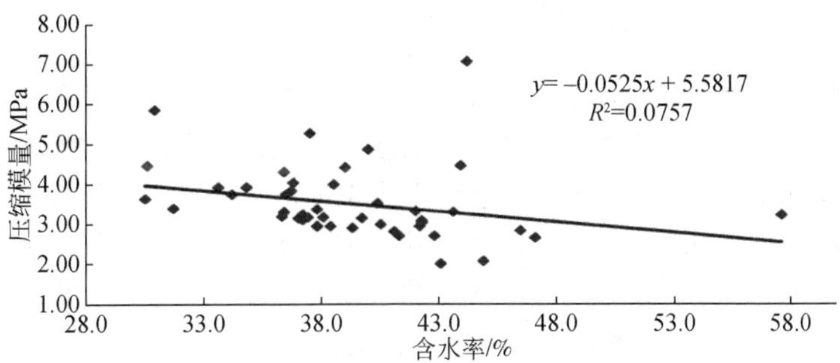

图 5.4　君山软土含水率与压缩模量关系图

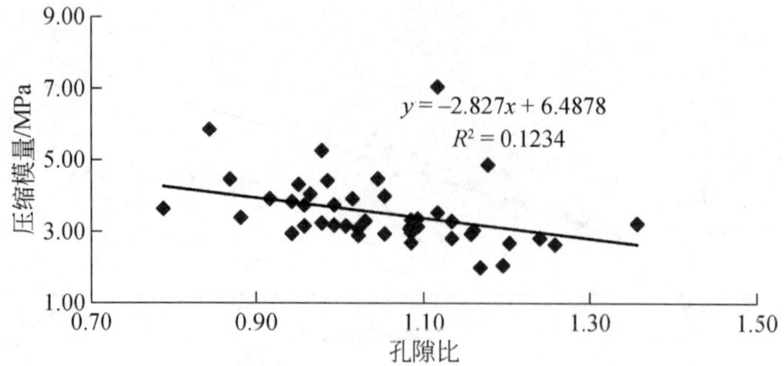

图 5.5　君山软土孔隙比与压缩模量关系图

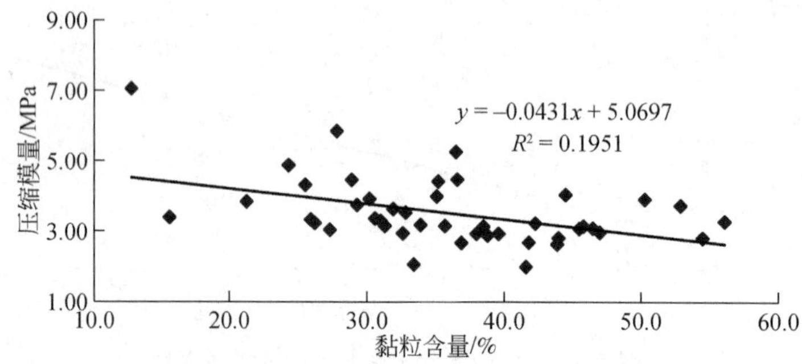

图 5.6　君山软土黏粒含量与压缩模量关系图

表 5.2　君山软土物理力学指标回归方程表

编号	相关方程	相关系数
1	$e=0.0214\omega+0.2076$	0.90
2	$I_L=0.057\omega-1.3461$	0.70
3	$a_{1-2}=0.0174\omega-0.0652$	0.53
4	$E_s=-0.0525\omega+5.5817$	0.28
5	$E_s=-2.827e+6.4878$	0.35
6	$E_s=-0.0431d_{0.075}+5.0697$	0.44

注：e 为孔隙比，I_L 为液性指数，ω 为含水率、a_{1-2} 为压缩系数、E_s 为压缩模量、$d_{0.075}$ 为黏粒含量。

本次对君山软土含水率、孔隙比、液限、压缩系数和压缩模量进行了相关线性回归分析，各关系图表明，孔隙比随含水率的增大而增大，液性指数随含水率的增大而增大，压缩系数随含水率的增大而增大，压缩模量随含水率的增大而减小，压缩模量随孔隙比的增大而减小。但君山软土物理力学指标之间，除含水率和液限、孔隙比之间相关性尚可外，其余相关系数都较小。分析其原因，发现压缩模量有随黏粒含量增大而减小的趋势，也就是说，随着粉粒和粗粒含量之和的增大，压缩模量会增大，正是由于这些粗粒含量不均匀，且多为夹薄砂层状，才导致压缩性指标离散性高。

5.2　原位测试应用研究

5.2.1　静力触探试验应用研究

5.2.1.1　静力触探试验成果

对研究区进行静力触探试验，成果如表 5.3 所示。

表 5.3　君山软土静力触探试验成果汇总表

孔号	粉质黏土			淤泥质土		
	q_c/MPa	f_s/kPa	R_f/%	q_c/MPa	f_s/kPa	R_f/%
ZK5a-1	0.71	21.8	2.13	0.76	13.7	1.8
ZK15a-4	0.92	38.9	4.21	0.39	14.1	3.58
ZK18a-1	0.54	24.1	1.16	0.53	13.2	2.51
ZK28a-4	0.73	32	4.35	0.44	7.9	1.78
ZK42a-5	0.46	24.8	5.36	0.41	8.7	2.11
ZK48a-4	0.81	49	6.03	0.42	7.11	1.7
ZK2a-0	0.74	38.9	5.24	0.36	1.8	2.14
ZK13a-4	0.56	31.1	5.51	1.53	15.8	1.03
ZK23a-4	0.67	40.7	6.07	0.74	10.2	1.38
Zk37a-4	0.7	41.3	5.87	0.6	13.5	2.26
ZK41a-4	0.63	27.6	4.39	0.58	12.4	2.15
ZK6a-5	0.61	25.7	4.23	0.46	14.3	3.09
Zk10a-5	0.44	17	3.89	0.32	8.7	2.71
ZK24a-5	0.65	25.2	3.89	0.49	7.5	1.54
ZK42a-1	0.83	31.1	3.73	0.41	6.78	1.56
平均值	0.67	31.28	4.40	0.56	10.38	2.09

5.2.1.2　土类划分

《铁路工程地质原位测试规程》（TB 10018—2003）中 10.5.5 节提供了采用双桥静力触探划分土类方法，如图 5.7 所示。

根据静力触探试验孔的资料分析结果，可以看出，临岳高速公路砂土层更纯。

5.2.1.3　固结快剪指标的计算

将研究区双桥静力触探试验结果按上式计算，选取其中的典型结果如图 5.8 所示。

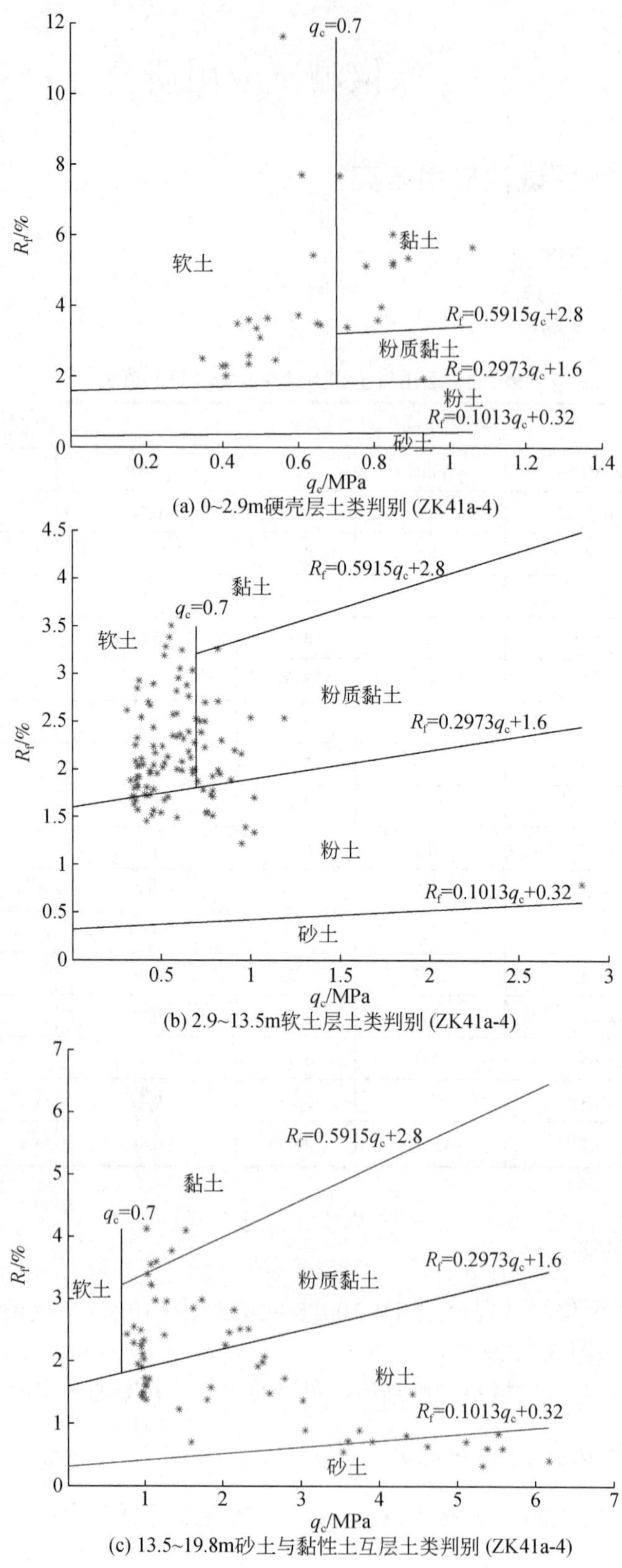

(a) 0~2.9m硬壳层土类判别 (ZK41a-4)

(b) 2.9~13.5m软土层土类判别 (ZK41a-4)

(c) 13.5~19.8m砂土与黏性土互层土类判别 (ZK41a-4)

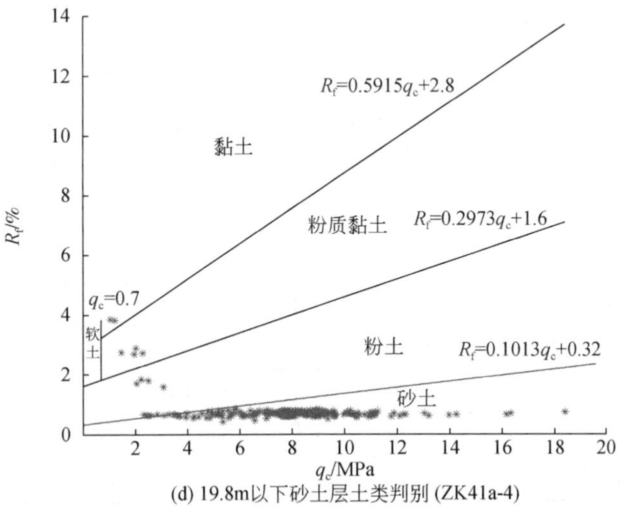

(d) 19.8m以下砂土层土类判别 (ZK41a-4)

图 5.7　临岳高速公路双桥触探参数判别土类

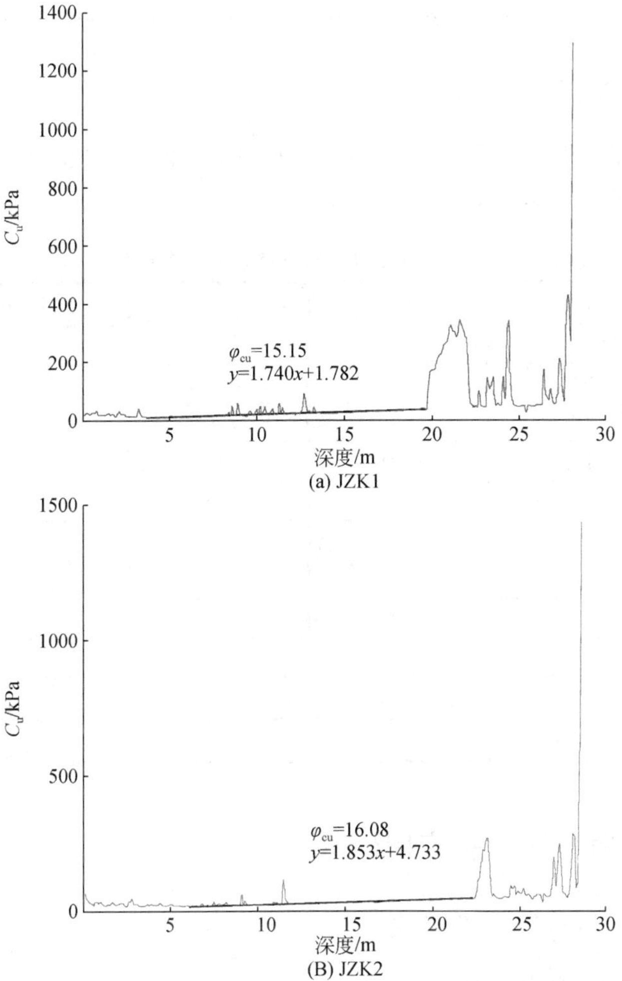

(a) JZK1

(B) JZK2

图 5.8　君山软土静力触探试验估算得到的不排水强度及固结快剪强度指标

根据以上计算，将洞庭湖区君山软土静力触探试验得到的固结快剪指标估算结果进行统计，如表 5.4 所示。

表 5.4 君山软土静力触探试验得到的固结快剪指标估算结果统计表

孔号	岩土名称	φ_{cu}/(°)	孔号	岩土名称	φ_{cu}/(°)
BZK2a-1	淤泥质土	12.32	ZK10a-5	淤泥质土	15.19
JZK1	淤泥质土	15.15	ZK12-31	淤泥质土	15.63
JZK2	淤泥质土	16.08	ZK23a-4	淤泥质土	15.25
JZK-1	淤泥质土	16.42	ZK24a-5	淤泥质土	15.61
JZK-2	淤泥质土	16.79	ZK37a-4	淤泥质土	16.04
JZK-3	淤泥质土	13.20	ZK41a-1	淤泥质土	15.64
ZK2a-0	淤泥质土	11.15	ZK42a-1	淤泥质土	8.87
平均值		14.52	标准差		2.29
变异系数		0.16	标准值		13.42

5.2.1.4 压缩模量的计算

根据《铁路工程地质原位测试规程》（TB 10018—2003）中表 10.5.18-1 对洞庭湖软土的压缩模量进行计算，结果如表 5.5 所示。

表 5.5 君山软土压缩模量计算成果表

孔号	粉质黏土	淤泥质土	孔号	粉质黏土	淤泥质土
	E_s/MPa			E_s/MPa	
ZK5a-1	3.62	3.84	ZK23a-4	3.45	3.76
ZK15a-4	4.55	2.35	Zk37a-4	3.58	3.16
ZK18a-1	2.93	2.89	ZK41a-4	3.28	3.08
ZK28a-4	3.71	2.54	ZK6a-5	3.20	2.62
ZK42a-5	2.62	2.43	Zk10a-5	2.54	2.08
ZK48a-4	4.06	2.47	ZK24a-5	3.36	2.74
ZK2a-0	3.76	2.24	ZK42a-1	4.15	2.43
ZK13a-4	3.01	7.23			
平均值	3.49	2.76			
标准值	3.22	2.50			

5.2.2 十字板剪切试验应用研究

5.2.2.1 十字板剪切试验成果

从十字板剪切试验结果可以看出，部分孔位淤泥质土中的十字板原状土抗剪强度波动较大，未发现明显规律性，重塑土强度亦不稳定，结合钻孔地质资料，是由于淤泥质土局部夹粉细砂及螺贝类残骸所致，部分孔位淤泥质土中的十字板原状土抗剪强度基本呈线性增加。

表 5.6　君山软土十字板剪切试验成果汇总表

孔号	试验深度/m	C_u/kPa	C'_u/kPa	S_t	孔号	试验深度/m	C_u/kPa	C'_u/kPa	S_t
SZK2-4	1.5	18.9	8.82	2.14	SZK18a-1	1.5	67.2	45.06	1.49
	3.5	13.58	10.08	1.35		2.5	48.35	36.17	1.34
	5.5	13.68	10.3	1.33		4.5	25.58	17.42	1.47
	8.5	20.15	10.4	1.94		5.5	15.78	9.73	1.62
	10.5	26.3	16.5	1.59		7.5	21.39	11.64	1.84
	12.5	71.9	68.2	1.05		9.5	9.07	6.85	1.32
SZK2-9	2.5	20.1	9.32	2.16		9.5	19.76	16.58	1.19
	4.5	14.62	11.3	1.29		13.5	52.64	47.83	1.1
	6.5	15.2	8.45	1.8	SZK6	2.5	15.67	6.82	2.3
	7.5	18.8	10.9	1.72		4.5	29.75	13.37	2.23
	9.5	21.32	11.65	1.83		5.5	28.25	12.5	2.26
	11.5	30.15	18.76	1.61		7.5	36	18.32	1.97
	13.5	85.14	71.06	1.2		9.5	28.15	16.57	1.7
SZK24	1.5	50.14	49.1	1.02		10.5	27.85	14.9	1.87
	3.5	59.6	42.5	1.4		12.5	19.76	16.58	1.19
	4.5	51.3	39.75	1.29		14.5	172.52	151.47	1.14
	6.5	42.6	22.95	1.86	SZK3	1.5	21.25	9.27	2.29
	8.5	38.15	20.7	1.84		3.5	28.15	14.37	1.96
	10	50.78	39.2	1.3		5.5	30.35	11.96	2.54
SZK21	1.5	54.6	28.39	1.92		6.5	37.24	19.44	1.92
	2.5	48.02	37.01	1.3		8.5	27.68	16.43	1.68
	4.5	15.68	6.45	2.43		10.5	28.01	15.03	1.86
	5.5	10.48	7.42	1.41		11.5	27.91	16.08	1.74
	7.5	25.4	8.07	3.15		12.5	25.36	13.92	1.82
	8.5	28.9	16.35	1.77		13.5	45.7	31.29	1.46
	9.5	78.57	75.21	1.04		15.5	161.3	142.9	1.13

5.2.2.2　固结快剪指标的计算

1.《铁路工程地质原位测试规程》

对洞庭湖二桥西锚碇 SZK2-4、SZK2-9 的十字板强度进行分析，计算得到的土体的固结不排水抗剪强度指标见图 5.9 和表 5.7。

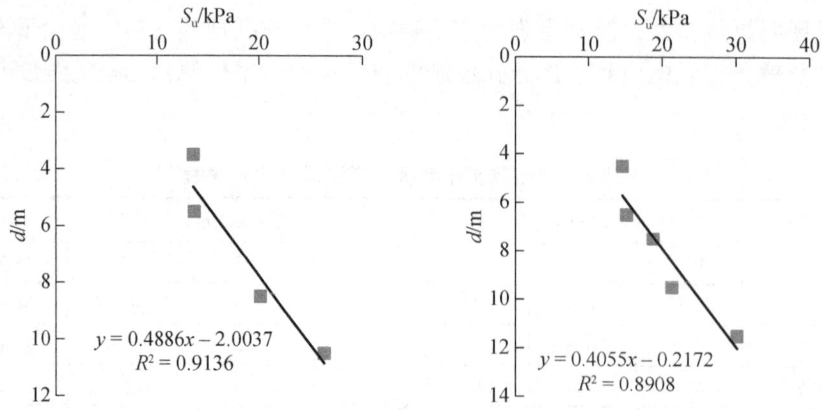

图 5.9 君山软土十字板强度与深度回归曲线

表 5.7 君山软土计算结果表

孔号	SZK2-4					SZK2-9					
深度	1.5	3.5	5.5	8.5	10.5	2.5	4.5	6.5	7.5	9.5	11.5
地下水位/m	1					1					
重度/(kN/m)	18					18					
S_u/kPa	18.9	13.58	13.68	20.15	26.3	20.1	14.62	15.2	18.8	21.32	30.15
Δ d/m	-2.00					-0.22					
$\overline{\gamma}$	14.67	10.86	9.82	9.18	8.95	12.00	10.22	9.54	9.33	9.05	8.87
σ'_{v0}/kPa	51.39	59.75	73.67	96.39	111.94	32.61	48.22	64.07	72.03	87.97	103.93
φ_{cu}/(°)		16.32	12.69	14.68	17.03		24.12	17.25	19.57	17.74	22.65
$\overline{\varphi_{cu}}$	15.18					20.27					
c_{cu}/kPa		4.10	4.10	4.10	4.10		0.54	0.54	0.54	0.54	0.54

2. 根据十字板试验原理计算抗剪强度指标

根据本书 3.2.2.2 节中的十字板试验原理的抗剪强度指标计算相关公式进行计算，得出固结快剪指标的计算值，如表 5.8 所示。

表 5.8 君山软土十字板计算结果表（按理论公式法）

孔号	深度	地下水位/m	淤泥质土重度/(kN/m)	a 值	b 值	$\overline{\gamma}$	φ_{cu}/(°)	$\overline{\varphi_{cu}}$/(°)	c_{cu}/kPa
SZK2-4	1.5	1.0	18	2.05	4.1	14.67		15.28	
	3.5					10.85	13.12		4.1
	5.5					9.82	14.9		4.1
	8.5					9.18	16.3		4.1
	10.5					8.95	16.8		4.1
SZK2-9	2.5	1.0	18	2.46	0.54	12		20.43	
	4.5					10.22	18.04		0.54
	6.5					9.54	19.9		0.54
	7.5					9.33	20.55		0.54
	9.5					9.05	21.5		0.54
	11.5					8.87	22.17		0.54

在不同地点通过规范法和理论法计算出的固结快剪指标会有所不同，具体如表 5.9 所示。

表 5.9　两种方法计算固结快剪结果指标对比表

工程名称	工作地点	孔号	规范法		理论法	
			$\overline{\varphi_{cu}}$/(°)	c_{cu}/kPa	$\overline{\varphi_{cu}}$/(°)	c_{cu}/kPa
临岳高速公路	君山	SZK2-4	15.18	4.1	15.28	4.1
		SZK2-9	20.27	0.54	20.43	0.54

从表 5.9 可以看出，对君山软土，两种方法针对君山软土计算得到的指标大致相同。

5.3　力学特性研究

5.3.1　不排水抗剪强度与静力触探锥尖阻力关系

对临岳高速公路黏性土（君山软土）进行统计并绘出不排水抗剪强度与静力触探锥尖阻力关系图，如图 5.10 所示。

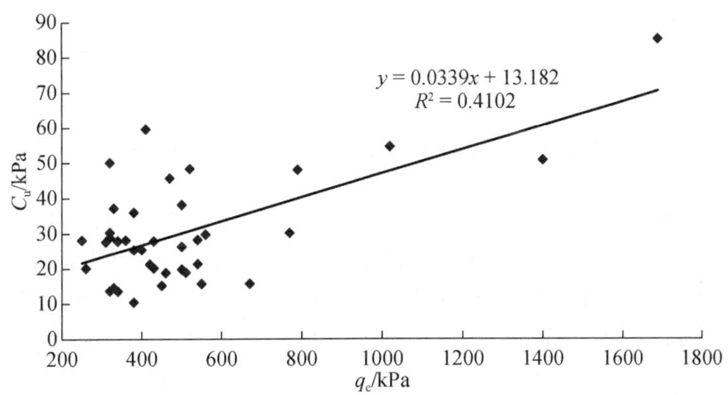

图 5.10　君山软土不排水抗剪强度与静力触探锥尖阻力关系图

君山软土不排水抗剪强度与静力触探锥尖阻力的回归方程：

$$C_u=0.0339q_c+13.182 \tag{5.1}$$

相关系数为 0.64。

上述回归方程与《铁路工程地质原位测试规程》（TB 10018—2003）提出的估算公式相比有一定的差距，如图 5.11 所示。对于君山软土，采用规范法估算的软土不排水抗剪强度偏小，分析其原因，由于君山软土为淤泥质土与粉砂互层，实际测得的十字板不排水抗剪强度受粉砂层影响较大，实际应用中建议采用综合规范法对不排水抗剪强度进行估算。

5.3.2　扁铲侧胀试验计算不排水抗剪强度

对临岳高速公路黏性土进行试验得到的十字板剪切试验 C_u 和扁铲侧胀试验 C_{ub} 进行对比，如图 5.12 所示。

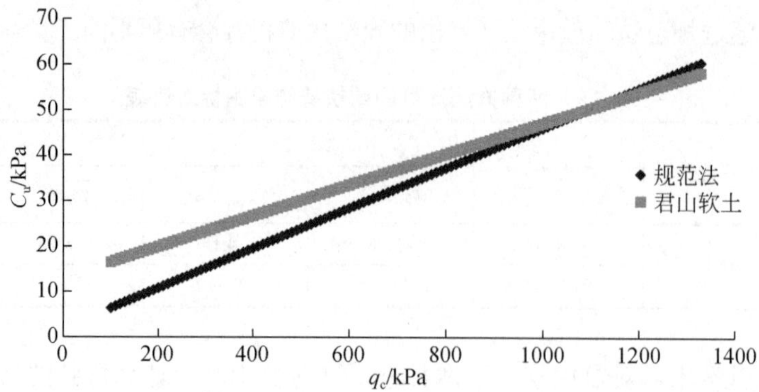

图 5.11　不排水抗剪强度与静力触探锥尖阻力关系图

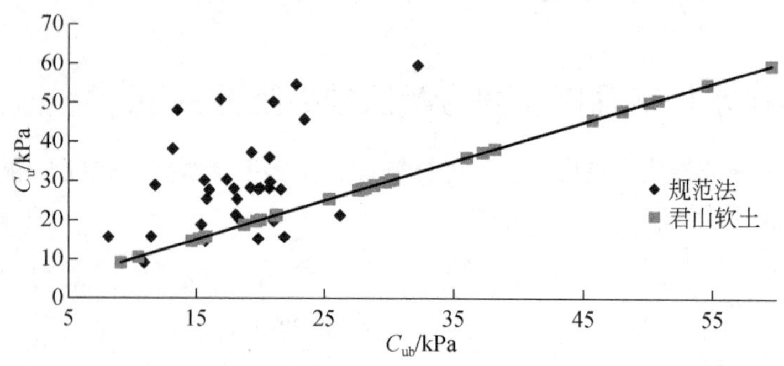

图 5.12　临岳高速公路黏性土 C_u 与 C_{ub} 对比图

图 5.12 中可以看出，有相当部分的数据点位于 45°的上方。对于所有 I_D＜1.2 的数据，扁铲侧胀试验计算所得结果与十字板剪切试验相比大多偏小，仅有少部分基本吻合。可见，直接将扁铲侧胀试验计算成果应用于求解洞庭湖地区地区土的不排水抗剪强度值并不完全适合。需要结合 Marchetti（1980）公式的推导方法对洞庭湖地区进行地区经验的总结和归纳，这里认为 C_{ub} 计算公式可采用如下形式：

$$C_{ub} = \sigma'_{v0} f(I_D, K_D) \tag{5.2}$$

由于目前对洞庭湖地区扁铲侧胀试验成果较少，要对 σ'_{v0} 和 K_D 两个参数进行曲线拟合难度很大，建议在采用扁铲侧胀试验不排水抗剪强度时，应充分考虑十字板剪切试验数据和静力触探试验计算得到的 C_u。待有足够扁铲侧胀试验成果后，提出洞庭湖区软土扁铲侧胀计算不排水抗剪强度经验公式。

第 6 章　洞庭湖区软土强度增长规律研究

6.1　洞庭湖区软土强度增长规律室内试验研究

随着洞庭湖区高速公路建设的飞速发展，其软土路基的承载力和稳定性分析的准确性被更加重视。而抗剪强度指标黏聚力（c）和内摩擦角（φ）作为最基本的计算参数，其取值的准确性将直接关系到其工程的安全性和经济性。软土的抗剪强度与排水条件是密切相关的，随着软土内孔隙水的逐渐排出，软土逐渐固结和压密，使得法向有效应力增加，软土的抗剪强度也随之增加。软土的抗剪强度会随着固结度的提高而不断增长，掌握这一增长规律对准确分析洞庭湖区软土路基的稳定性、降低工程造价以及指导现场施工具有非常重要的意义。

不同地区软土的工程性质由于成因不同而存在着较大的差异，所以借鉴其他地区软土的工程性质去评价另一个地区软土工程性质是不可靠的。所以，针对洞庭湖区软土路基的稳定性问题，本章通过对洞庭湖区原状土样进行大量常规物理力学指标试验、室内单向压缩固结试验和直剪试验，研究了在不同固结压力、不同固结度条件下，洞庭湖区软土抗剪强度指标 c、φ 的变化规律，给出固结度和固结压力与抗剪强度指标之间的拟合公式，为洞庭湖地区公路软土路基的设计和施工提供参考依据。

6.1.1　试验方法与步骤

1. 试验方法

与三轴试验相比，直剪试验操作相对简便，可以节约时间，缩短试验周期。直剪试验中，控制固结度的原理是某一固结压力和某一固结时间下达到的固结度（U）等于该级压力下相同时间的沉降量与最终沉降量的比值。

试验中所有土样均取自于南益高速公路软土路基，利用薄壁取土器采集原状土。原状土样分为两层，第一层为淤泥质粉质黏土，取样深度在 3～9m，第二层为砂纹淤泥质土，取样深度在 10.8～24.5m。各项试验依据相关规范进行。洞庭湖区原状土样的物理力学参数见表 6.1。

1）固结试验

固结试验采用的是三联式单杠杆固结仪，利用环刀取样，试样直径为 61.8mm，高度为 20mm。首先，确定土样在不同固结压力作用下，固结度分别达到 U=20%、40%、60%、80%以及近似完成主固结（U≈100%）所需的时间 t_i=t_1、t_2、t_3、t_4、t_5，用来指导后面的直剪试验。试验中，为了能比较准确地确定土样达到不同固结度的时间，在三联式单杠杆固结仪上安装 DH3821 静态应变测试分析系统进行数据采集。

表 6.1 原状土物理力学性质指标

土层	含水率（ω）/%	密度（ρ）/(g/cm^3)	土粒比重（G_s）	孔隙比（e）	液限（ω_L）/%	塑限（ω_p）/%	塑性指数（I_P）/%	液性指数（I_L）	原状土黏聚力（c）/kPa	原状土内摩擦角（φ）/(°)	压缩系数（a）/MPa^{-1}
淤泥质粉质黏土	43.6	1.81	2.62	1.08	45.1	26.3	18.8	0.92	5.4	12.25	1.02
砂纹淤泥质土	39.2	1.85	2.64	0.98	41.4.	22.8	18.6	0.88	6.2	14.89	0.99

图 6.1 等应变直剪仪

图 6.2 三联式单杠杆固结仪

2）直剪试验

直剪试验采用等应变直剪仪进行，利用环刀取样，试样直径为 61.8mm、高度为 20mm，包括固结试验与快剪试验两部分。首先，分别将各级荷载 p_i 逐次施加在试样上使其固结，然后根据固结试验中所确定的固结度与时间的关系来控制固结度，当试样达到固结度 U_i（固结时间 t_i）后直接进行剪切试验。

2. 试验步骤

（1）固结压力分别取 p_i=100kPa、200kPa、300kPa、400kPa。

（2）首先在固结仪上进行固结压力为 p_i 下 U≈100%的固结试验，从而得到 U=20%、40%、60%、80%所需时间 t_i=t_1、t_2、t_3、t_4，以指导接下来的 U=20%、40%、60%、80%的试验读值时间，并确定土样达到不同固结度时相应的土样高度 h_i（i=1、2、3、4、5）。固结试验按相关规范进行。

（3）然后在直剪仪上进行固结压力为 p_i 的固结试验和快剪试验。首先，将试样安装在直剪仪上，然后使试样在各级压力 p_i 作用下进行固结。然后，针对土样达到不同的固结度的情况，分别进行快剪试验，以确定该级压力 p_i 作用下不同固结度、不同固结压力对抗剪强度指标 c、φ 值的影响。固结度通过试样高度 h_i 以及加载时间 t_i 来进行控制。快剪试验按相关规范进行，快剪试验的垂直压力按下面的方法确定：①p_i=100kPa 时，垂直压力取 50kPa、100kPa、150kPa、200kPa；②p_i＞100kPa 时，垂直压力取 p_i−100kPa、p_i−50kPa、p_i kPa、p_i+50kPa。

（4）以上各项试验中均需进行三组平行试验，取得可靠数据后再进行整理与分析。

6.1.2　试验结果分析

按上述试验方法与步骤进行了相关试验，得到了在不同固结压力（p）下土样抗剪强度指标（c、φ）与固结度（U）的关系数据，详见表 6.2～表 6.5。然后对试验数据进行了整理与分析，绘制相关关系曲线图，详见图 6.3～图 6.10。

表 6.2　淤泥质粉质黏土黏聚力与固结度的关系

固结度（U）/%	黏聚力/kPa			
	p=100kPa	p=200kPa	p=300kPa	p=400kPa
0	5.4	5.4	5.4	5.4
20	6.8	8.6	8.9	10.2
40	8.9	11.3	12.5	13.6
60	11.2	15.4	14.3	15.3
80	13.8	15.9	16.2	18.8
100	15.3	16.4	17.1	20.4

表 6.3　砂纹淤泥质土黏聚力与固结度的关系

固结度（U）/%	黏聚力/kPa			
	p=100kPa	p=200kPa	p=300kPa	p=400kPa
0	6.2	6.2	6.2	6.2
20	7.3	10.5	10.6	11.6
40	8.6	12.8	13.9	15.2
60	12.6	15.1	16.8	19.2
80	14.9	17.0	16.7	20.2
100	14.8	16.9	18.5	21.0

表 6.4　淤泥质粉质黏土内摩擦角与固结度的关系

固结度（U）/%	内摩擦角/(°)			
	p=100kPa	p=200kPa	p=300kPa	p=400kPa
0	12.25	12.25	12.25	12.25
20	14.47	14.96	16.24	16.23
40	15.32	15.84	18.54	18.87
60	16.63	17.62	19.35	20.25
80	17.81	19.52	20.36	21.98
100	18.26	20.38	21.38	22.01

不同固结压力下黏聚力随固结度的变化曲线见图 6.3，由图 6.3 可知，在同一固结压力下，洞庭湖区软土黏聚力（c）随固结度（U）的增加而增加，但增加速率随着固结度的增

大呈现放缓的趋势，在固结度 $U<60\%$增长速度较快，在 $U>60\%$时增长速度变缓。主要原因是随着固结排水的进行，水分逐渐排出，土颗粒表面结合水膜变薄，使得土体黏聚力增大。且当 $U>60\%$时，水分排出愈加困难，黏聚力（c）的增长速度也开始变缓

表 6.5　砂纹淤泥质土摩擦角与固结度的关系

固结度（U）/%	内摩擦角/(°)			
	p=100kPa	p=200kPa	p=300kPa	p=400kPa
0	14.89	14.89	14.89	14.89
20	13.96	16.11	18.19	18.64
40	16.43	17.31	19.50	19.48
60	17.57	18.38	20.31	20.62
80	18.68	20.03	21.14	21.45
100	19.79	21.09	23.05	23.41

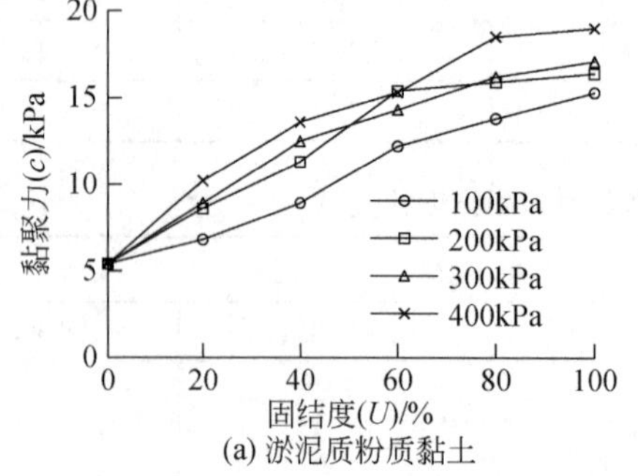

(a) 淤泥质粉质黏土

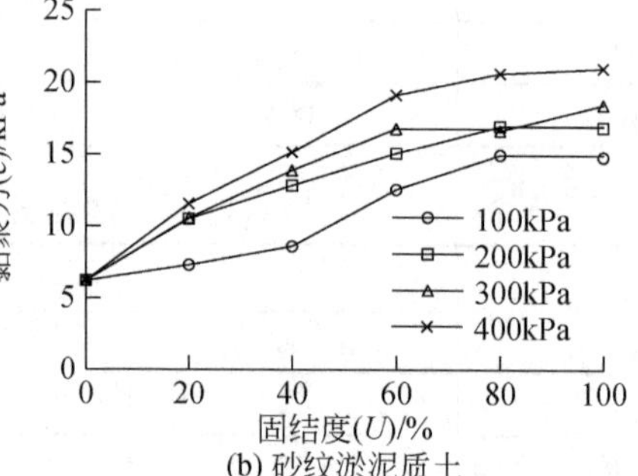

(b) 砂纹淤泥质土

图 6.3　不同固结压力下黏聚力随固结度的变化曲线

不同固结度下黏聚力随固结压力的变化曲线见图 6.4，由图可知，在同一固结度下，洞庭湖区软土黏聚力（c）随固结压力（p）的增大而增大，基本呈现线性增大的趋势，但增幅不大。

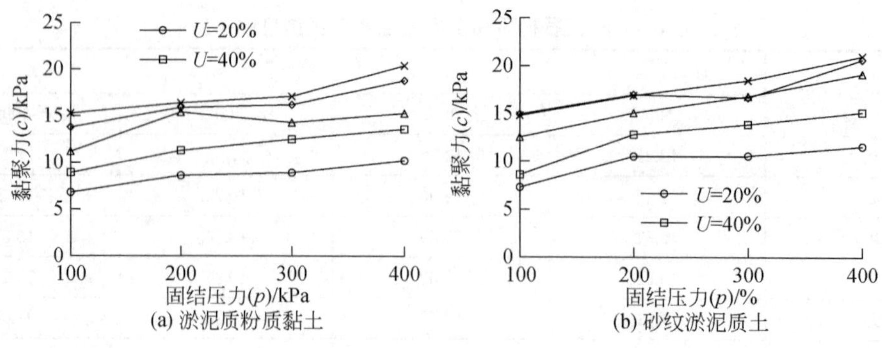

图 6.4　不同固结度下黏聚力随固结压力的变化曲线

平均黏聚力与固结度的关系曲线见图 6.5，由图可知，不同固结压力下的平均黏聚力（$\overline{c}$）与固结度（U）之间呈现良好的相关性，增加趋势随固结度的增加而放缓，可拟合得

到一个二次关系式。淤泥质粉质黏土的拟合关系式为 $\overline{c}$ =−0.0006U^2+0.1825U+5.3214，R^2=0.973。砂纹淤泥质土的拟合关系式为 $\overline{c}$ =−0.001U^2+0.2145U+6.0805，R^2=0.9752。

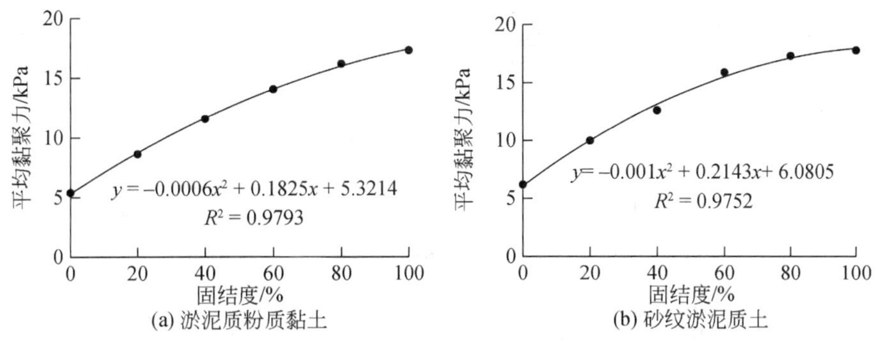

图 6.5　平均黏聚力与固结度的关系曲线

平均黏聚力与固结压力的关系曲线见图 6.6，由图可知，不同固结度下软土的平均黏聚力（$\overline{c}$）与固结压力（p）之间基本呈现良好的线性关系。淤泥质粉质黏土拟合关系式为 $\overline{c}$ =0.0114p+9.342，R^2=0.2955，砂纹淤泥质土的拟合关系式为 $\overline{c}$ =0.0153p+9.465，R^2=0.9624。

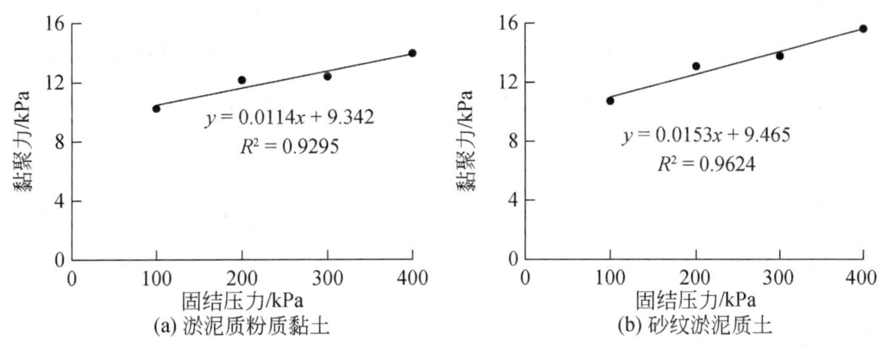

图 6.6　平均黏聚力与固结压力的关系曲线

不同固结压力下内摩擦角随固结度的变化曲线见图 6.7，由图可知，在同一固结压力下，洞庭湖区软土内摩擦角（φ）随固结度（U）的增加而增加，呈现线性增加的趋势。这是因为在土样的固结过程中，水分逐渐排出，土颗粒不断被压密，土颗粒之间的摩阻力变大，所以内摩擦角随固结度的增大而不断增大。

不同固结度下内摩擦角随固结压力的变化曲线见图 6.8，由图可知，在同一固结度下，洞庭湖区软土内摩擦角（φ）随固结压力（p）的增加而增加，但在固结压力大于 300kPa 后，内摩擦角随固结压力的增加而增加的速度放缓，整体增幅不大。

平均内摩擦角与固结度的关系曲线图 6.9，由图 6.9 可知，不同压力（p）下的平均内摩擦角（$\overline{\varphi}$）与固结度（U）之间基本呈现良好的线性关系。淤泥质粉质黏土的拟合关系式为 $\overline{\varphi}$ =0.0799U+13.297，R^2=0.944，砂纹淤泥质土的拟合关系式为 $\overline{\varphi}$ =0.0665U+15.207，R^2=0.9913。

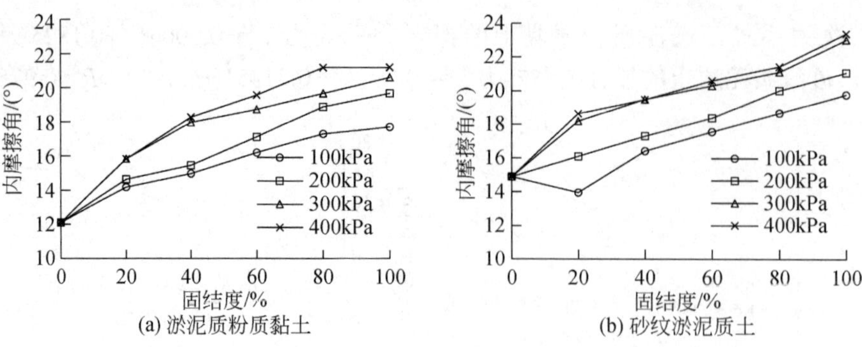

图 6.7　不同固结压力下内摩擦角随固结度的变化曲线

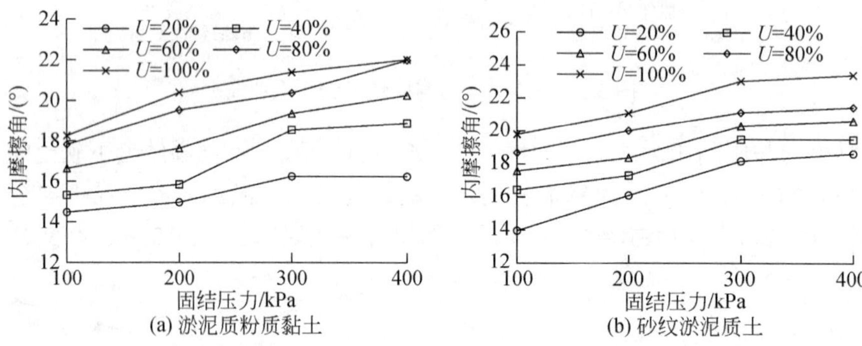

图 6.8　不同固结度下内摩擦角随固结压力的变化曲线

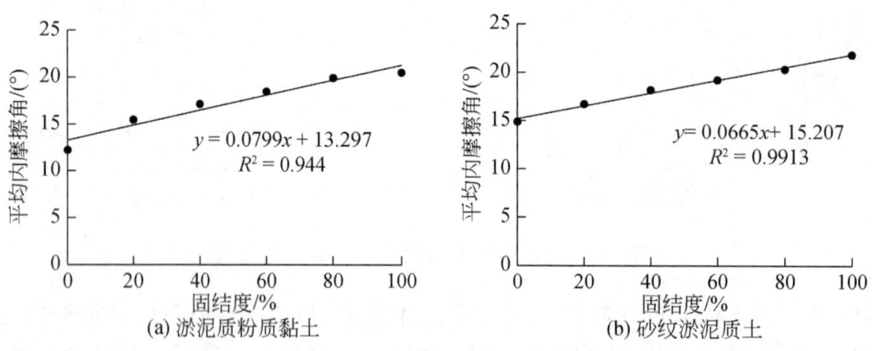

图 6.9　平均内摩擦角与固结度的关系曲线

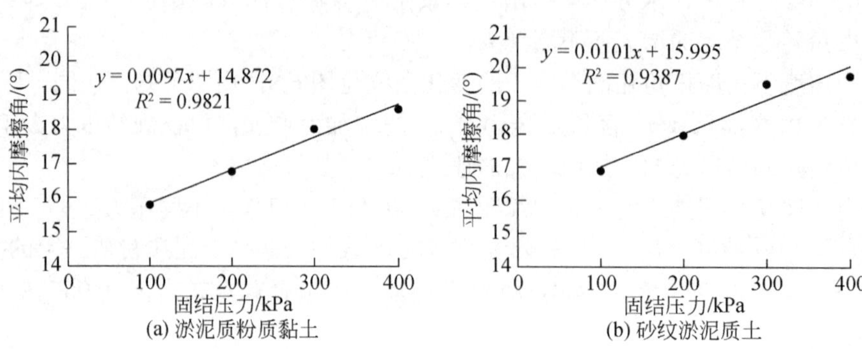

图 6.10　平均内摩擦角与固结压力的关系曲线

平均内摩擦角与固结压力的关系曲线见图 6.10，由图可知，不同固结度（U）下的平均内摩擦角（$\overline{\varphi}$）与固结压力（p）之间基本呈现良好的线性关系。淤泥质粉质黏土的拟合关系式为 $\overline{\varphi}=0.0097p+14.872$，$R^2=0.9821$，砂纹淤泥质土的拟合关系式为 $\overline{\varphi}=0.0101p+15.995$，$R^2=0.9387$。

6.1.3　基于多元非线性回归的软土强度增长规律

6.1.2 节我们研究了固结度或固结压力单一因素对软土的强度参数（黏聚力、内摩擦角）的影响，得到了它们之间的回归关系式。而对于某一状态的软土而言，其所受的固结压力及固结状态（即固结度）对于软土的强度同时发挥着影响。因此，我们有必要基于多元分析研究两者同时对软土强度参数的影响规律。

在多元回归分析中有两种分析方法：多元线性回归分析和多元非线性回归分析，其表达式分别为如式（6.1）和式（6.2）所示。

$$y=\beta_0+\beta_1x_1+\beta_2x_2 \tag{6.1}$$

$$y=\beta_0+\beta_1x_1+\cdots+\beta_mx_m+\sum_{j=1}^{n}\beta_{jj}x_j^2 \tag{6.2}$$

考虑到岩土材料的非均质性，采用多元非线性回归分析较为恰当。我们分别视黏聚力或内摩擦角为因变量 y，固结度为变量 x_1、x_2，根据表 4.2～表 4.5，得到以下拟合关系式。

1. 淤泥质粉质黏土黏聚力（c）与固结度（U）、固结压力（p）的关系

$$c=1.9964+0.1825U+0.0162p-0.0006U^2 \tag{6.3}$$

$R^2=0.9623$，$F=121.3674$，$p\approx0<0.05$，故模型成立。

使用 Matlab 软件绘制残差图（图 6.11）发现，除第 1 个和第 10 个数据外，其余数据的残差离零点均较近，且残差的置信区间均包含零点，这说明回归模型能较好的符合原始数据，而第 1 和第 10 个数据可视为异常点。

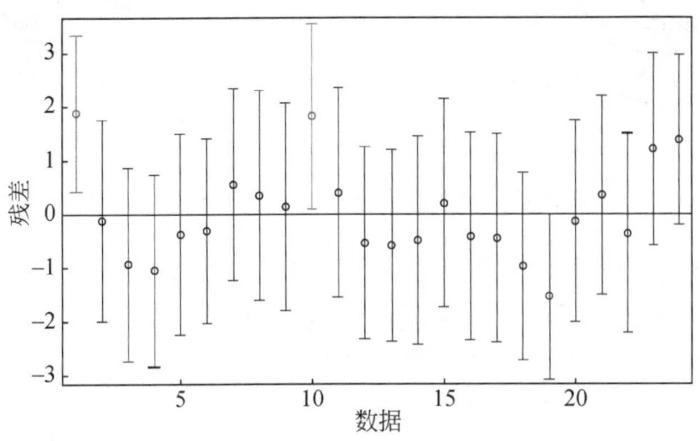

图 6.11　统计数据残差图

2. 淤泥质粉质黏土内摩擦角（φ）与固结度（U）、固结压力（p）的关系

$$\varphi=9.5498+0.1425U+0.0162p-0.0006U^2 \tag{6.4}$$

$R^2=0.9539$，$F=98.3928$，$p\approx0<0.05$，故模型成立。

绘制残差图发现，除第 1 个和第 19 个数据外，其余数据的残差离零点均较近，且残差的置信区间均包含零点，这说明回归模型能较好的符合原始数据，而第 1 个和第 19 个数据可视为异常点。

3. 砂纹淤泥质土黏聚力（c）与固结度（U）、固结压力（p）的关系

$$c=1.5881+0.2140U+0.0223p-0.0010U^2 \tag{6.5}$$

R^2=0.9502，F=90.5417，$p\approx 0<0.05$，故模型成立。

绘制残差图发现，除第 1 个、第 2 个和第 19 个数据外，其余数据的残差离零点均较近，且残差的置信区间均包含零点，这说明回归模型能较好的符合原始数据，而第 1 个、第 2 个和第 19 个数据可视为异常点。

4. 砂纹淤泥质土内摩擦角（φ）与固结度（U）、固结压力（p）的关系

$$\varphi=11.4341+0.08U+0.0207p-0.0001U^2 \tag{6.6}$$

R^2=0.9404，F=74.9826，$p\approx 0.0000<0.05$，故模型成立。

绘制残差图发现，除第 1 个和第 19 个数据外，其余数据的残差离零点均较近，且残差的置信区间均包含零点，这说明回归模型能较好的符合原始数据，而第 1 个和第 19 个数据可视为异常点。

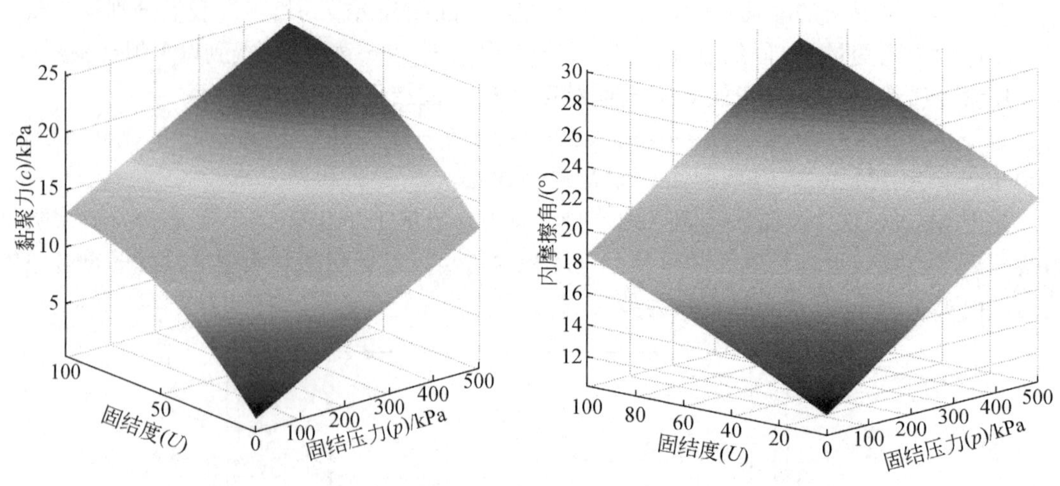

图 6.12 砂纹淤泥质土抗剪强度参数随固结压力、固结度变化关系图

以上同时对固结压力和固结度两个自变量对软土的抗剪强度的影响做了研究分析，并得到了软土抗剪强度参数与固结压力和固结度两个自变量的关系式，在实际工程中能快速确定路基填筑过程中砂纹淤泥质土的抗剪强度参数。

6.2 洞庭湖软土强度增长系数原位试验研究

软土强度增长规律的研究一直是软土研究的重点和难点，我国对软土强度增长规律的研究始于 20 世纪 60 年代初期，以曾国熙和沈珠江等为代表的研究团体先后提出了有效应力法和有效固结压力法。在《建筑地基处理技术规范》（JGJ 79—2012）中建议的强度增长

计算公式即为有效固结压力法基本思想的体现，其表达式为

$$\Delta\tau_{\mathrm{f}}=\Delta\sigma_z\cdot U_t\cdot\tan\varphi_{\mathrm{cu}} \tag{6.7}$$

$$\tau_{\mathrm{f}}=\tau_{\mathrm{f0}}+\Delta\tau_{\mathrm{f}} \tag{6.8}$$

式中，$\Delta\tau_{\mathrm{f}}$ 为土体抗剪强度增量（此方法中仅考虑压缩引起的增长）；$\Delta\sigma_z$ 为竖向应力增量；U_t 为 t 时刻土体某一点固结度；φ_{cu} 为固结快剪内摩擦角，一般由三轴固结不排水试验测得。

φ_{cu} 的测定成本较高，需由室内的三轴固结不排水试验测得，且由于该测试方法需经现场取样、运输，其测定成果受到多方面因素干扰，离散性较大。

《公路软土地基路堤设计与施工技术细则》（JTG/TD 31-02—2013）提出可以将软土强度增长系数（m）用于进行路堤稳定性计算，并给出了 m 的经验值，但没有明确怎么确定 m 值。

因此，我们考虑是否可以采用现场原位测试成果来进行相关计算。由于原位测试无需扰动取样，又省却了运输过程中的扰动，其测试成果的准确性在这方面具有天然的优越性，且其现场操作简便，获得成果快捷，在经济效益和工期上比室内三轴固结不排水试验具有优越性。

本节在4.1.6.3.2小节已建立的静力触探锥尖阻力与十字板剪切试验不排水抗剪强度的估算关系式［式（4.16）］的基础上研究建立软土强度增长规律的原位测试方法。

我们知道，如果视土层为相对均质体，对于一定厚度的同时期沉积的软土层，如果沉积的时间足够长，那么不同深度处的土体单元可以视为固结度是一致的，只是所承受的有效固结压力随深度的不同而线性变化，其与该土体单元埋藏深度线性相关。我们研究的洞庭湖区砂纹淤泥质土地处洞庭湖腹地，其属于第四系全新统，沉积历史较长，同一地层的沉积环境基本相同，基于其地质历史的分析，我们可将同一土体单元在一定固结压力下的强度增长值转换为同一软土层不同深度处的土体单元的强度差值，前者的固结压力值应和后者不同深度处土体单元的有效自重压力差值相等。

根据前文得到的砂纹淤泥质土的十字板剪切试验不排水抗剪强度与静力触探锥尖阻力的回归方程：C_{u}=0.059q_{c}+5.0，我们可以得到砂纹淤泥质土在一定固结压力下强度增长计算公式为

$$\Delta C_{\mathrm{u}}=0.059\Delta q_{\mathrm{c}} \tag{6.9}$$

式中，Δq_{c} 应取有效自重压应力差值等于施加的有效压应力的两个不同深度处对应的静力触探锥尖阻力差，kPa。

则软土强度增长系数为

$$m=\frac{\Delta C_{\mathrm{u}}}{\Delta\sigma_z}=0.059\frac{\Delta q_{\mathrm{u}}}{\Delta\sigma_z} \tag{6.10}$$

式中，$\Delta\sigma_z$ 为上述两点不同深度处的有效自重压应力差，kPa，数值上等于施加的有效压应力，$\Delta\sigma_z=\gamma'\Delta h$。

在实际利用原位测试成果进行软土强度增长计算时，直接采用测试成果数据是没有意义的，会出现不合常理的计算结果，这是因为软土层在局部化学作用导致的局部似超固结现象及局部夹砂含量的突变的影响下会出现测试数据的跳跃尖峰，在利用静力触探成果时需在静力触探曲线上作端阻 q_{c} 曲线的“基部趋势线”以消除曲线尖峰的影响，此亦称触探

曲线的线性化。

在此定义端阻 q_c 曲线线性化后静力触探端阻随深度的增长率为 n，则可在基部趋势线上计算得到 $n=\dfrac{\Delta q_c}{\Delta h}$，由此得到

$$\Delta C_u = 0.059\Delta q_c = 0.059\Delta h \times n \tag{6.11}$$

$$m = 0.059\frac{n}{\gamma'} \tag{6.12}$$

式中，Δh 为有效自重压应力差值等于施加的有效压应力的两个不同深度之差，m；γ' 为软土的有效重度，kN/m^3。

从上述可以看出，在静力触探曲线上作端阻 q_c 曲线的“基部趋势线”，可得到静探端阻随深度的增长率 n，进而由式（6.11）和式（6.12）我们即可得到软土的强度增长值 ΔC_u 及强度增长系数 m。由式（6.10）～式（6.12）可知，软土强度增长值 ΔC_u 与静力触探端阻的增长率 n 及施加的有效竖向压力 $\Delta\sigma_z$ 呈线性正相关关系，其增长系数 m 则与静力触探端阻的增长率 n 及软土的有效重度 γ' 相关，与施加的有效竖向压力 $\Delta\sigma_z$ 的大小无关，表征的是软土自身的固结特性。

基于式（6.11）和式（6.12）计算砂纹淤泥质土的强度增长系数 m 的部分算例如图 6.13 所示。

当研究对象为安乡软土时，应用此方法计算其软土强度增长系数，我们只需将计算不排水抗剪强度的经验公式换成安乡软土的经验公式 C_u=0.034q_c+8 便可。按上述计算思路计算安乡软土的强度增长系数（m）的部分算例如图 6.14 所示。

如果计算一般软土，我们则可以应用《铁路工程地质原位测试规程》（TB 10018—2013）所推荐的一般软土的经验公式 C_u=0.04p_s+2，即 C_u=0.044q_c+2 即可。

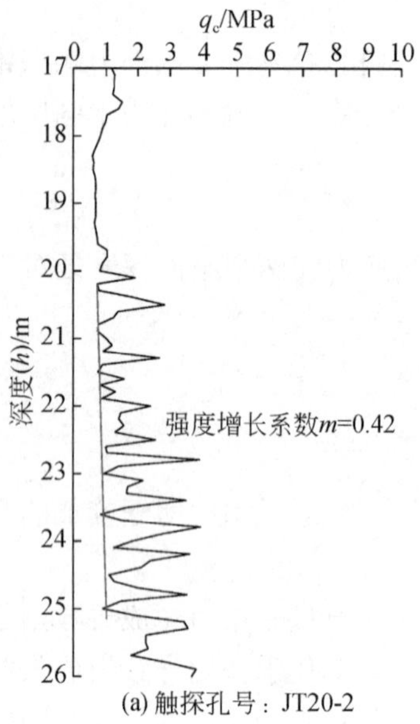

(a) 触探孔号：JT20-2

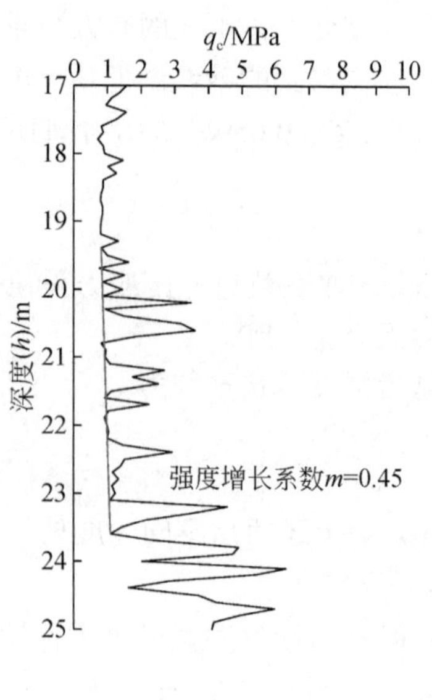

(b) 触探孔号：JT23-2

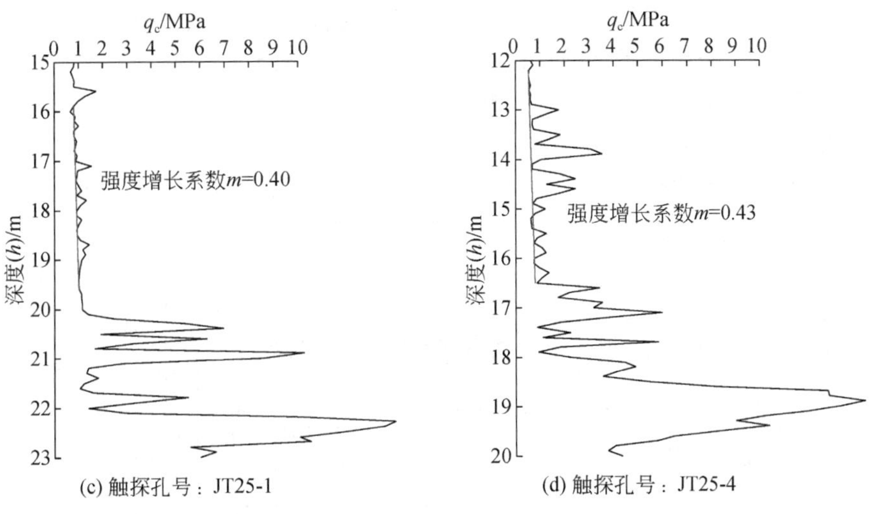

(c) 触探孔号：JT25-1　　(d) 触探孔号：JT25-4

图 6.13　砂纹淤泥质土的强度增长系数（m）计算算例

强度增长系数m=0.24

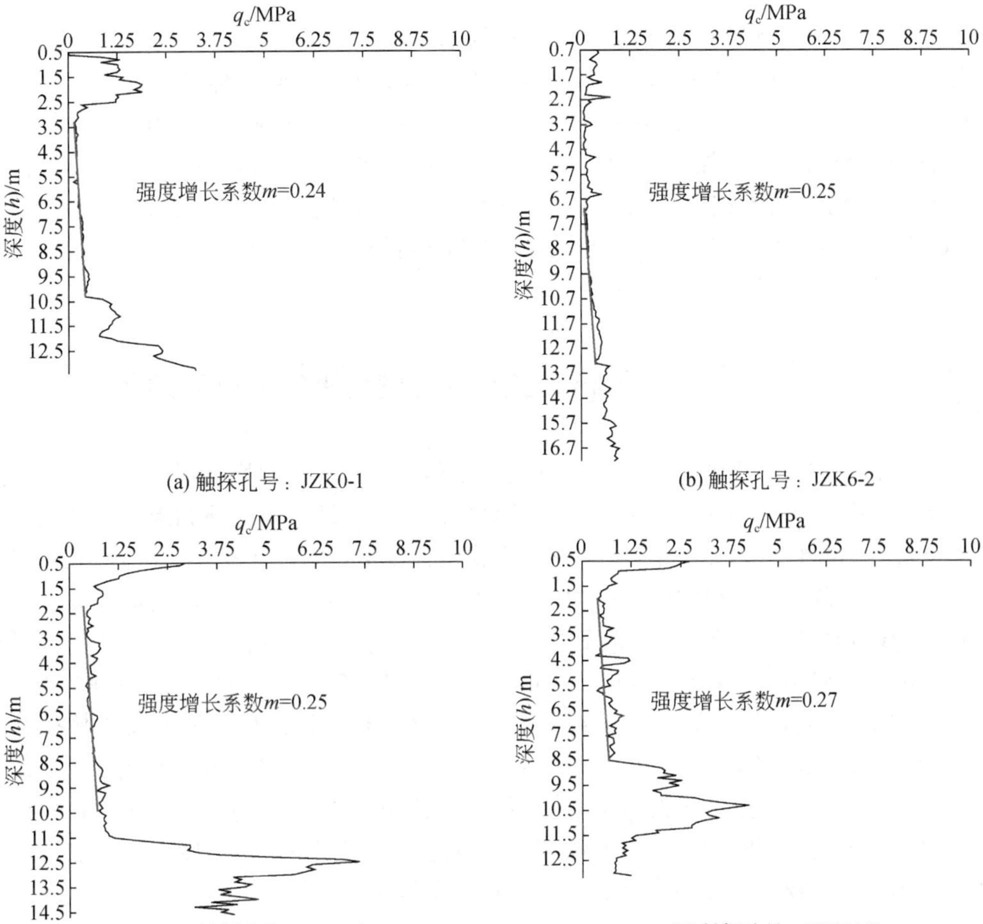

(a) 触探孔号：JZK0-1

强度增长系数m=0.25

(b) 触探孔号：JZK6-2

强度增长系数m=0.25

(c) 触探孔号：JZK7-2

强度增长系数m=0.27

(d) 触探孔号：JZK16-2

图 6.14　安乡软土的强度增长系数（m）计算算例

至此，需借助室内的三轴固结不排水试验开展的软土强度增长规律研究，我们转而借助现场的静力触探试验和十字板剪切试验就可以完成。采用这种原位测试方法，既解决了土样取样所导致的一系列影响测定成果精度的因素，又使整个测试计算方法快捷经济，在工程上具有实际应用意义。

基于地质历史分析的软土强度增长系数原位测试计算法的流程框图如图 6.15 所示。

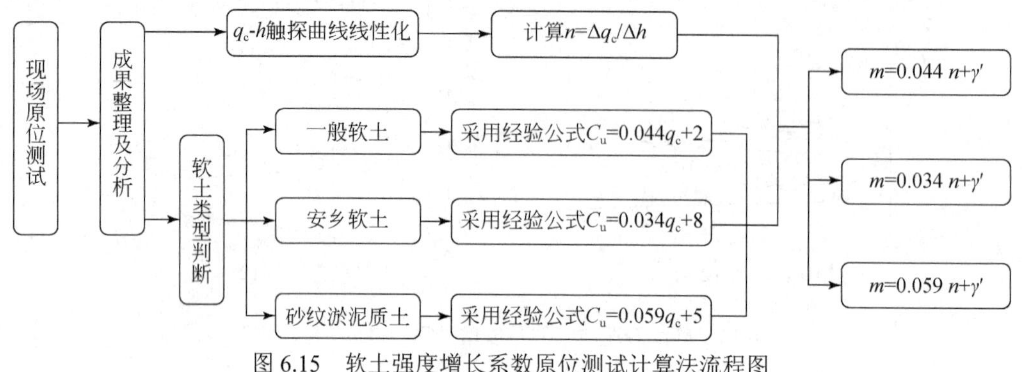

图 6.15　软土强度增长系数原位测试计算法流程图

根据软土强度增长系数的原位测试计算法，我们统计计算可得到洞庭湖区安乡软土的强度增长系数（m）为 0.24～0.27，其与行业标准《公路软土地基路堤设计与施工技术细则》（JTG/T D31-02—2013）所提供的一般软土经验数值范围（m = 0.20～0.25）是接近的，而砂纹淤泥质土的强度增长系数（m）为 0.4～0.45，其与行业标准《公路软土地基路堤设计与施工技术细则》（JTG/T D31-02—2013）所提供的一般软土经验数值范围（m=0.20～0.25）有较大提高，这也揭示了洞庭湖区腹地砂纹淤泥质土与一般软土所不同的良好的强度增长性能。

6.3　洞庭湖软土强度增长规律对比分析

在 6.1 节中我们主要是基于室内试验成果得到了软土强度增长规律，并拟合得到其经验关系式（6.3）～式（6.6），根据该组经验关系式，在淤泥质粉质黏土（安乡软土）的埋藏深度对应的固结压力 25～100kPa 下，其软土强度增长系数（m）为 0.36～0.39；在砂纹淤泥质土的埋藏深度对应的固结压力 100～200kPa 下，其软土强度增长系数（m）为 0.46～0.50，m 值均随埋藏深度不同略有变化。在 6.2 节中我们基于原位测试成果亦得到了软土强度增长规律，根据实例计算得到淤泥质粉质黏土（安乡软土）的软土强度增长系数（m）为 0.24～0.27，其值低于基于室内试验得到的 m 值；砂纹淤泥质土软土强度增长系数（m）为 0.40～0.45，其值略低于基于室内试验得到的 m 值。从以上两种软土强度增长系数计算方法可以看到，基于室内试验的 m 值出现这种情况的原因可能为①软土试样在取样、运输过程中受到一定程度的扰动，起始强度偏低，在固结过程中前后强度变化更加显著，表现为 m 值偏大；②统计样本量要求比较大，样本量较小时异常值对统计结果影响较大。这也说明了基于地质历史分析的软土强度增长系数原位测试计算法的优越性，该方法简单、可靠，受到干扰程度小，具有推广运用价值。

第7章 结　论

针对洞庭湖区南部腹地软土中一种特殊性“砂纹淤泥质土”及其与其他层软土具有的明显物理力学指标差异，考虑到以前的学者研究的对象主要局限于上部的“淤泥质黏性土”，未研究下层“砂纹淤泥质土”的分布特征、微观结构和工程特性，本书从洞庭湖演变历史、第四纪沉积地层变化特征、水动力条件和沉积物来源等四个方面入手，研究了洞庭湖区域软土的分布规律和组成特征、工程特性等，并以砂纹淤泥质土作为研究重点，通过室内物理力学试验、现场原位测试、X 射线微区衍射试验和扫描电子显微镜对其工程性状进行了全面而系统地分析，研究该土的特殊性将对整个洞庭湖生态经济区的建设具有重要的意义。主要成果及结论如下。

（1）洞庭湖区软土是由粒度成分、矿物成分及力学性能都有较大差异的三种软土组成，分别为君山软土、安乡软土及砂纹淤泥质土，君山软土以晚全新世的长江、湘江河漫滩相沉积为主，安乡软土以中全新世中期末以来的深湖相沉积为主，砂纹淤泥质土以早全新世的古河槽河漫滩相沉积为主。

（2）建立了洞庭湖生态区软土空间区划，提出君山软土分布在以长江、湘江为主的湖区河网河漫滩，安乡软土分布在除君山软土外的范围洞庭湖腹地，砂纹淤泥质土分布在古河槽河漫滩。

（3）通过收集资料和查阅文献，以洞庭湖演变历史、第四系沉积地层变化特征、水动力条件和沉积物来源等四个方面作为切入点，揭示了洞庭湖从早白垩世到全新世气候、流水、地壳升降、泥沙淤积等条件的变化过程。洞庭湖演变过程导致了该区域第四系沉积地层上部为杂色填土，下部为砂砾石，沉积韵律多以细薄层交替出现；并且砂纹淤泥质土在形成过程中长期受复杂地表水动力控制，使得该类淤泥质土夹有微薄层粉细砂，同时地下水径流活动不明显，使之具有微层理结构特征。综合室内试验及现场原位测试试验成果提出了“砂纹淤泥质土”的定义，并建立了砂纹淤泥质土特征结构及工程性状的测试体系（图 7.1）。

（4）砂纹淤泥质土物理力学特性相对于洞庭湖粉质黏土、淤泥质粉质黏土和黏土而言，其湿密度低、含水率高、孔隙比大、液限和塑限低、塑性指数和液性指数高，土体处于软塑状态，颗粒大小以粉粒为主，黏聚力小而内摩擦角大，固结压力对压缩系数、压缩模量和固结系数影响较大，水平向渗透性能远优于垂直向渗透性能。与国内大多数软土相比，砂纹淤泥质土中非黏土矿物含量较多，黏土矿物含量较少，湿密度最大，天然含水率、孔隙比、液性指数、压缩系数小于其他软土，塑性指数、压缩模量则高于其他软土，固结不排水条件下抗剪强度比其他软土大，三种软土垂直向渗透系数比较接近，但砂纹淤泥质土水平向渗透系数明显要高于其他软土，为洞庭湖腹地高速公路较低填高地基采用自然堆填的方案提供了依据。

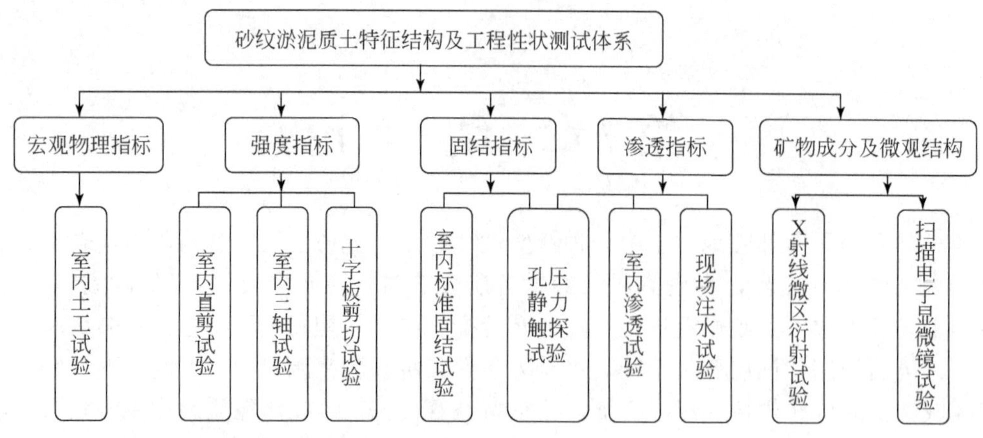

图 7.1　砂纹淤泥质土特征结构及工程性状测试体系图

（5）采用一维固结蠕变试验研究洞庭湖砂纹淤泥质土的蠕变特征，建立适用于描述洞庭湖砂纹淤泥质土应力-应变-时间关系的经验蠕变模型，采用双曲线函数拟合洞庭湖砂纹淤泥质土的应变-应力等时曲线，具有很高的精度，比指数函数更为适合描述洞庭湖砂纹淤泥质土的应变-应力关系，将 Singh-Mitchell 模型中的应变-应力关系修正为双曲线型比较符合工程实际。

（6）分析了砂纹淤泥质土各物理力学指标间的相关关系，建立了线性回归方程。其中部分物理力学指标间的相关性较好，相关系数接近于 1，有些指标间相关性却很小，只有 0.005 左右。同时利用现场原位测试和室内试验，建立了砂纹淤泥质土不同试验方法间固结指标（孔压静力触探、室内标准固结试验）、渗透指标（孔压静力触探、室内渗透试验、现场钻孔降水头试验）、强度指标（孔压静力触探、十字板剪切试验、室内三轴试验）的经验公式，其相关系数基本在 0.8 以上，也存在相关系数小于 0.5 的情况，并且现场原位测试得到的结果比室内试验更符合土体实际状态，也更节省时间，但是成本更高，建议可先进行室内试验，再采用经验公式分析论证原位土体的土性指标，但由于该经验公式具有明显的区域特点，如在其他地方应用需进一步积累资料，并进行相关验证使之优化。

（7）洞庭湖砂纹淤泥质土中主要的矿物成分为绿泥石 7.6%、伊利石 28.9%、石英 63.5%，微观结构以片状或板状聚体结构为主，不同于粉质黏土的凝块状结构以及淤泥质粉质黏土和黏土絮凝状结构；且随着固结压力增加砂纹淤泥质土微观结构参数变化趋势具有明显的差异性，平均圆形度、平均形状系数、面孔隙比随其逐渐减小，等效粒径随其逐渐增大，而总颗粒面积、平均周长、最大长度、平均长度、最大宽度、平均宽度等则呈先增大后减小的趋势，但固结压力对粒径优势区间和结构单元体的定向性影响较小；此外，压缩系数与概率熵呈明显的负相关关系，而渗透系数与概率熵则呈正相关关系，说明微观结构参数与宏观特性之间有着本质的联系。

（8）砂纹淤泥质土结构单元体和孔隙均具有明显的分形特征。总体来说，砂纹淤泥质土结构单元体粒度分维（D_{ps}）、表面起伏分维（D_{pr}）、分布分维（D_{pd}），孔隙分布分维（D_{bd}）、孔径分维（D_{bs}）都结受固结压力影响较大，说明荷载使得结构单元体形状趋于规则、表面趋于平整，孔隙趋于均一，土体整体性逐渐增加。此外，无论是竖直切面还是水平切面，渗透系数都与孔径分维（D_{bs}）和孔隙分布分维（D_{bd}）呈明显正相关性，说明了固结压力使孔隙体积和分布面积减小，颗粒之间距离缩短，渗流通道变窄，孔隙水难以流动，从宏观上表现为渗透系数降低。

（9）进行了洞庭湖区软土强度增长规律的研究，对其进行了不同压力下、不同固结度时的直剪试验，研究了在不同固结压力、不同固结度下洞庭湖区软土抗剪强度指标的变化规律，给出了固结度和固结压力与抗剪强度指标之间的拟合公式，并取得如下主要结论：①在同一固结压力下，洞庭湖区软土内摩擦角（φ）随固结度（U）的增加而增加，呈现线性增加的趋势。在同一固结度下，洞庭湖区软土内摩擦角（φ）随固结压力（p）的增加而增加，但在固结压力大于 300kPa 后，内摩擦角随固结压力的增加而增加的速度放缓；②在同一固结压力下，洞庭湖区软土黏聚力（c）随固结度（U）的增加而增加，但增大速率随着固结度的增大呈现放缓的趋势，在固结度 $U<60\%$增长速度较快，在 $U>60\%$时增长速度变缓。在同一固结压力下，洞庭湖区软土黏聚力（c）随固结压力（p）的增大而增大，基本呈现线性增大的趋势；③不同压力（p）下的平均黏聚力（c）、平均内摩擦角（φ）与固结度（U）之间基本呈现良好的线性关系，平均黏聚力（c）、平均内摩擦角（φ）与固结压力（p）之间也基本呈现良好的线性关系，在软土路基设计和施工过程中应考虑其固结度和固结压力的影响；④基于室内试验，采用多元非线性回归分析，建立了砂纹淤泥质土的抗剪强度参数［黏聚力（c）、内摩擦角（φ）］与固结参数［固结压力（p）和固结度（U）］的关系式：$c=1.5881+0.0223p+0.2140U-0.0010U^2$，$\varphi=11.4341+0.0207p+0.08U-0.0001U^2$。

（10）建立了基于地质历史分析的软土强度增长系数原位测试计算法，避免了采用室内固结快剪内摩擦角计算软土强度增长系数误差偏大的缺陷。精准确定了砂纹淤泥质土的强度增长系数为 0.4～0.45，相对行业标准的经验值（0.25～0.3）有较大提高，揭示了砂纹淤泥质土具有良好的强度增长性能。该软土强度增长系数原位测试计算法的流程框图如图 6.15 所示。

（11）依据洞庭湖区域三大典型软土的土性组成和工程特性，其各自的软基处治原则建议如表 7.1 所示。

表 7.1　洞庭湖区域三大典型软土对比

对比内容	君山软土	安乡软土	砂纹淤泥质土
分布区域	沿长江、湘江岸侧范围，如湖北松滋、石首，湖南华容、岳阳市区等地	除君山软土外的范围洞庭湖腹地，面积较广，如南县、澧县、安乡、汉寿等地	古河槽河漫滩范围，埋藏在灰绿色黏土以下，区域上如南县、茅草街、沅江、益阳等地
代表工程	杭瑞高速岳阳段和 S222 华容段等	安乡至慈利高速、杭瑞高速常德段、二广高速东常段等	南县至益阳高速公路等
表观特征	淤泥质土与粉砂互层，呈“千层饼”状	黏粒含量高，土质较纯，微层理不明显	淤泥质土含微薄层粉砂，粉砂层厚度小于 1mm，有明显的微层理
沉积特征	以晚全新世的长江、湘江为主河漫滩相沉积	以中全新世中期末以来的深湖相沉积	以早全新世的古河槽河漫相沉积
粒度组成	以粉粒为主，粉砂与黏粒次之	以黏粒为主	以粉粒为主，黏粒次之
矿物组成	以石英为主，伊利石次之	以伊利石、绿泥石为主	以石英为主，伊利石次之

续表

对比内容	君山软土	安乡软土	砂纹淤泥质土
强度性能	较高	低	较高
排水固结性能	水平向排水性能好，渗透系数各向异性比可达 100	排水性能差，渗透系数的各向异性比不明显	水平向排水性能较好，渗透系数各向异性比可达 10
综合性能（相对）	最好	最差	中等
修筑技术	不进行深层处理或排水措施	复合地基或竖向排水	埋藏较深时无需处理

参 考 文 献

白冰, 周健, 章光. 2001. 饱和软粘土的塑性指数对其压缩变形参数的影响. 水利学报, 32(11): 51-55.

柏道远. 2010. 洞庭盆地第四纪地质环境演化. 武汉: 中国地质大学博士学位论文.

包伟力, 周小文. 2001. 地基强度随固结度增长规律的试验研究. 长江科学院学报, 18(4): 29-33.

陈国民. 1999. 扁铲侧胀仪试验及其应用. 岩土工程学报, (2): 42-48.

陈立国, 吴昊天, 陈晓斌, 等. 2020. 洞庭湖冲湖积软土次固结效应研究. 应用力学学报, 37(6): 2362-2369, 2692-2693.

陈立国, 吴昊天, 陈晓斌, 等. 2021. 超载预压处理软土的次固结特征及沉降计算. 水文地质工程地质, 48(1): 138-145.

陈晓平, 黄国怡, 梁志松. 2003. 珠江三角洲软土特性研究. 岩石力学与工程学报, 22(1): 137-141.

陈晓平, 曾玲玲, 吕晶, 等. 2008. 结构性软土力学特性试验研究. 岩土力学, 29(12): 3223-3228.

豆红强, 李鹏宇, 王浩, 等. 2022. 强夯碎石墩处治“山地型”软土路基的变形特征研究. 工程地质学报, 30(4): 1235-1245.

范智铖. 2020. 重塑饱和黏土流变特性室内试验研究. 郑州: 郑州大学硕士学位论文.

方敬锐, 宋晶, 李学. 2021. 黏土矿物对软土结合水特征及力学性质影响的定量分析. 工程地质学报, 29(5): 1303-1311.

傅纵. 2004. 扁铲侧胀试验机理分析及其应用研究. 上海: 同济大学硕士学位论文.

高国瑞. 1979. 兰州黄土显微结构和湿陷机理的探讨. 兰州大学学报: 自然科学版, (2): 126-137.

高彦斌, 朱合华, 叶观宝, 等. 2004. 饱和软粘土一维次压缩系数 C_a 值的试验研究. 岩土工程学报, 26(4): 459-463.

韩思奇, 王蕾. 2002. 图像分割的阈值法综述. 系统工程与电子技术, 24(6): 91-94.

何群, 冷伍明, 魏丽敏, 等. 2005. 固结度与加载方式对软土抗剪强度的影响. 公路交通科技, 22(1): 29-32.

贺建清, 林孟源, 陈立国, 等. 2022a. 考虑围压影响的湖相软黏土 K_0 固结经验蠕变模型. 自然灾害学报, 31(1): 147-156.

贺建清, 王朦, 陈立国, 等. 2022b. 有机质对软土次固结特性的影响机制研究. 工程地质学报, 30(2): 366-373.

贺建清, 王湘春, 胡惠华, 等. 2024. 超载预压施工过程软土固结变形特征研究. 工程地质学报, (3): 1-9.

胡惠华, 贺建清, 聂士诚. 2022. 洞庭湖砂纹淤泥质土一维固结蠕变模型研究. 岩土力学, 43(5): 1269-1276.

胡惠华, 张鹏, 龚道平, 等. 2024. 洞庭湖生态经济区区域性软土空间区划及典型工程特征. 勘察科学技术, (1): 6-10.

胡瑞林. 1995. 粘性土微结构定量模型及其工程地质特征研究. 北京: 地质出版社.

胡世华, 王侠民. 1997. 上海地区粘性土有效内摩擦角与塑性指数关系. 水电自动化与大坝监测, (2): 39-41.

胡亚元. 2010. 考虑次压缩时分级超载预压时间的确定方法. 浙江大学学报(工学版), 44(5): 962-968.

胡展飞, 傅艳蓉. 2001. 基于不同初始含水量的软粘土抗剪强度的试验研究. 上海国土资源, 22(1): 38-42.

湖南国土资源厅. 2011. 洞庭湖历史变迁地图集. 长沙: 湖南地图出版社.
黄斌. 2006. 扰动土及其量化指标. 杭州: 浙江大学硕士学位论文.
季汉成. 2004. 现代沉积. 北京: 石油工业出版社.
孔令伟, 吕海波, 汪稔, 等. 2002a. 海口某海域软土工程特性的微观机制浅析. 岩土力学, 23(1): 36-40.
孔令伟, 吕海波, 汪稔, 等. 2002b. 湛江海域结构性海洋土的工程特性及其微观机制. 水利学报, 33(9): 82-88.
李国维, 杨涛, 殷宗泽. 2006. 公路软基超载预压机理研究 . 岩土工程学报, 28(7): 896-901.
李国维, 盛维高, 蒋华忠, 等. 2009. 超载卸荷后再压缩软土的次压缩特征及变形计算. 岩土工程学报, 31(1): 118-123.
李国维, 胡坚, 陆晓岑, 等. 2012. 超固结软黏土一维蠕变次固结系数与侧压力系数. 岩土工程学报, 34(12): 2198-2205.
李镜培, 舒翔, 丁士君. 2003. 土性指标的自相关特征参数及其确定原则. 同济大学学报(自然科学版), 31(3): 287-290.
李军世, 孙钧. 2001. 上海淤泥质黏土的 Mesri 蠕变模型. 土木工程学报, 34(6): 74-79.
李军霞, 王常明, 张先伟. 2010. 不同排水条件下软土蠕变特性与微观孔隙变化. 岩土力学, 31(11): 3493-3498.
李俊, 王淑云, 莫多闻. 2011. 6000a BP 以来洞庭湖沉积记录的环境演变及其同人类活动的关系. 北京大学学报(自然科学版), 47(6): 1041-1048.
李向全, 胡瑞林, 张莉. 2000. 软土固结过程中的微结构变化特征. 地学前缘, 7(1): 147-152.
李小勇, 谢康和, 虞颜. 2003. 土性指标相关距离性状的研究. 土木工程学报, 36(8): 91-95.
李雄威, 蒋刚, 朱定华, 等. 2004. 扁铲侧胀原位测试的应用与探讨. 岩石力学与工程学报, (12): 2118-2122.
李雪刚, 徐日庆, 王兴陈, 等. 2013. 杭州地区海、湖相软土的工程特性评价. 浙江大学学报(工学版), 47(8): 1346-1352.
李懿, 聂士诚, 付钰, 等. 2019. 洞庭湖砂纹淤泥质土动强度试验研究. 土工基础, 33(1): 75-77, 82.
刘春, 白世伟, 赵洪波. 2003. 粘性土土性指标的统计规律研究. 岩土力学, (S2): 180-184.
刘汉龙, 扈胜霞, Hassan A. 2008. 真空-堆载预压作用下软土蠕变特性试验研究. 岩土力学, 29(1): 6-12.
刘红军. 2007. 寒区湿地软土地基固结沉降与稳定性研究. 北京: 中国地震局工程力学研究所博士学位论文.
刘红军, 靳晨杰. 2015. 软土的固结状态对抗剪强度影响的研究. 公路, (10): 51-54.
刘杰, 张可能. 2002. 碎石桩复合地基应力应变分析. 中南大学学报(自然科学版), 33(5): 457-461.
刘松玉, 方磊. 1992. 试论粘性土粒度分布的分形结构. 工程勘察, (2): 1-4.
刘松玉, 张继文. 1997. 土中孔隙分布的分形特征研究. 东南大学学报: 自然科学版, 27(3): 127-130.
刘松玉, 方磊, 陈浩东. 1993. 论我国特殊土粒度分布的分形结构. 岩土工程学报, 15(1): 23-30.
刘维正, 李天雄, 徐冉冉, 等. 2022. 珠海海相软土次固结变形特性及其系数取值研究. 铁道科学与工程学报, 19(5): 1309-1318.
隆威, 程盼, 赵娟, 等. 2010. 洞庭湖区软土地基加固处理方案对比研究. 探矿工程(岩土钻掘工程), 37(9): 46-49.
卢萍珍, 曾静, 盛谦. 2008. 软黏土蠕变试验及其经验模型研究. 岩土力学, 148(4): 1041-1044, 1052.

卢肇钧, 杨伟. 1964. 软土内摩擦角与塑性指数的关系. 见: 中国土木工程学会. 第一届全国土力学及基础工程学术会议论文选集. 北京: 中国工业出版社.
罗庆姿, 韦潇旖, 刘荃铭, 等. 2015. 吹填软土次固结特性的试验研究. 土木工程学报, 48(增刊 2): 257-261.
罗庆姿, 陈晓平, 王盛, 等. 2016. 软黏土变形时效性的试验及经验模型研究. 岩土力学, 37(1): 66-75.
马旭. 2014. 荷载作用下软粘土地基土性指标变化规律及承载力研究. 天津: 天津大学硕士学位论文.
母焕胜. 2012. 唐—曹高速公路软土的微结构特征研究. 岩土力学, (S1): 37-43.
彭春雷, 宾斌, 龚高武. 2013. 导水布袋控制压密注浆桩技术在洞庭湖堤基加固中的试验研究. 见：中国水利学会地基与基础工程专业委员会. 2013 水利水电地基与基础工程技术——中国水利学会地基与基础工程专业委员会第 12 次全国学术会议论文集. 北京: 中国水利水电出版社: 57-63.
彭立才, 蒋明镜, 林奕禧, 等. 2009. 珠海海积软土孔隙分布与应力水平的关系研究. 同济大学学报(自然科学版), 37(12): 1598-1602.
皮建高, 张国梁, 梁杏, 等. 2001. 洞庭盆地第四纪沉积环境演变的初步分析. 地质科技情报, (2): 6-10.
邵艳, 王仕传, 李长勇. 2013. 合肥滨湖新区软土物理力学特性相关性分析. 工业建筑, 43(5): 86-89.
史国安. 1994. 土的抗剪强度与物理特征关系浅析. 科学技术通讯, (4): 16-20.
孙德安, 陈波. 2011. 结构性软土力学特性的试验研究. 土木工程学报, (S2): 65-68.
王宝军, 施斌, 刘志彬, 等. 2004. 基于 GIS 的黏性土微观结构的分形研究. 岩土工程学报, 26(2): 244-247.
王宝军, 施斌, 蔡奕, 等. 2008. 基于 GIS 的黏性土 SEM 图像三维可视化与孔隙度计算. 岩土力学, 29(1): 251-255.
王常明, 王清, 张淑华. 2004. 滨海软土蠕变特性及蠕变模型. 岩石力学与工程学报, 23(2): 227-230.
王建秀, 杨天亮, 王宇轩, 等. 2022. 滨海软土超大城市地质环境健康度表征方法、评价体系及应用. 工程地质学报, 30(5): 1629-1639.
王婧. 2013. 珠海软土固结性质的宏微观试验及机理分析. 广州: 华南理工大学博士学位论文.
王康康. 2019. 重塑洞庭湖软土力学特性试验研究. 湘潭: 湖南科技大学硕士学位论文.
王清, 王剑平. 2000. 土孔隙的分形几何研究. 岩土工程学报, 22(4): 496-498.
王元战, 王婷婷, 王军. 2009. 滨海软土非线性流变模型及其工程应用研究. 岩土力学, 30(9): 2679-2685.
王元战, 黄东旭, 肖忠. 2012. 天津滨海地区两种典型软黏土蠕变特性试验研究. 岩土工程学报, 34(2): 379-380.
温耀霖, 潘健, 吴湘兴. 1995. 珠江三角洲软土的微观结构与力学特性. 华南理工大学学报(自然科学版), (1): 144-152.
吴建宁. 2004. 洞庭湖区软土工程地质性状初探. 中南公路工程, (2): 136-138.
肖燕. 2020. 洞庭湖砂纹淤泥质土矿物成分及工程特性研究. 公路工程, 45(6): 222-226.
谢新宇, 李金柱, 王文军, 等. 2012. 宁波软土流变试验及经验模型. 浙江大学学报(工学版), 46(1): 64-71.
徐国文, 刘多文. 2003. 洞庭湖区高速公路软土特性及处理方法. 中南公路工程, (2): 65-67.
徐日庆, 邓祎文, 徐波, 等. 2015a. 基于 SEM 图像的软土三维孔隙率计算及影响因素分析. 岩石力学与工程学报, 34(7): 1497-1502.
徐日庆, 邓祎文, 徐波, 等. 2015b. 基于 SEM 图像信息的软土三维孔隙率定量分析. 地球科学与环境学报, (3): 104-110.
徐肖峰, 许明显. 2015. 沉积环境对软土物理及力学特性的影响. 工程勘察, 43(8): 31-35.

徐新川. 2016. 天津滨海新区软土的微观结构特征和结合水特性研究. 长春: 吉林大学硕士学位论文.

阎长虹, 吴焕然, 许宝田, 等. 2015. 不同成因软土工程地质特性研究——以连云港、南京、吴江、盱眙等地四种典型软土为例. 地质论评, 61(3): 561-569.

杨爱武, 杨少坤, 梁超, 等. 2020. 吹填泥浆固化土蠕变及长期强度特性研究. 自然灾害学报, 29(3): 28-35.

杨彬. 2010. 洞庭湖区软土硬壳层路基的沉降计算方法与承载特性研究. 长沙: 湖南大学硕士学位论文.

杨超, 戴国亮, 龚维明, 等. 2015. 望江地区典型淤泥质粉质黏土蠕变特性试验研究. 土木工程学报, 48(增刊 2): 47-52.

杨超, 王凯, 舒伟富. 2018. 海相软土一维固结流变特性及模型. 湖南科技大学学报(自然科学版), 33(1): 28-34.

杨达源. 1986a. 洞庭湖的演变及其整治. 地理研究, (3): 39-46.

杨达源. 1986b. 晚更新世冰期最盛时长江中下游地区的古环境. 地理学报, (4): 302-310.

杨利柯, 汪益敏. 2016. 广州南沙区软土分布特征及处理对策研究. 路基工程, (2): 9-13.

杨庆光. 2008. 深厚软土中复合地基技术的试验及理论研究. 长沙: 中南大学博士学位论文.

杨庆光, 张可能, 刘杰. 2008. 水泥土长短桩复合地基承载特性的现场试验. 工业建筑, 38(3): 72-74.

姚兆明, 张秋瑾, 牛连僧. 2016. 基于蚁群算法的冻结重塑黏土分数阶导数西原模型分析. 长江科学院院报, 33(7): 81-86.

阴国富. 2007. 基于阈值法的图像分割技术. 现代电子技术, 30(23): 107-108.

殷宗泽, 张海波, 朱俊高, 等. 2003. 软土的次固结. 岩土工程学报, 25(5): 521-526.

尹利华, 王晓谋, 张留俊. 2010. 天津软土土性指标概率分布统计分析. 岩土力学, (S2): 462-469.

余湘娟, 殷宗泽, 高磊. 2015. 软土的一维次固结双曲线流变模型研究. 岩土力学, 36(2): 320-324.

曾玲玲, 陈福全, 郭立群. 2012. 天然沉积结构性软土的超载预压变形性状试验. 华侨大学学报(自然科学版), 33(4): 435-439.

曾玲玲, 曾俊, 陈福全. 2013. 天然沉积结构性软土超载预压作用机理研究. 福州大学学报(自然科学版), 41(2): 235-241.

翟文沛, 谭芳, 李敏, 等. 2023. 大面积超载预压法处理软土地基的模拟分析. 建筑技术开发, 50(3): 158-160.

张宏, 柳艳华, 杜东菊. 2010. 基于孔隙特征的天津滨海软粘土微观结构研究. 同济大学学报(自然科学版), 38(10): 1444-1449.

张惠明, 徐玉胜, 曾巧玲. 2002. 深圳软土变形特性与工后沉降. 岩土工程学报, 24(4): 509-514.

张建新. 2007. 洞庭湖区第四纪环境地球化学. 北京: 地质出版社.

张可能, 杨庆光, 刘杰. 2008. 深厚软土中长短桩复合地基试验. 煤田地质与勘探, 36(2): 32-35.

张可能, 王彦之, 胡惠华, 等. 2018. 洞庭湖砂纹淤泥质土固结过程微观结构变化. 水文地质工程地质, 45(1): 96-102.

张敏江, 阎婧, 初红霞. 2005. 结构性软土微观结构定量化参数的研究. 沈阳建筑大学学报(自然科学版), 21(5): 455-459.

张鹏, 马德青, 邬远明. 2020. 洞庭湖软土特性原位测试对比分析. 土工基础, 34(3): 376-379.

张荣堂, Tom L. 2003. 近海粘土设计参数与指标特性之间的关系分析. 岩土力学, 24(5): 705-709.

张婷婷, 梅芹芹, 刘芙荣, 等. 2016. 东南沿海典型结构性软土微观特征研究. 工程勘察, 44(7): 11-15.

张先伟, 王常明. 2011. 饱和软土的经验型蠕变模型. 中南大学学报(自然科学版), 42(3): 791-796.

张先伟, 王常明, 李忠生, 等. 2010. 不同地区结构性软土基本性质的对比研究. 工程勘察, 38(5): 6-10.

张先伟, 孔令伟, 郭爱国, 等. 2011. 湛江强结构性黏土的物理力学性质指标及相关性分析. 工程地质学报, 19(4): 447-454.

张先伟, 王常明, 马栋和. 2012. 软土微观结构表面起伏的三维可视化及分形维数的计算. 应用基础与工程科学学报, 20(1): 103-112.

张晓阳, 蔡述明, 孙顺才. 1994. 全新世以来洞庭湖的演变. 湖泊科学, (1): 13-21.

章毓晋. 2001. 图像分割. 北京: 科学出版社: 58-97.

赵健. 2010. 软土地基强度试验研究及其增长计算理论. 长沙: 中南大学博士学位论文.

赵明华, 邹新军, 刘齐建. 2004. 洞庭湖软土地区大直径超长灌注桩竖向承载力试验研究. 土木工程学报, (10): 63-67.

中华人民共和国建设部, 中华人民共和国国家质量监督检验检疫总局. 2009. 岩土工程勘察规范(2009 年版)(GB 50021—2001). 北京: 中国建筑工业出版社.

中华人民共和国水利部. 2007. 水利水电工程注水试验规程(SL 345—2007) 北京: 中国水利水电出版社.

中华人民共和国住房与城乡建设部, 国家市场监督管理总局. 2019. 土工试验方法标准(GB/T 50123—2019) 北京: 中国计划出版社.

周德泉, 张可能, 刘宏利. 2005. 组合桩型复合地基桩、土受力特性的试验对比与分析. 岩石力学与工程学报, 2005, 24(5): 872-879.

周飞. 2022. 软黏土一维蠕变特性及减少公路工后沉降方法研究. 浙江: 浙江大学硕士学位论文.

周晖. 2013. 珠江三角洲软土显微结构与渗流固结机理研究. 广州: 华南理工大学博士学位论文.

周晖, 李勇. 2011. 珠江三角洲软土工程特性的微观机理探索. 工业建筑, 41(7): 82-86.

周晖, 房营光, 禹长江. 2009. 广州软土固结过程微观结构的显微观测与分析. 岩石力学与工程学报, 28(S2): 3830-3837.

周建, 邓以亮, 曹洋, 等. 2014. 杭州饱和软土固结过程微观结构试验研究. 中南大学学报(自然科学版), (6): 1998-2005.

周龙翔, 童华炜, 王梦恕, 等. 2006. 广州软土的工程特性及地基处理方法的对比研究. 北京交通大学学报, 30(1): 17-20.

周秋娟, 陈晓平. 2006. 软土次固结特性试验研究. 岩土力学, 27(3): 404-408.

周顺华, 许恺, 王炳龙, 等. 2005. 软土地基超载卸载再加荷的沉降研究. 岩土工程学报, 27(10): 1226-1229.

朱向荣, 潘秋元. 1991. 超载卸除后地基变形的研究. 浙江大学学报(工学版), 25(2): 246-257.

卓丽春, 李建中, 黄飞. 2013. 网纹红土微观结构特征的分形研究. 水文地质工程地质, 40(6): 62-67.

卓丽春, 李建中, 黄飞. 2014. 网纹红土孔隙特性研究. 长江科学院院报, 31(8): 55-59.

Alonso E E, Gens A, Lloret A. 2000. Precompression design for secondary settlement reduction. Géotechnique, 50(6): 645-656.

Anandarajah A, Kuganenthira N. 1995. Some aspects of fabric anisotropy of soil. Géotechnique, 45(1): 69-81.

Anandarajah A. 2000. On influence of fabric anisotropy on the stress-strain behavior of clays. Computers and Geotechnics, (27): 1-17.

British Standard Institution. 1990. Methods of test for soils for civil engineering purposes(BS 1377-5: 1990).

London: British Standards Institution.

Cai Y Q, Hao B B, Gu C, et al. 2018. Effect of anisotropic consolidation stress paths on the undrained shear behavior of reconstituted Wenzhou clay. Engineering Geology, 242: 23-33.

Chen L G, Wu H T, Chen X B, et al. 2021. Secondary consolidation characteristics and settlemen calculation of soft soil treated by overload preloading . Hydrogeology & Engineering Geology, 48(1): 138-145.

Chen Z J. 1957. Structure mechanics of clay. Scientia Sinica, (8): 93-97.

Deng H, Dai G, Azadi M R. 2020. Fractional time-dependent merchant model for coastal soft clay. Journal of Coastal Research, 104(SI): 825-831.

Gillott J E. 1969. Study of the fabric of fine-grained sediments with the scanning electron microscope. Journal of Sedimentary Research, 39(1): 11-7.

Henk D J. 1960. The shear Strength of saturated remoulded clays. Research Conference on Shear Strength of Cohesive Soils , ACSE.

Iwasaki K, Tuachiya H, Sakai Y, et al. 1991. Applicability of the Marchetti dilatometer test to soft ground in Japan. Geo-Coast'91, 29-32.

Kamei T, Iwasaki K. 1995. Evaluation of undrained shear strength of cohesive soils using a flat dilatometer. Soils and Foundations 35(2): 111-116.

Kuo C Y, Frost J D, Chameau J L A. 1998. Image analysis determination of stereology based fabric tensors. Géotechnique, 48(4): 515-525.

Lacasse S, Lunne T. 1988. Calibration of dilatometer correlations. Penetration Testing 1988: Proceedings of the First International Symposium on Penetration Testing, ISOPT-1, 539-548.

Lambe T W. 1958. The engineering behavior of compacted clay. Journal of the Soil Mechanics & Foundations Division, 84(2): 1-35.

Latham J P, Lu Y, Munjiza A. 2001. A random method for simulating loose packs of angular particles using tetrahedra. Géotechnique, 51(51): 871-879.

Marchetti S. 1980. *In situ* tests by flat dilatometer. Journal of Geotechnical Engineering Division, American Society of Civil Engineers, (106): 299-321.

Mesri G, Febres-Cordero E, Shields D R, et al. 1981. Shear stress-strain-time behaviour of clays. Geotechnique, 31(4): 537-552.

Mesri G, Stark T D, Ajlouni M A, et al. 1997. Secondary compression of peat with or without surcharging. Journal of Geotechnical and Geoenvironmental Engineering, 123(5): 411-421.

Moore C A, Donaldson C F. 1995. Quantifying soil microstructure using fractals. Géotechnique, 45(1): 105-116.

Morgenstern N R, Tchalenko J S. 1967. Microscopic structures in Kaolin subjected to direct shear. Géotechnique, 17(4): 309-328.

Nakase A, Kamei T, Kusakabe O. 1988. Constitutive parameters estimated by plasticity index. Journal of Geotechnical Engineering, 114(7): 844-858.

Osipov V I, Nikolaeva S K, Sokolov V N. 1984. Microstructural changes associated with thixotropic phenomena in clay soils. Géotechnique, 34(34): 293-303.

Powell J, Uglow I. 1988. The interpretation of the Marchetti dilatometer test in UK clays. Proceedings of

Institution Civil Engineers, 269-273.

Seed H B, Chan C K. 1959. Structure and strength characteristics of compacted clays. Journal of the Soil Mechanics & Foundations Division, (85): 87-128.

Shogaki T, Suwa S, Jeong G H. 2005. Strength and consolidation properties of Pusan New Port clays (geotechnical problem on oversea construction projects: Asian projects). Soil Mechanics & Foundation Engineering, (53): 19-21.

Singh A, Mitchell J K. 1968. General stress-strain-time function for soils. Journal of the Soil Mechanics and Foundations Division, 94(1): 21-46.

Vipulanandan C, Kim M S, Harendra S. Microstructural and geotechnical properties of Houston-Galveston Area soft clays. ASCE, 2014: 1-11.